高等学校人工智能通识教育系列教材

人工智能素养

主　编　葛　宇　韩鸿宇　郭亚钢
副主编　张永来　崔冬霞　吴　倩

中国教育出版传媒集团
高等教育出版社·北京

内容提要

本书不仅涵盖了计算机科学的核心概念、人工智能的发展历程与核心技术原理，还深入探讨了数据表示与计算机系统智能化、网络技术（如物联网和云计算）中人工智能的应用、大模型实践等内容。此外，本书还特别关注了"AI+"跨行业应用及其伦理和社会影响，强调构建安全、透明且负责任的AI生态系统的重要性，为读者提供了一个深入理解人工智能技术及其广泛应用的平台。

本书可作为高校人工智能通识课、人工智能基础课的教材，也可作为人工智能爱好者的入门参考书。

图书在版编目（CIP）数据

人工智能素养 / 葛宇，韩鸿宇，郭亚钢主编；张永来，崔冬霞，吴倩副主编. -- 北京：高等教育出版社，2025.8. --（高等学校人工智能通识教育系列教材）.
ISBN 978-7-04-065006-8

Ⅰ．TP18

中国国家版本馆CIP数据核字第20256413GD号

Rengong Zhineng Suyang

策划编辑	刘 娟	责任编辑	刘 娟	封面设计	张 志	版式设计	曹鑫怡
责任绘图	杨伟露	责任校对	吕红颖	责任印制	赵义民		

出版发行	高等教育出版社	网　　址	http://www.hep.edu.cn
社　　址	北京市西城区德外大街4号		http://www.hep.com.cn
邮政编码	100120	网上订购	http://www.hepmall.com.cn
印　　刷	山东润声印务有限公司		http://www.hepmall.com
开　　本	787 mm×1092 mm　1/16		http://www.hepmall.cn
印　　张	19.75		
字　　数	350千字	版　　次	2025年8月第1版
购书热线	010-58581118	印　　次	2025年8月第1次印刷
咨询电话	400-810-0598	定　　价	41.60元

本书如有缺页、倒页、脱页等质量问题，请到所购图书销售部门联系调换
版权所有　侵权必究
物料号　65006-00

新形态教材网使用说明

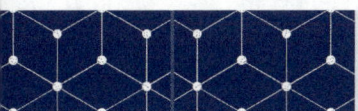

人工智能素养

主 编 葛 宇 韩鸿宇 郭亚钢
副主编 张永来 崔冬霞 吴 倩

1. 计算机访问 https://abooks.hep.com.cn/65006 或手机微信扫描下方二维码进入新形态教材网。
2. 注册并登录后,计算机端进入"个人中心",单击"绑定防伪码",输入图书封底防伪码(20位密码,刮开涂层可见),完成课程绑定;或手机端单击"扫码"按钮,使用"扫码绑图书"功能,完成课程绑定。
3. 在"个人中心"→"我的学习"或"我的图书"中选择本书,开始学习。

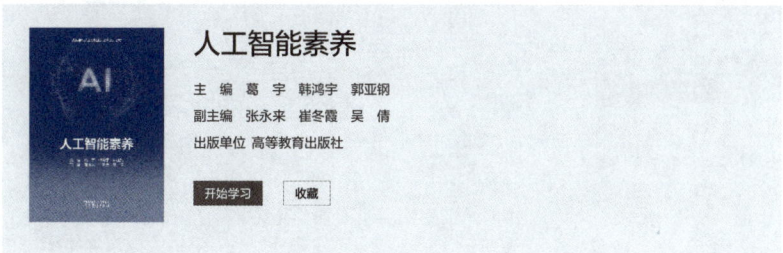

受硬件限制,部分内容可能无法在手机端显示,请按照提示通过计算机访问学习。

如有使用问题,请直接在页面单击答疑图标进行咨询。

https://abooks.hep.com.cn/65006

前　言

随着信息技术的飞速发展，计算机科学与人工智能（artificial intelligence，AI）已然成为推动社会前进的核心动力。在这一背景下，人工智能已突破传统工具应用的界限，成为理解和解决问题的新途径。无论是学术界还是工业界，掌握 AI 知识和技术已经成为适应新时代发展的必然趋势。

本书致力于为读者提供一个系统且全面的人工智能入门手册，助力读者理解并应用这一前沿领域中的基本概念、理论和技术。全书内容精心编排，从基础开始并逐步深入，确保无论是初学者还是具备一定技术背景的读者均可从中获益。通过学习本书，读者不仅能够掌握人工智能的核心原理，还能洞悉这些技术对日常生活和工作环境的改变。

全书共分为 9 章，内容丰富，由浅入深地介绍了以下主题：

第一章至第四章：聚焦计算机与人工智能基础，包括计算思维、AI 基本思想、算力发展、数据表示及网络环境下的 AI 应用等，这部分内容构建了一个坚实的知识框架，帮助读者领会 AI 背后的原理及其在现代社会中的作用。

第五章至第七章：着重探讨机器学习的基础知识，从监督学习到无监督学习，再到强化学习和神经网络、大数据、大模型的实际应用案例等。通过这部分内容的学习，读者能够掌握人工智能的技术基础及其应用场景。

第八章："AI+"行业应用，呈现 AI 如何为不同行业赋能，诸如办公自动化、教育、音乐创作、视频创作、新闻传媒、体育等领域。借助具体案例研究，读者可以真切感受到人工智能技术在实际生活中的广泛应用。

第九章：讨论了人工智能伦理与安全的重要性，剖析了 AI 带来的社会影响及其治理框架。尤其关注 AI 伦理和社会责任的问题，引导读者思索技术背后的人文价值，以及如何确保技术的安全性和公正性。

本书以浅显易懂的方式阐述了核心概念，帮助读者构建对人工智能领域的基础理解，不仅强调理论知识的传授，更注重实践技能的培养，在相应章节中列举了丰富的应用案例鼓励读者动手实验，加深对所学内容的理解。此外，书中还特别关注了人工智能伦理和社会责任的问题，引导读者思考技术背后的社会影响，确保技术的应用符合道德和社会规范。本书作者团队特别开发了与本书配套的在线开放课程"人工智能素养"，该课程以实践操作为核心，内容包括数据分析与预处理、特征工程、大模型实践、AI+ 行业应用等模块。这些资源可以为教师提供全流程的教学支持，有助于提升学生的理论认知深度和技术实践能力。

本书由葛宇、韩鸿宇、郭亚钢任主编，张永来、崔冬霞、吴倩担任副主编，其中第一章由郭亚钢、葛宇完成，第二章由张永来、葛宇完成，第三章由郭亚钢完成，第四章由张永来完成，第五、七、八、九章由葛宇完成，第六章由崔冬霞完成，葛宇负责全书的设计与审稿。

在本书编写过程中，得到了金山软件公司、四川师范大学计算机科学学院以及众多同行专家的支持与帮助，在此一并致以诚挚谢意。同时，感谢所有参编教师的家人给予的理解和支持。

由于编者水平有限，书中难免存在不足之处，恳请广大读者批评指正。我们期待着您的反馈，共同促进本书的不断完善和发展。作者电子邮箱为 gey@sicnu.edu.cn。

编者

2025 年 4 月 22 日

目 录

第一章 计算机与人工智能 1

1.1 计算机与计算思维 1
- 1.1.1 计算机概述 1
- 1.1.2 计算思维 4

1.2 人工智能基本思想 10

1.3 人工智能概述 13
- 1.3.1 人工智能的起源 13
- 1.3.2 人工智能现状与发展趋势 16
- 1.3.3 人工智能应用领域 17

1.4 人工智能算力 19

习题 21

第二章 数据表示与计算机系统智能化 23

2.1 数据单位 23
- 2.1.1 数据单位与换算 23
- 2.1.2 数据单位的运用 24

2.2 数据的表示 26
- 2.2.1 数值数据的表示 26
- 2.2.2 字符数据的表示 31
- 2.2.3 图片、声音、视频数据的表示 36

2.3 人工智能驱动的计算机体系结构 43
- 2.3.1 冯·诺依曼体系结构 44
- 2.3.2 冯·诺依曼体系结构的智能化演进 45

2.4 计算机硬件的智慧升级 46
- 2.4.1 中央处理器的智能化 46

2.4.2	存储器的智能化	50
2.4.3	显卡的智能效能提升	53
2.4.4	输入输出设备的智能化变革	54

2.5 GPU 对人工智能发展的推动　　　　　55
2.6 智能化操作系统　　　　　57
  2.6.1 操作系统的智能化　　　　　57
  2.6.2 文件系统与数据存储　　　　　60
习题　　　　　62

第三章　网络与人工智能　　　　　63
3.1 网络基础与人工智能前沿　　　　　63
  3.1.1 网络概述　　　　　63
  3.1.2 网络与人工智能前沿技术　　　　　80
3.2 物联网与人工智能　　　　　82
  3.2.1 物联网概述　　　　　83
  3.2.2 物联网与人工智能应用案例　　　　　87
3.3 云计算与人工智能　　　　　92
  3.3.1 云计算概述　　　　　93
  3.3.2 云计算与人工智能应用案例　　　　　95
3.4 网络安全与 AI 防护　　　　　98
  3.4.1 网络威胁检测与防御　　　　　99
  3.4.2 网络安全领域的 AI 应用场景　　　　　101
习题　　　　　107

第四章　算法设计与实践　　　　　109
4.1 算法概述　　　　　109
4.2 基于 Raptor 的算法描述　　　　　112
  4.2.1 算法描述　　　　　113
  4.2.2 Raptor 算法设计　　　　　114

4.3　算法实践　　123
　　习题　　138

第五章　机器学习基础　　139
5.1　机器学习概述　　139
　　5.1.1　什么是机器学习　　139
　　5.1.2　机器学习的基本过程　　140
　　5.1.3　数据、模型与算法　　143
5.2　基于学习范式的机器学习分类　　147
　　5.2.1　监督学习　　147
　　5.2.2　无监督学习　　156
　　5.2.3　强化学习　　163
5.3　深度学习　　169
　　5.3.1　了解人工神经网络　　169
　　5.3.2　基于人工神经网络的深度学习　　173
5.4　机器学习主要应用场景　　177
　　习题　　180

第六章　数据管理与人工智能　　181
6.1　大数据基础　　181
　　6.1.1　大数据起源与发展　　181
　　6.1.2　大数据概念与特征　　184
6.2　数据管理　　185
　　6.2.1　数据采集　　186
　　6.2.2　预处理与质量控制　　188
　　6.2.3　存储管理　　197
6.3　大数据与人工智能案例研究　　217
　　6.3.1　"啤酒与尿布"案例研究　　217
　　6.3.2　百度指数　　219

6.3.3　智能推荐系统——以京东 App 为例　224
习题　228

第七章　大模型实践　229

7.1　认识大模型　229
7.1.1　什么是大模型　229
7.1.2　大模型分类与应用　230

7.2　大模型实践　233
7.2.1　文本生成　233
7.2.2　图片生成　239
7.2.3　工作助手　240
7.2.4　零代码定制个性化 AI　244
7.2.5　基于工作流的 AI 应用开发　247

7.3　大模型生态　249
习题　251

第八章　"AI +"行业应用　253

8.1　WPS AI + 智能办公　253
8.2　AI + 教育　257
8.2.1　AI 助力教学准备　258
8.2.2　AI 助力课堂交互　261
8.2.3　AI 助力学业评价　262
8.2.4　AI 数字人助力微课设计　265

8.3　AI + 音乐创作　265
8.4　AI + 视频创作　268
8.5　AI + 新闻传媒　271
8.6　AI + 体育　274
习题　277

第九章　人工智能伦理与安全　279
9.1　人工智能的伦理问题　279
9.2　人工智能伦理的基本原则　285
9.2.1　基本伦理要求　285
9.2.2　国际视角下的 AI 伦理框架　287
9.3　数据责任与隐私保护　289
9.4　公平性与非歧视　292
9.5　可解释性与透明度　293
9.6　安全与稳健性　295
9.7　社会影响与公众参与　298
9.8　共同创造美好的 AI 世界　300
习题　301

参考文献　303

第一章 计算机与人工智能

计算机作为二十世纪最伟大的发明之一，已经深刻地改变了人们的生活和工作方式。从最初的巨型机到现在的个人计算机、智能手机，计算机的发展经历了巨大的飞跃。人工智能则是计算机科学的一个重要分支，致力于研究和发展能够模拟、延伸和扩展人类智能的理论、方法和技术。随着计算机技术的不断进步，人工智能的应用也越来越广泛，从智能家居、自动驾驶到医疗诊断、金融分析等领域，都取得了显著的成果。计算机与人工智能的相互融合，推动了科技的快速发展，本章将对计算机与人工智能进行概括性讨论。

1.1 计算机与计算思维

计算机不仅是人工智能的载体，它们更是承载计算思维精髓的关键。计算思维是一种将复杂问题简化为可执行计算步骤的思考模式，它包括对问题的抽象化处理、算法设计、资源需求分析以及解决方案有效性的评估。在计算机科学的各个领域，计算思维被广泛应用，无论是基础的算法设计还是复杂系统的构建，都离不开这种思维的指导。

1.1.1 计算机概述

一、计算机简史

1. 早期计算设备

从古代的算盘到 17 世纪帕斯卡发明的手摇机械计算器，再到查尔斯·巴贝奇在 19 世纪初设计但未完成的差分机，早期计算设备的发展为现代计算机奠定了基础。这些早期装置主要依赖于机械结构来进行基本的数学运算，虽然简单，但它们代表了人类尝试自动化计算过程的重要一步。

2. 第一代电子计算机

20世纪40年代，随着ENIAC（电子数字积分计算机）的诞生（如图1-1所示），第一代电子计算机揭开了帷幕。这些机器使用真空管作为开关元件，体积庞大、能耗高且容易产生故障，但它们能够执行复杂的计算任务，并为第二次世界大战期间美军的弹道计算提供了关键支持，标志着计算机科学的正式起点。

图1-1 ENIAC

3. 第二代晶体管计算机

到了20世纪50年代末和60年代，晶体管取代了笨重且不可靠的真空管，使得计算机变得更加紧凑、高效和稳定。这一时期的计算机开始采用批处理系统提高效率，并引入了更高级别的编程语言，如FORTRAN和COBOL，大大促进了软件开发的进步，同时也降低了成本，让更多机构能够拥有自己的计算机。

4. 第三代集成电路计算机

第三代计算机见证了集成电路（integrated circuit，IC）的兴起，将成千上万的晶体管集成在一个小芯片上，从而显著减小了计算机的尺寸并提升了性能。这一时期操作系统也开始出现，它在管理和协调硬件资源的同时也提供给用户一个友好的交互界面，这不仅提高了计算机的工作效率，也为后来个人计算机的普及铺平了道路。

5. 第四代微处理器计算机

1971年Intel推出的4004微处理器开启了第四代计算机的新纪元。微处理器集成了所有必要的逻辑电路，使计算机进一步小型化并且成本大幅下降。个人计算机（PC）逐渐进入家庭和企业，图形用户界面让操作变得直观简便，而互联网的兴起则彻底改变了信息交流的方式，深刻影响了社会生活的方方面面。

6. 现代与未来

自 20 世纪 80 年代以来，计算机技术经历了爆炸式增长，移动计算、云计算、大数据分析、人工智能等新技术不断涌现。智能手机和平板电脑成为人们生活中不可或缺的一部分，而量子计算、神经形态计算等前沿领域正在突破传统计算的限制，探索计算能力的新边界，预示着未来可能带来的革命性变化。

二、重要历史人物

（1）查尔斯·巴贝奇，英国数学家，对现代计算机发展产生了深远影响。他的主要贡献包括设计差分机（1822 年）和分析机（1834 年），这两台机器均以蒸汽机为动力。分析机设计中已包含计算机五大基本功能的初步构想。巴贝奇还提出"条件转移"概念，为现代计算机硬件架构奠定了基础。他的远见卓识和创新精神激励了众多科学家和工程师，为计算机科学的发展做出了巨大贡献，因此被誉为"计算之父"。

（2）霍华德·艾肯，美国科学家，于 1936 年提出利用机电技术实现巴贝奇分析机的构想。他与 IBM 合作，从 1939 年开始研发世界上首台大型自动数字计算机 Mark I，并于 1944 年成功完成。这台计算机长 51 英尺，重 35 吨，由约 75 万个部件组成，其核心部件是继电器。

（3）克劳德·艾尔伍德·香农，美国数学家，提出了信息熵的概念，开创了信息论这一全新领域，为现代通信系统奠定了坚实的基础，因此被誉为"信息论之父"。

（4）阿兰·图灵，英国数学家，被誉为"计算机科学之父"，他在第二次世界大战期间破解了纳粹德国的恩尼格马密码系统，并提出了著名的"图灵机"概念，奠定了现代计算机科学的理论基础。此处，他还通过图灵测试为智能机器设定了标准。为了纪念图灵在计算机科学领域的卓越贡献，美国计算机协会于 1966 年设立了图灵奖（Turing Award，TA）。该奖项旨在表彰对计算机科学事业做出重大贡献的个人，是计算机科学领域的国际最高荣誉，被誉为"计算机科学界的诺贝尔奖"。

（5）冯·诺依曼，一位美籍匈牙利的数学家、计算机科学家和物理学家，他提出的冯·诺依曼结构成为了计算机设计的核心，其核心思想包括存储程序概念以及二进制编码，这些理念至今仍然被广泛应用于现代计算机的设计与开发。

除了上述科学家外，还有 Linux 内核的创始人林纳斯·托瓦兹，推动了开源软件运动的发展；万维网的发明者蒂姆·伯纳斯－李，极大地促进了互联网的普及和应用；首位获得图灵奖的华人科学家姚期智，在计算理论，特别是通信复杂度、伪随机数生成算法等方面做出了突出贡献。

三、计算机的特点与分类

1. 计算机的特点

计算机以其卓越的运算速度、高精度的数据处理能力和强大的存储功能著称，它能够每秒执行数百万条指令，同时保持极高的准确性。此外，计算机具备优秀的逻辑判断能力，可以自动执行复杂任务而无须持续的人工干预。通过网络通信功能，计算机实现了信息的广泛共享与交流。这些特性使得计算机不仅限于数值计算，还能广泛应用于非数值数据处理领域，如信息检索、图形识别及多媒体应用等。

2. 计算机的分类

根据规模和性能的不同，计算机可以分为巨型机、大型机、小型机和个人计算机（PC）等多种类型；按照用途，则有通用计算机和专用计算机之分。例如，巨型计算机专为需要极高性能的任务设计，如气象模拟和基因组研究（如图1-2所示的国产巨型机）；而个人计算机则是日常生活中最常用的设备，适用于办公、娱乐等多种场景。随着信息技术的不断发展，计算机分类也在不断演变，近年来出现了诸如量子计算机和光子计算机等新型计算平台，预示着未来计算领域的无限可能。

图1-2　神威·太湖之光巨型机

1.1.2　计算思维

计算思维被广泛认为是一种基础性的技能，它倡导一种特定的思考方式，即当人们遇到各种挑战和难题时，应当从计算的视角出发，运用计算机科学的基本原理和各种工具来辅助思考和决策。这种思维方式已经成为现代社会中每个人在学习、工作乃至日常生活中解决问题时不可或缺的一种能力。美国卡内基梅隆大学的Jeannette M.Wing（周以真）于 2006 年在 "*Communications of the ACM*" 杂志上提出：计算思维是通过运用计算机科学的基本概念来解决问题、设计系统以及理解人类行为的一系列思维活动。

一、计算思维方式

计算思维涵盖了逻辑思维、算法思维、网络思维以及系统思维等多种思维方式。它通过逻辑思维精确地描述计算过程，利用算法思维高效地构建计算过程，并通过网络思维和系统思维有效地整合各个计算过程，以实现解决现实问题的目标。

1. 逻辑思维

逻辑思维是一种通过概念、判断、推理等抽象思维形式来揭示事物本质和规律的思维过程。它依赖于分析、综合、比较等方法，以抽象概念作为基本单位，揭示事物的内在特征和规律性联系。逻辑思维的具体实现可以通过以下案例来参考。

警方逮捕了四名嫌疑人，其中只有一人是小偷。审讯记录如下：

A 说："我不是小偷。"

B 说："C 是小偷。"

C 说："小偷肯定是 D。"

D 说："C 在冤枉我。"

已知其中三人讲真话，一人撒谎，现在需要判断谁是小偷。分析得出，如果 A 是小偷，则与题设矛盾；如果 B 是小偷，同样矛盾；如果 C 是小偷，则符合题设；如果 D 是小偷，也矛盾。因此，小偷是嫌疑人 C。

2. 算法思维

算法思维是运用算法解决复杂问题的思考方式，是计算机科学的关键技术。它不仅在编写程序中至关重要，古代中国也有许多运用算法思维解决实际问题的例子，如《孙子算经》中的"鸡兔同笼"问题。算法思维能显著提高处理复杂问题的效率。我们可以通过实践、应用、掌握基础概念、分析与优化以及学习经典算法设计模式等途径，不断提升算法思维能力。同时，我们也要认识到算法思维的挑战与局限性，并合理运用，以发挥其最大效益。第四章将深入探讨算法思维。

3. 网络思维

网络思维是利用节点和线段连接来表示事物联系的思考方式。它强调全局和系统性思考，关注网络中节点的相互作用和关系。

网络思维在人工智能、社会科学、商业分析等领域有广泛应用。例如，在人工智能中,神经网络通过神经元节点间的连接处理信息;在社交网络分析中,它用于研究人际关系和信息传播。

网络思维在商业分析中,通过优化供应链和市场关系、识别物流网络瓶颈,提升运营效率。在日常生活中,网络思维有助于解决实际问题,提升多方面能力,揭示数据间潜在联系,有效进行数据挖掘和预测分析。

4. 系统思维

系统思维,又称为整体观或全局观,是一种逻辑抽象能力。它要求我们在处理问题时,将对象视为由多个元素构成的有机整体。其核心在于理解整体与部分之间的辩证关系,即整体属性和功能是由部分之间的相互作用所形成的。

以生产线质量问题为例,需运用系统思维来审视整个流程,掌握各环节的工作机制及其相互联系。通过分析影响因素,如原材料质量、设备状态、工人技能等。

系统思维通过深入分析问题、识别根本原因,帮助寻找长期解决方案,从而提升系统的稳定性和效率。

二、计算思维的本质

1. 抽象

通过哥尼斯堡七桥问题,我们可以深入理解抽象的概念。这个问题描述了哥尼斯堡城市中七座桥梁连接两岸和两个岛屿,居民想能走过每座桥一次并返回起点,但无人成功。1736年,数学家欧拉用抽象思维解决了这一问题。他将陆地简化为点,桥梁简化为连接这些点的线段(如图1-3所示),从而创建了数学模型,并证明了不存在满足条件的路径。他还提出了"一笔画定理",为拓扑学奠定了基础。

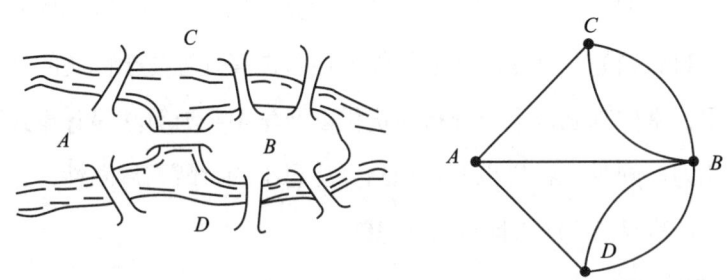

图1-3 哥尼斯堡七桥问题

欧拉的研究展示了计算思维的抽象特征,即将复杂问题转化为数学模型进行分析和解决。

2. 自动化

计算工具通过算法自动解决问题，展示了计算思维的自动化特性。自动化涉及选择恰当的程序来执行指令。从简单的计算器到复杂的软件应用程序，自动化能够高效地处理大量数据，执行重复性任务，并减少人为错误。例如，在电子表格软件中，使用公式和函数能够迅速计算和分析数据，生成报告，大大提高了工作效率。自动化的实现依赖于精确的程序设计和算法选择，这些算法定义了计算工具如何根据输入信息执行操作并产生输出。通过不断优化算法和程序，我们可以进一步提高计算工具的自动化水平和性能。

三、0 和 1 思维

计算思维的核心在于从复杂的数据中提炼出可计算和处理的模式。为了使计算机能够准确表达和操作现实世界的信息，我们需要对这些信息进行抽象化处理，将其转化为计算机可以存储和处理的形式。在计算机内部，无论是何种类型的信息，最终都会被转化为数据，并以二进制形式保存，即通过 0 和 1 的数字序列来表示。

1. 进制

进制包含 3 个基本要素：基数、符号集和进位规则。理解这些是掌握进制概念的关键。

① 基数：定义了进制中不同符号的数量。

② 符号集：构成进制的所有允许使用的符号。

③ 进位规则：数位数值达到一定限度时，必须向更高位进位的规则。

例如，十进制由符号 0~9 组成，基数为 10，逢十进一；二进制由符号 0 与 1 组成，基数为 2，逢二进一；八进制由符号 0~7 组成，基数为 8，逢八进一；十六进制由符号 0~9 和 A~F 组成，基数为 16，逢十六进一。

2. 各进制数之间的转换

（1）二、八、十六进制数转换成十进制数。

二进制、八进制、十六进制数转换成十进制数可采用按位权展开求和的方法（位权表示法），即写出该进制数的位权展开多项式，再按十进制运算法则进行运算，运算结果即为所求。

例如：

$(101\ 101.011)_2 = 1 \times 2^5 + 0 \times 2^4 + 1 \times 2^3 + 1 \times 2^2 + 0 \times 2^1 + 1 \times 2^0 + 0 \times 2^{-1} + 1 \times 2^{-2} +$

$$1 \times 2^{-3}$$
$$= (45.375)_{10}$$

$(726.3)_8 = 7 \times 8^2 + 2 \times 8^1 + 6 \times 8^0 + 3 \times 8^{-1}$

$$= (470.375)_{10}$$

$(8A7.C)_{16} = 8 \times 16^2 + 10 \times 16^1 + 7 \times 16^0 + 12 \times 16^{-1}$

$$= (2\ 215.75)_{10}$$

（2）十进制数转换成二进制、八进制、十六进制数。

① 十进制整数转换成二进制数：将此数除 2 取余数，直到商为 0 后，然后反向取余数。这种方法称为除 2 取余法。

如 $(25)_{10} = (11\ 001)_2$，其转换过程如图 1-4 所示。（注意：最后取二进制数的顺序）

图 1-4　十进制整数转换为二进制整数

② 十进制纯小数转换成二进制小数：将此数乘 2 取整数，直到小数部分为 0 或达到精度要求为止，然后正向取整。

如 $(0.66)_{10} = (0.101\ 0)_2$，要求保留小数点后 4 位，其转换过程如图 1-5 所示。

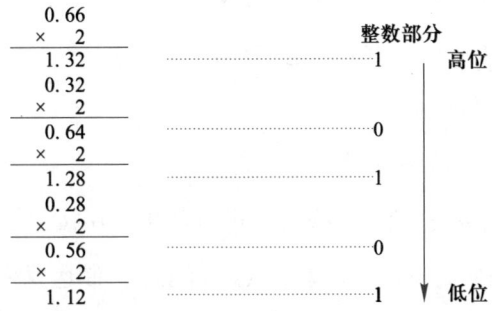

图 1-5　十进制小数转换为二进制小数

③ 十进制数转换成八制数：整数部分除 8 取余，直到商为 0，然后反向取余数。这种方法称为除 8 取余法。小数部分乘 8 取整，直到值为 0 或达到精度要求，然后正向取整。

如 $(1\,702)_{10}=(3\,246)_8$，其转换过程如图 1-6 所示。

图 1-6　十进制整数转换为八进制整数

④ 十进制数转换成十六进制数：整数部分除 16 取余，直到商为 0，然后反向取余数。这种方法称为除 16 取余法。小数部分乘 16 取整，直到值为 0 或达到精度要求，然后正向取整。

如 $(1\,702)_{10}=(6A6)_{16}$，其转换过程如图 1-7 所示。

图 1-7　十进制整数转换为十六进制整数

四、计算思维运用

小白鼠检测毒药问题是一个经典的计算思维问题，其核心在于如何利用有限的资源（小白鼠），通过最少的实验次数来确定毒药所在的特定瓶子。具体来说，有 N 瓶液体，其中一瓶含有毒药，其余都是纯净水。小白鼠饮用毒药后会在一段时间内出现致命反应。问题是如何利用最少数量的小白鼠和最短的时间来确定哪一瓶含有毒药，解决思路如下：

① 假设共有 6 瓶药水，其中一瓶有剧毒，其他无毒。

② 通过计算可知 3 位二进制数可以完全对所有药水瓶进行编号（因为 $2^3=8>6$），因此我们需要选取 3 只小白鼠进行实验。

③ 对药水瓶进行二进制编号，并且让小白鼠按规则去喝水（1 表示喝，0 表示不喝），如表 1-1 所示。

表1-1 小白鼠验毒编号

水瓶编号	小白鼠编号		
	A	B	C
0	0	0	0
1	0	0	1
2	0	1	0
3	0	1	1
4	1	0	0
5	1	0	1

接下来，让小白鼠A饮用编号为4和5的水瓶中的水；小白鼠B饮用编号为2和3的水瓶中的水；小白鼠C饮用编号为1、3和5的水瓶中的水。我们可以保持小白鼠的位置不变，对于存活的小白鼠贴上标签0，对于死亡的小白鼠贴上标签1。通过这种方式，我们可以得到一串二进制编码。将这串二进制编码转换为十进制数，即可确定含有剧毒的水瓶编号。具体过程如下：

如果小白鼠A、B、C都没死（000），则编号为0的水瓶中的水有剧毒。

如果小白鼠A、B没死，C死（001），则编号为1的水瓶中的水有剧毒。

如果小白鼠A、C没死，B死（010），则编号为2的水瓶中的水有剧毒。

如果小白鼠A没死，B、C死（011），则编号为3的水瓶中的水有剧毒。

如果小白鼠A死，B、C没死（100），则编号为4的水瓶中的水有剧毒。

如果小白鼠A、C死，B没死（101），则编号为5的水瓶中的水有剧毒。

通过上述方法，我们能够利用最小数量的小白鼠，在最短的时间内识别出含有毒药的那瓶液体。这个问题的核心在于应用计算思维对瓶子进行编码，将复杂的毒药检测问题简化为一系列易于判断"是"和"否"的问题。

1.2 人工智能基本思想

人工智能（artificial intelligence，AI）的基本思想并不仅仅局限于模仿人类智能的行为，而是更深层次地探索智能的本质，并通过各种技术手段实现和扩展这种能力。这一领域是一个跨学科的集合体，它融合了计算机科学、心理学、神经科学等学科，致力于构建能够像人类一样思考、学习、解决问题并采取行动的智能系统。以下是人工智能基本思想的 5 个重要方面，这些方面共同构成了 AI 的核心理念。

一、模拟人类认知过程

人工智能的核心目标之一是模拟人类的认知功能，这涵盖了感知、学习、推理、记忆、思维、决策和行动等多个维度。为了达成这一宏伟目标，研究人员开发了多种算法和技术，旨在处理信息并做出恰当的响应。例如，在自动驾驶汽车领域，计算机视觉技术被广泛应用于"观察"道路状况，协助车辆识别交通标志、行人以及其他车辆，进而做出安全的驾驶决策。与此同时，自然语言处理技术被用于理解乘客的语音指令或文本信息，确保人机交互的顺畅。这些技术的协同作用，使得机器能够在复杂多变的环境中做出类似人类的决策，从而提升了自动化系统的智能水平和适应性。

二、知识表示与自动推理

知识表示是一个复杂的过程，它涉及将现实世界中的信息和知识转化为一种形式，这种形式是计算机能够理解和操作的。这不仅包括了数据结构的设计，还涵盖了逻辑规则的定义，这些逻辑规则是为了确保计算机能够有效地存储、检索和应用这些知识。知识表示的形式多种多样，从简单的符号表示到复杂的语义网络，每一种形式都有其独特的优势和应用场景。例如，在智能问答系统中，知识通常以图的形式表示，这种结构化的知识表示方法被称为知识图谱，如图 1-8 展示的知识图谱问答系统。知识图谱是一种语义网络，它通过将现实世界中的实体、属性、概念以及它们之间的关系建模为节点和边来构建一个复杂的图结构。

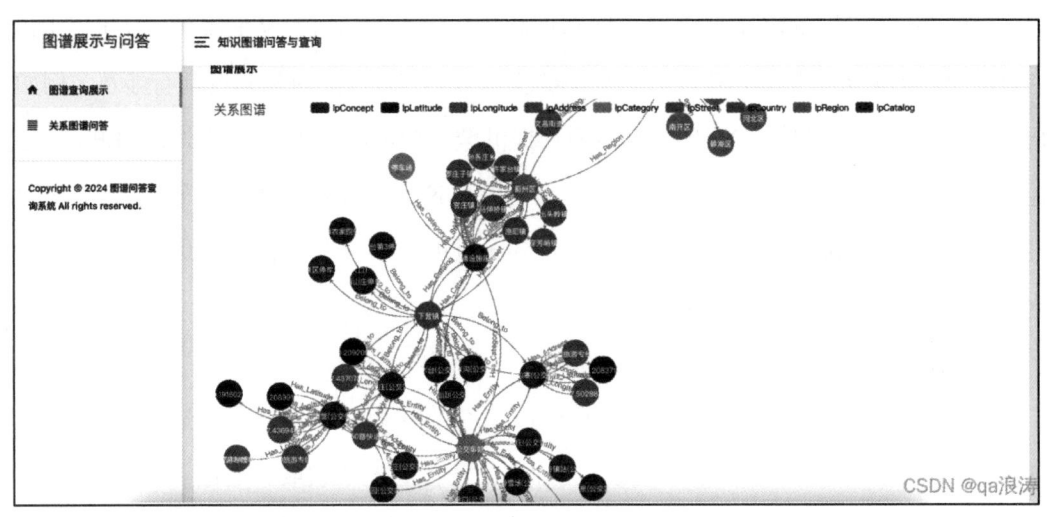

图 1-8　知识图谱问答系统

自动推理是知识表示的一个重要方面，它是指让计算机能够根据已有的知识库，运用逻辑推断来解决新遇到的问题或做出合理的决策。自动推理依赖于强大的逻辑引擎，这些引擎能够处理复杂的逻辑关系和推理规则。例如，在智能制造领域，AI系统可以通过分析生产流程中的各个环节，优化生产计划和资源配置，从而提高生产效率和产品质量；在医疗诊断系统中，AI系统可以通过分析病人的症状和历史记录，结合医学文献中的知识，提出可能的诊断建议；在法学研究领域，人工智能律师通过利用法律条文及案例数据库，能够迅速构建法律意见和诉讼策略，为法律实践者提供有力的辅助支持。这种能力不仅极大地提高了工作效率，而且减少了人为错误的可能性，从而在各个领域带来了革命性的变化。

三、机器学习

机器学习是人工智能的一个关键分支，它赋予计算机系统从经验中自我学习的能力，并利用这些知识来提升其性能表现。与依赖于明确指令的传统编程方法不同，机器学习模型通过大量数据的训练，能够实现无须显式编程即可执行特定任务。机器学习的常见类型包括监督学习、无监督学习以及强化学习。监督学习依赖于带有标记的数据集输入，使模型能够学习到正确的输出模式；无监督学习则致力于从未标记的数据中揭示潜在的结构；强化学习则通过奖励机制指导代理在特定环境中做出最优决策。近年来，得益于计算能力的提升和深度学习技术的进步，机器学习领域取得了显著的进展，特别是在图像识别、语音识别等技术领域。

四、自然语言处理

自然语言处理（NLP）使计算机能够理解和生成人类语言，从而实现了人机之间的有效沟通。NLP的应用非常广泛，从简单的文本分类到复杂的对话系统都有涉及。例如，智能客服机器人可以使用NLP技术为用户提供全天候的支持服务。此外，NLP还支持翻译工具、情感分析、问答系统等功能。为了提高NLP系统的准确性，研究者们不断改进语言模型，如BERT，它可以更好地捕捉句子间的上下文关系，提供更精准的理解和响应。

五、计算机视觉

计算机视觉赋予了计算机"看"的能力，即它们可以从图像或多维数据中识别和解释信息。这项技术被应用于自动驾驶、医疗影像分析等多个领域。通过训练深度神经网络，计算机视觉系统能够在复杂环境中准确地检测物体、识别人脸甚至重建三维场景。

例如，自动驾驶汽车依靠计算机视觉识别道路标志、行人和其他车辆，确保安全驾驶。此外，计算机视觉还在安防监控、工业自动化等方面发挥着重要作用。

人工智能的基本思想不仅在于复制人类智能的行为模式，更重要的是探索智能的本质，并创造出超越传统计算的新一代智能系统。随着研究的深入和技术的发展，AI 正在改变我们生活的方方面面，同时也带来了前所未有的机遇和挑战。在未来，我们可以期待看到更加先进且人性化的 AI 解决方案出现，为社会带来更多积极的变化。

1.3 人工智能概述

人工智能是指通过计算机模拟人类智能，以达到类似人类智能的表现、行为的技术和理论。在当今数字化时代，人工智能已成为科技领域的一颗璀璨明星，它正在改变我们的生活方式。

人工智能的历史可以追溯到 20 世纪 50 年代，当时计算机的出现为人工智能的发展奠定了基础。从早期的理论探索到现代的广泛应用，人工智能技术不断进步，并在各个领域产生了深远的影响。

1.3.1 人工智能的起源

一、图灵与机器思考

人工智能的起源可以追溯到 20 世纪中叶。1936 年，阿兰·图灵（Alan Turing）发表了《论可计算数及其在判定问题中的应用》。在这篇论文中，他提出了图灵机的概念，这不仅为现代计算机科学奠定了基础，还为未来的人工智能研究提供了重要的思想框架。图灵机是一个理论模型，展示了如何通过一系列简单的规则来执行复杂的计算任务，这一概念对后来的算法设计和编程语言的发展有着深远的影响。

微视频 1-1：人工智能的起源

1950 年，图灵进一步提出了"图灵测试"，这是一种评估机器是否能表现出与人类无法区分的行为的方法，如图 1-9 所示。具体来说，如果一个人类测试者在与一台机器进行对话时，不能准确地分辨出对方是人还是机器，那么这台机器就被认为具有了智能。图灵测试的提出标志着人们对机器智能认知的一个转折点，它促使科学家们开始思考如何让机器模仿甚至超越人类的认知能力。

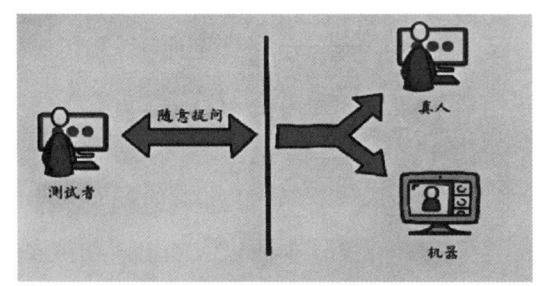

图 1-9　图灵测试

二、香农与计算机博弈

克劳德·香农（Claude Shannon）发表了一篇关于计算机象棋博弈的文章，阐述了实现人机博弈的方法，并设计了一个国际象棋程序。这个程序将棋盘定义为二维数组，每个棋子都有一个对应的子程序来计算所有可能的走法，最后还有一个评估函数用于判断局势优劣。尽管当时的硬件条件限制了其实现，但香农的工作为后续计算机游戏的研究铺平了道路。

三、人工智能概念的诞生

1956年的夏天，在美国达特茅斯学院举行了一场具有历史意义的研讨会，被认为是人工智能正式诞生的标志。在这次会议上，约翰·麦卡锡（John McCarthy）、马文·明斯基（Marvin Minsky）、纳撒尼尔·罗切斯特（Nathaniel Rochester）以及克劳德·香农等人首次提出了"人工智能"这一术语，并将其定义为一门旨在构建能够执行通常需要人类智慧才能完成的任务的系统的学科。这次会议不仅确立了人工智能作为一个独立领域的地位，还激发了大量的学术和技术探索活动。图1-10所示为参加达特茅斯会议的部分科学家。

图 1-10　达特茅斯会议部分参会科学家

四、神经网络的早期探索

在提出"人工智能"之前,沃伦·麦卡洛克(Warren McCulloch)和沃尔特·皮茨(Walter Pitts)已经在 1943 年发表了有关神经网络的文章,描述了如何使用逻辑门构建简单的人造神经元模型。他们的工作开启了对生物神经系统模仿的研究方向,成为后来神经网络技术发展的前身。图 1-11 所示是皮茨、麦卡洛克与他们设计的神经元模型。

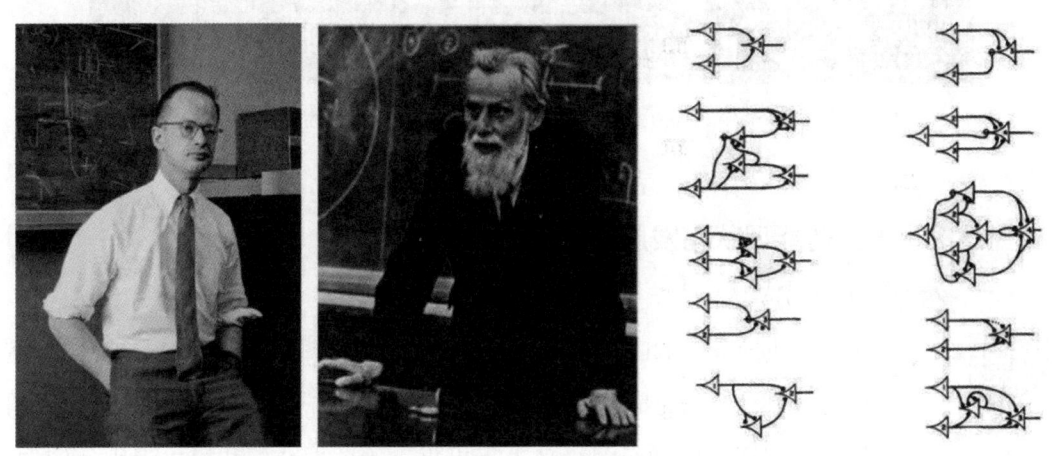

图 1-11　皮茨(左)、麦卡洛克(中)与神经元模型(右)

五、第一台工业机器人与聊天机器人的出现

随着理论研究的深入,实际应用也开始崭露头角。1959 年,第一台工业机器人 Unimate 在美国通用汽车公司投入使用,标志着自动化生产时代的到来。Unimate 重达 2t,安装运行于通用汽车生产线上。它可以控制一台多自由度的机械臂搬运和堆叠热压铸金属件。到了 1966 年,Joseph Weizenbaum 开发出了最早的聊天机器人 ELIZA,它可以模拟心理治疗师与用户进行简单的对话交流,拉开了人机对话的序幕。ELIZA 的成功证明了自然语言处理技术的巨大潜力,同时也引发了人们对于机器是否能够真正理解人类情感和社会文化的讨论,如图 1-12 所示。

从图灵对于计算理论的开创性贡献,到香农对于博弈算法的设计,再到麦卡锡等人对于人工智能概念的确立,以及麦卡洛克和皮茨对于神经网络原理的深入理解,这些里程碑式的进展共同塑造了今天我们所熟知的人工智能领域。随着技术的进步和社会需求的变化,AI 将继续沿着先驱们开辟的道路前行,不断拓展其边界并创造新的可能性。

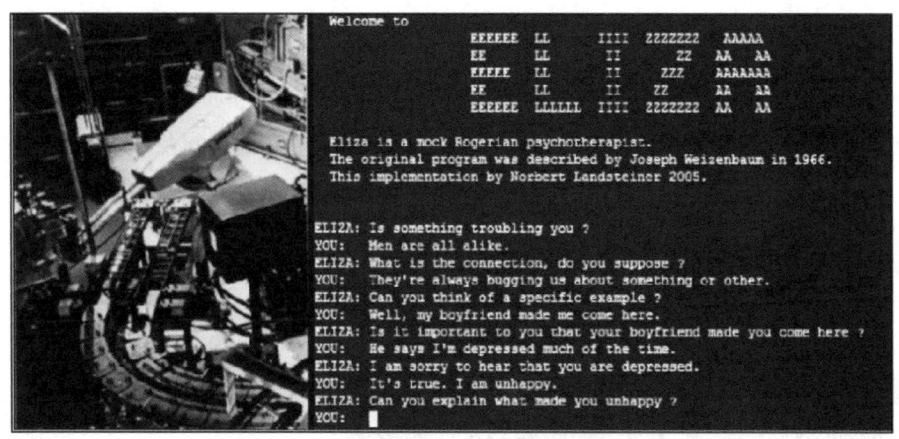

图 1-12　Unimate 工业机器人（左）、ELIZA 聊天机器人的聊天记录（右）

1.3.2　人工智能现状与发展趋势

一、人工智能的现状

微视频 1-2：人工智能现状与发展趋势

进入 21 世纪后，随着互联网技术的发展和数据量的爆炸式增长，深度学习逐渐成为主流。特别是自 2006 年起，"深度学习"的概念被明确提出，研究人员开始利用多层神经网络来进行更复杂的数据分析和模式识别。例如，李飞飞教授领导团队创建了 ImageNet 项目，这是一个包含超过 1 400 万张图片的大规模图像数据库，极大地促进了计算机视觉领域的发展。此外，2012 年 Alex Krizhevsky 等人提出的 AlexNet 模型，在 ImageNet 竞赛中取得了优异成绩，展示了 GPU 加速训练深层卷积神经网络的强大威力。

从技术创新的角度来看，近年来，人工智能在深度学习、自然语言处理、计算机视觉等核心技术领域取得了显著的进展。生成式人工智能（GAI）技术的突破，使得 AI 能够自动生成文本、图像和音频等内容，极大地丰富了文艺作品的内容和层次。同时，强化学习的应用也在不断深化，它在自动驾驶、智能电网管理等复杂环境中的应用正在不断拓展。量子计算的崛起也为 AI 技术的发展提供了新的可能性。

从市场规模来看，我国人工智能的市场规模已突破数千亿元，并持续保持快速增长的态势。企业数量也在不断攀升，形成了多个产业集群，头部科技企业在基础层、技术层和应用层均有布局，展现出强大的综合竞争力。

在国际竞争与合作的背景下，尽管我国在某些方面具备优势，但在 AI 的核心技术如算力、算法优化等方面与发达国家仍存在一定差距。各国在 AI 领域的竞争日益激烈，同时也寻求国际合作以应对技术挑战。

在政策支持方面，各国政府高度重视 AI 技术的发展，纷纷出台相关政策支持 AI 产业的创新和应用。我国政府发布了《新一代人工智能发展规划》，明确提出到 2030 年成为世界主要人工智能创新中心的目标。

人工智能作为引领未来发展的重要力量，正以前所未有的速度改变着人们的生活和工作方式。未来，随着技术的不断进步和应用场景的拓展，人工智能将在更多领域发挥重要作用。同时，也需要关注 AI 技术带来的挑战与问题，采取有效措施加以应对，确保 AI 技术健康、可持续、负责任地发展。

二、人工智能的发展趋势

展望未来，可以预见人工智能有如下发展趋势：

（1）小规模数据集与高质量数据：为降低对大规模标注数据集的依赖，研究者正致力于开发利用少量但更具代表性的样本训练模型的方法。此策略预期将提升模型的效率并降低相关成本。

（2）人机协同一致性：确保人工智能行为与人类价值观的一致性是核心挑战之一。因此，开发新的框架和技术，使人工智能系统能够理解和遵循社会规范及伦理原则，显得尤为关键。

（3）可解释性模型：提升人工智能系统的透明度对于获取用户信任至关重要。特别是在医疗健康等领域，高可解释性的 AI 诊断工具能够帮助医生更深入地理解其决策依据，从而制定更为精确的治疗方案。

（4）全模态大模型：未来的 AI 应具备处理多样化数据类型的能力，包括文本、图像、音频乃至三维点云数据。多模态数据的融合将为机器人导航、虚拟助手等应用提供更加强大的支持。

经过近 70 年的发展，人工智能已经从最初的理论探索阶段，逐步演变为影响各行各业的关键技术。每一次技术浪潮的兴起，都带来了新的机遇与挑战。随着创新成果的不断涌现，人工智能将继续推动科技革命，为人类社会开辟崭新的未来。

1.3.3 人工智能应用领域

人工智能的应用领域非常广泛，几乎涵盖了社会生活的各个方面。以下是一些主要的应用领域：

一、智能制造与自动化

通过引入 AI 技术，制造业实现了生产过程的高度自动化，提高了生产效率，降低了成本，促进了工业智能化时代的到来。

二、医疗健康

在医疗领域，AI 助力疾病早期诊断、精准医疗方案制定、药物发现、基因组学研究以及远程医疗保健服务等。

三、金融科技

AI 在金融服务中被用于风险评估、投资决策、反欺诈监测以及智能客服等领域，引领了金融科技的创新和发展。

四、智慧城市

AI 赋能智慧城市的建设，包括智能交通、公共安全、环保监测、城市规划等各个领域，提升城市管理效能和服务质量。

五、教育与培训

科技发展推动教育行业利用 AI 技术创新教学。AI 技术正在改变教育，包括推广个性化教学、开发智能辅导系统和优化在线教育平台。这些技术为教师提供高效的工具，为学生带来互动的学习体验。个性化教学通过分析学生数据定制学习计划，智能辅导系统提供全天候答疑，而在线平台利用 AI 提供智能课程推荐和学习评估。这些技术的综合应用显著提升教育质量和学生学习体验。关于这部分内容将会在第七章深入讲解。

六、零售与电子商务

在零售业，AI 驱动的推荐系统、智能库存管理和精准营销等手段优化了客户购物体验，推动了商业模式的革新。

七、农业与环境保护

AI 在农业领域的应用体现在精准农业、作物病虫害预测、水资源管理等方面，有助于实现高效可持续的农业生产；同时，AI 还助力环境监测、生态恢复和气候变化研究等工作。

八、智能家居

AI 技术还可与物联网技术、智能硬件、软件和云平台结合，共同打造智能家居生态，实现家庭自动化。

此外，人工智能还在强化学习、生成模型、记忆网络、数据学习、仿真环境、物流管理等多个领域发挥着重要作用。随着技术的不断进步，人工智能的应用将会更加广泛和深入，为人类社会带来更多前所未有的便利与机遇。

1.4 人工智能算力

人工智能算力，即 AI 计算能力，是指执行特定人工智能算法所需的计算资源和处理能力。它是衡量计算设备或系统在处理 AI 任务时性能高低的关键指标，同时也被称为人工智能"底座"。AI 算力不仅取决于硬件设备的性能，如 CPU、GPU 等处理器的运算速度和内存容量，还涉及软件框架、算法优化等多个层面的因素。

微视频 1-3：人工智能算力

一、硬件设备的多样化与专业化

1. 中央处理器（CPU）

尽管 CPU 在通用计算方面表现出色，但在处理大规模并行计算和浮点运算时效率相对较低。因此，在 AI 领域，CPU 通常作为辅助处理器，与其他计算单元协同工作。随着 AI 技术的发展，对于更高性能的需求推动了多核 CPU 的设计，以提升并行处理能力。此外，现代 CPU 也集成了更多的专用指令集来支持与 AI 相关的操作。

2. 图形处理器（GPU）

GPU 因其强大的并行处理能力，成为 AI 算力的重要组成部分。在深度学习、图像处理等领域，GPU 能够显著加速计算过程，提高训练和推理效率。例如，NVIDIA 公司推出的 Tesla 系列 GPU 专为数据中心设计，提供了卓越的浮点运算能力和大容量显存，非常适用于深度学习模型的训练。

3. 专用集成电路（ASIC）

ASIC 是针对特定应用进行了优化的芯片，能够在特定场景下提供更高的计算效率和更低的功耗。谷歌的 TPU 就是一个典型的例子，它是专门为 TensorFlow 框架下的机器学习任务设计的，可以在不牺牲精度的情况下极大地减少电力消耗和延迟时间。

4. 现场可编程门阵列（FPGA）

FPGA 允许用户根据具体需求定制逻辑功能，这使得它们非常适合于需要快速迭代开发的 AI 项目。微软 Azure 云平台就采用了英特尔 Stratix 10 FPGA 来进行实时数据处理，这展示了 FPGA 在云端 AI 服务中的潜力。

二、软件框架的重要性

软件框架对于 AI 算力至关重要，它们提供了从算法开发到模型部署的支持。常见的 AI 软件框架包括 TensorFlow、PyTorch 等，这些框架通过优化算法流程提高了 AI 算力的利用效率。此外，高效的编译器和库函数也对提升整体性能起到了重要作用。例如，TensorFlow 提供了多种 API 接口，支持多种编程语言，并且拥有庞大的社区支持，使得开发者可以轻松地构建复杂的神经网络模型。

三、算法优化：减少计算量与提高效率

通过对现有算法进行改进或引入新的技术手段，可以减少不必要的计算量，从而降低对算力的需求。同时，合理的参数调整也有助于提高模型精度与速度之间的平衡点。比如，采用剪枝技术去除神经网络中冗余的部分，或者使用量化方法将浮点数转换成整数表示，都可以有效压缩模型大小而不明显影响预测的准确性。

四、数据存储与传输：确保高效的数据管理

高效的数据管理和快速访问机制同样不可忽视。采用高速缓存、分布式文件系统以及高性能网络连接等方式可以有效缩短 I/O 延迟时间，确保整个系统的流畅运行。例如，Hadoop 分布式文件系统（HDFS）为大规模数据集提供了可靠的存储解决方案；而 RDMA（远程直接内存访问）则可以在节点间实现低延迟、高带宽的数据交换。

五、算力基础设施：支撑 AI 发展的物理基础

数据中心构成了支撑 AI 算力发展的物理基础。随着需求的增长，越来越多的企业开始投资建设专门服务于 AI 任务的数据中心，并配备先进的冷却技术和能源管理系统以降低成本。例如，阿里巴巴集团在杭州的数据中心采用了浸没式液冷技术，相比传统风冷方式，可节省约 70% 的电力消耗。

六、人工智能算力的发展趋势

1. 硬件设备不断创新

新型硬件设备如量子计算机、新型存储器等不断涌现，将进一步提升 AI 算力。量子计算机利用量子叠加和纠缠特性，能加速机器学习算法执行；而新型非易失性存储器则有望解决当前内存瓶颈问题。例如，D-Wave Systems 公司已经推出了商用化的量子计算机，用于解决组合优化问题；三星电子也在积极研发基于相变材料的存储器，旨在提高数据的读写速度和存储密度。

2. 算法优化与软件框架升级

持续深入的研究将带来更加高效的算法设计思路，进一步增强算力利用率。与此同时，主流框架也会不断迭代更新版本，提供更多样化的 API 接口和服务选项。例如，Facebook AI Research 团队提出的 EfficientNet 架构，通过自动搜索最优网络结构的方法，在保证性能的前提下大幅减少了参数数量；Google Brain 则发布了 JAX 库，让研究人员能够更容易地编写高性能的数值计算代码。

3. 多元化应用场景

除了传统的云端服务器外，边缘计算节点也在逐渐成为重要的算力来源。这意味着未来会有更多贴近用户的终端设备参与到全局性的智能计算任务当中去。例如，华为推出的 Atlas 系列智能计算平台，可以在边缘侧完成视频监控、自动驾驶等实时性要求较高的任务，减轻了中心节点的压力。

4. 政策引导下的绿色发展

考虑到环境影响，政府鼓励企业采取节能减排措施，减少数据中心运营过程中产生的碳排放。这不仅有利于保护地球生态，也能为企业节省大量开支。例如，《"十四五"国家信息化规划》明确提出要加快绿色数据中心建设，推广使用清洁能源供应，并探索建立碳标签制度，激励企业和公众共同参与低碳行动。

人工智能算力不仅仅是衡量一个国家或地区科技实力的标准之一，更是数字经济时代不可或缺的核心生产力。随着技术进步和社会需求的变化，我们可以预见 AI 算力将继续保持高速增长态势，并为人类社会带来更多前所未有的机遇与挑战。

习　题

1. 简述计算机的发展简史，并列举至少两位对计算机科学有重大贡献的历史人物及其成就。请说明这些成就如何影响了现代计算机技术的发展。

2. 什么是计算思维？请描述计算思维的本质，并提供一个实际例子来展示计算思维在日常生活或工作中的应用。

3. 人工智能的基本思想涵盖了哪些方面？请选择其中两个方面（如模拟人类认知过程、知识表示与自动推理等）进行详细阐述，并说明它们在实现人工智能中的作用。

4. 回顾人工智能的起源，阐述图灵与机器思考、香农与计算机博弈以及神经网络的早期探索分别做出了什么贡献？说明这些贡献为后来的人工智能发展奠定了什么基础。

5. 在当前的人工智能算力领域中，硬件设备多样化与专业化、软件框架的重要性以及算法优化是如何共同促进 AI 发展的？请举例说明这些因素的具体表现形式和发展趋势。

6. 数据存储与传输是确保高效数据管理的关键。请解释为什么这两者对于人工智能的发展至关重要，并讨论当前有哪些技术和措施被用来提高数据存储和传输的效率。

7. 人工智能的应用已经渗透到多个行业，请选择 3 个不同的人工智能应用领域（如智能制造、医疗健康、智慧城市等），并具体描述 AI 在这些领域内带来的创新和变革。

第二章　数据表示与计算机系统智能化

数据是信息的表现形式，而计算机系统则是处理这些数据的工具。数据表示是指将信息转换为计算机能够识别和处理的形式。计算机系统通过各种硬件和软件组件来实现对数据的存储、处理和传输。理解其中的原理对于掌握人工智能科学的基础知识至关重要，本章将从数据表示和计算机系统智能化演进展开介绍。

2.1　数据单位

计算机通过一系列精确定义的存储单位来量化和处理数据，从最小的位到巨大的太字节（TB），每一级都承载着特定的数据处理需求。

2.1.1　数据单位与换算

一、常用单位

1. 位

位（bit，b）是指一个二进制的 0 或 1，是信息表示的最小数据单位。

2. 字节

字节（byte，B）是计算机中常用的基本存储单位，1 个字节由 8 位组成，可以表示 256 种不同的状态（从 00000000 到 11111111）。

3. 千字节

千字节（KB）是字节的 1024 倍，即 1 KB = 1024 B。这里的 1024 是基于计算机中的二进制系统，因为 2^{10} 等于 1024。

4. 兆字节

兆字节（MB）是千字节的 1024 倍，即 1 MB = 1024 KB。在日常生活和工作中，我们经常使用兆字节来表示文件或数据的大小。

5. 吉字节

吉字节（GB）是兆字节的 1024 倍，即 1 GB = 1024 MB。随着计算机技术的不断发展，吉字节已经成为存储大容量数据（如视频、音乐、游戏等）的常用单位。

6. 其他单位

现在数据和存储器容量越来越大，常用的更大的存储单位还有：太字节（TB）、拍字节（PB，1 PB = 1024 TB）、艾字节（EB，1 EB = 1024 PB）等，这些单位通常用于表示极其庞大的数据存储量，如全球互联网上的数据量、大数据处理系统等。

二、换算方法

1 B（字节）= 8 b（位）

1 KB（千字节）= 1024 B（字节）

1 MB（兆字节）= 1024 KB（千字节）

1 GB（吉字节）= 1024 MB（兆字节）

1 TB（太字节）= 1024 GB（吉字节）

1 PB（拍字节）= 1024 TB（吉字节）

1 EB（艾字节）= 1024 PB（拍字节）

2.1.2 数据单位的运用

一、硬盘容量

在描述硬盘或其他存储设备的容量时，厂商可能会在 B、KB、MB、GB、TB 间使用 1000 来作为转换单位，即 1 KB = 1000 B、1 MB = 1000 KB、1 GB = 1000 MB、1 TB = 1000 GB；而操作系统通常使用 1 024 作为转换单位。这可能导致操作系统中看到的可用空间与硬盘宣传的容量有所差异。因此，购买硬盘时需要注意其标称容量是基于哪种标准。例如，一个标称为 512 GB 的硬盘，在操作系统中显示的容量通常只有 476 GB，如图 2-1 所示。这是因为硬盘制造商计算容量的方式是 512 GB = 512 000 000 000 B，而操作系统使用的是 1024 来作为转换单位，故 512 GB 的硬盘在操作系统中的实际容量为 120 000 000 000 B/1024/1024/1024 ≈ 476 GB。

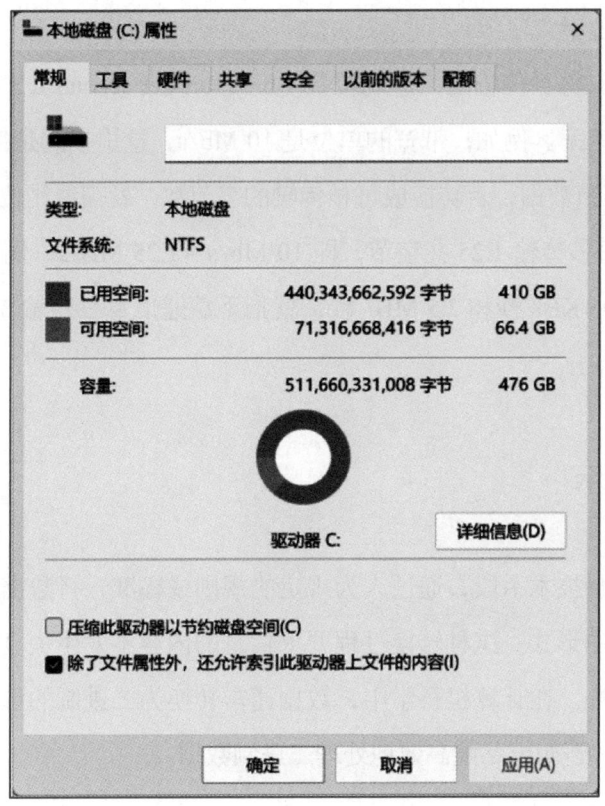

图 2-1　512 GB 硬盘在操作系统中显示的容量

二、文件大小

在传输或存储文件时，了解文件的大小对于估算所需时间和存储空间至关重要。例如，下载一个 207 MB 的文件所需的时间显然不同于下载一个 6.2 GB 的文件（如图 2-2 所示）。同样，存储大量高清视频文件需要的存储空间远超过存储文本文件。因此，在处理文件时，需要准确估计其大小以避免存储空间不足或传输时间过长的问题。

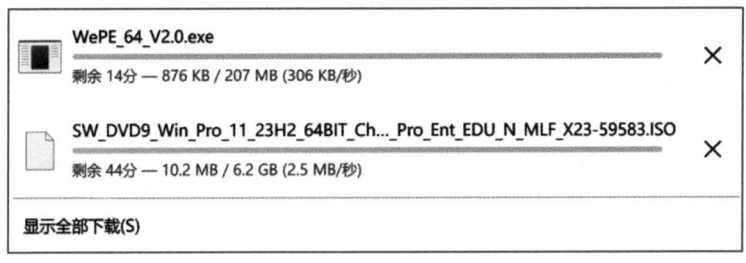

图 2-2　不同大小文件传输时间对比

三、数据传输速率

网络带宽通常以每秒传输的二进制位数（b/s，bit per second）来衡量，用于描述不同级别的网络传输速率。例如，带宽的单位是 10 Mb/s，这里指的是每秒传输 10 兆位数据，而不是 10 兆字节数据，若转换成每秒传输的字节数，就需要用位数除以 8 进行换算（10/8 = 1.25），即每秒传输 1.25 兆字节，即 10 Mb/s = 1.25 MB/s。例如，图 2-2 中显示的文件下载速度 306 KB/ 秒和 2.5 MB/ 秒，就指下载速度每秒传输 306 千字节和 2.5 兆字节。

2.2 数据的表示

数据表示是一种技术手段，通过人为规定的规则或标准，将数据从一种形式转换为另一种更易于处理的形式。这种转换过程要求信息的内容不发生失真或畸变，即保持信息的完整性和准确性。在计算机科学中，数据通常转换为二进制的形式存储和处理，这是因为计算机硬件和逻辑电路能高效地处理二进制数据。

2.2.1 数值数据的表示

一、机器数与真实数值

机器数是把符号"数字化"的数，是数字在计算机中的二进制表示形式。真实的数据有正数和负数，由于计算机内部的硬件只能表示两种物理状态（用 0 和 1 表示），因此真实数据的正号"＋"或负号"－"，在计算机里就需要用一位二进制的 0 或 1 来区别。

1. 机器数

机器数就是一个数在计算机中的二进制表示，计算机中机器数的最高位是符号位，正数符号位为 0，负数符号位为 1。机器数包含原码、反码和补码三种表示形式，下文会具体进行解释。

例如：

十进制中的 + 2 转换成二进制后，以一个字节来表示，其结果是［0000 0010］。

十进制中的 - 2 转换成二进制后，以一个字节来表示，其结果是［1000 0010］。

以上例子中的［0000 0010］和［1000 0010］就是机器数。

2. 机器数的真实数值

真值就是带符号位的机器数对应的真正数值，就是用正负号来代替符号位表示机器数，例如：

机器数［0000 0010］的真值为［＋000 0010］，也就是＋2。

机器数［1000 0010］的真值为［－000 0010］，也就是－2。

二、机器数的三种表示形式

1. 原码

原码是机器数的一种表示方法。用原码表示时，最高位（最左边的一位）表示符号位，"0"表示正数，"1"表示负数，其余位表示数值的绝对值。

例如，以 8 位二进制位表示数值：

正数 5 的原码是［00000101］，其中最高位 0 表示正数，后面 7 位 0000101 表示数值 5。

负数 –5 的原码是［10000101］，其中最高位 1 表示负数，后面 7 位 0000101 表示数值 5。

2. 反码

反码也是机器数的一种表示方式。对于正数，其反码与原码相同；对于负数，其反码是在原码的基础上，符号位不变，其余各位取反。

例如，以 8 位二进制位表示数值：

正数 7 的原码和反码都是［00000111］。

负数 –7 的原码是［10000111］，反码则是［11111000］。

3. 补码

补码是计算机中一种重要的机器数表示方法。对于正数，其补码与原码相同；对于负数，其补码是在反码的基础上加 1。

例如，以 8 位二进制位表示数值：

正数 4 的原码、反码和补码都是［00000100］。

负数 –4 的原码是［10000100］，反码是［11111011］，补码则是［11111100］。

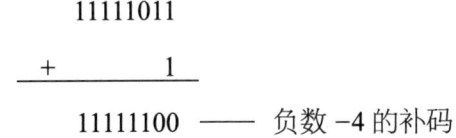

三、计算机为何要使用原码、反码和补码

为了计算机内部的运算设计尽量简单，早期出现了将符号位参与运算的设计思路。根据数学运算法则减去一个正数等于加上一个负数，即：1-1 = 1 + (-1) = 0，所以人们开始探索将符号位参与运算，并且用加法代替减法的方法。以 8 位二进制位表示数值，首先看原码：

计算十进制的表达式：1 - 1 = 0 和 1 + 1 = 2，其中 1 对应 [00000001]$_原$，-1 对应 [10000001]$_原$。

```
  00000001 ——（1）              00000001 ——（1）
+ 10000001 ——（-1）           + 00000001 ——（1）
  10000010 ——（-2）错误结果     00000010 ——（2）正确结果
```

从上面的计算结果可以看出，如果用原码表示，让符号位也参与计算，对于减法来说结果不正确的，因此计算机内部不能直接使用原码。为了解决原码不能做减法的问题，出现了反码：

对于十进制的表达式：1 - 1 = 0，按照原码转反码的规则：1 对应 [00000001]$_反$，-1 对应 [11111110]$_反$。

```
  00000001 ——（1 的反码）
+ 11111110 ——（-1 的反码）
  11111111 ——（结果也是反码）
```

将上述得到的反码结果 11111111 转换为原码得 [1000 0000]$_原$（符号位不变，其余位取反），最后结果是十进制的 -0。可见用反码计算减法，结果的真值部分是正确的。唯一的问题出现在"-0"这个特殊的数值上。虽然人们理解上 +0 和 -0 是一样的，但 0 带符号是没有任何意义的。而且会有 [00000000]$_原$ 和 [10000000]$_原$ 两个编码表示 0。于是补码的出现，解决了 0 的符号以及两个编码的问题：

仍然对于十进制的表达式：1-1 = 0，在 8 位二进制数表示数值的规则下，按照原码转补码的规则：1 对应 [00000001]$_补$，-1 对应 [11111111]$_补$。

```
  00000001 ——（1 的补码）
+ 11111111 ——（-1 的补码）
 100000000 ——（结果也是补码）
```

上述补码的计算结果超出了 8 位，舍去第一位 1 得到 [00000000]$_补$，符号位为 0 表

示正数，按照正数的原码、反码、补码转换规则得到其对应的原码 [00000000]$_原$ = + 0。这样 0 用 [00000000] 表示，并且可以定义补码 [10000000] 表示 –128。但需要注意的是，因为强制约定用原码 "–0" 的补码来表示 –128，所以 –128 没有对应的原码和反码。

补码运算在计算机中能够简化运算逻辑，因为它将正负数的运算统一起来，并且不需要特殊处理负数的情况。在使用补码进行加减法运算时，计算机只需要调用相应的加法器进行运算，而不需要区分加法和减法的不同处理方式。同时，补码运算还可以简化处理溢出的情况，当运算结果超出了计算机所能表示的范围时，补码运算会自动处理溢出，并得到正确的结果。因此，补码运算使得计算机在进行整数运算时更加高效和方便。比如，计算 5 – 3，可以转化为 5 +（–3）。5 的补码是 [00000101]，–3 的补码是 [11111101]，两者相加得到结果为 2。

$$00000101 \quad ——（5 的补码）$$
$$+\ 11111101 \quad ——（–3 的补码）$$
$$10000010 \quad ——（结果也是补码）$$

上述补码运算的结果是 100000010，超出了前文约定的用 8 位二进制来表示数值（产生溢出），故舍去第一位得到补码 [00000010]，此时第一位符号位为 0 表示其为正数，依据正数的原码、反码、补码一致规则可得 [00000010]$_补$ = [00000010]$_原$，再转换为十进制数就得到结果 2。

再用补码来计算 –4 + 2 的结果。其中 –4 对应的补码是 [11111100]，2 对应的补码是 [00000010]，计算结果为 –2。

$$11111100 \quad ——（–4 的补码）$$
$$+\ 00000010 \quad ——（2 的补码）$$
$$111111110 \quad ——（结果也是补码）$$

上述补码运算结果是 [11111110]$_补$，此时第一位符号位为 1 说明其为负数，依据负数的原码、反码、补码转换规则逆向进行转换可得 [11111110]$_补$ –1 = [11111101]$_反$，再保持符号位不变其余位取反，得到 [10000010]$_原$，最后将原码转换为十进制数得到结果 –2。

补码是一种编码方式，用于在计算机中表示有符号整数。其数学原理是通过将负数转换为正数的补数，从而实现正负数的加、减、乘、除等运算。补码运算基于二进制表示，采用最高位作为符号位的方式，对于正数，补码与原码相同，而对于负数，补码是其原码取反（除符号位外），再加 1。这种编码方式能够确保在计算机中进行整数运算时，不需要特殊处理负数情况，简化了计算机的运算逻辑。

四、浮点数的表示

计算机中的浮点数表示基于 IEEE 754 标准，该标准定义了两种浮点数表示格式：单精度和双精度。

在单精度表示中，一个浮点数占 32 位二进制数（4 字节），分为 3 个部分：符号位、阶码和尾数位。具体格式如下：

1 位符号位	8 位阶码	23 位尾数位

其中，符号位用来表示数的正负，0 表示正数，1 表示负数。阶码用来表示浮点数的指数部分，尾数位用来表示浮点数的有效位数部分，实际使用时需要对小数进行规范化处理（科学计数法的思路处理二进制小数）。阶码长度代表了浮点数的精度，尾数位长度代表了浮点数的表示范围。

在双精度表示中，一个浮点数占 64 位，分为 3 个部分：符号位、阶码和尾数位。具体格式如下：

1 位符号位	11 位阶码	52 位尾数位

双精度表示相较于单精度表示，阶码和尾数位的位数更多，因此具有更高的精度和范围。

以二进制数 10110010.001 的单精度表示存储为例，具体分析如下：

① 符号位，这里是正数用 0 表示。

② 尾数位，将上述二进制小数规范化得 1.0110010001×2^7（二进制小数中，小数点右移一位等价于乘 2），规范化的过程可以看作用科学计数法的思路处理二进制小数。规范化后取小数部分 0110010001 作为尾数位。

③ 阶码部分，因为指数有正、负，为了避免使用符号位，同时方便比较、排序，按照 IEEE754 规定，阶码 = 指数值 + 偏置值，单精度浮点数对应的偏置值是 127，双精度浮点数对应的偏置值是 1 023。因此上述小数的阶码为 7 + 127 = 134，转换为二进制为 10000110。

④ 最后，用单精度存储 10110010.001 的结果为 0 10000110 01100100010000000000000。

通过以上表示和计算方式，计算机可以对浮点数进行存储和运算。然而，由于浮点数的表示是有限的，因此在进行浮点数运算时仍然可能会出现舍入误差。

2.2.2 字符数据的表示

一、西文字符

在计算机内部，所有的信息最终都表示为一个二进制序列。每一个二进制位有 0 和 1 两种状态，因此 8 个二进制位就可以组合出 256 种状态，被称为一个字节。也就是说，一个字节一共可以用来表示 256 种不同的状态，每一个状态对应一个符号，就是 256 个符号，从 0000000 到 11111111。

西文字符主要由拉丁字母、数字、标点符号及一些特殊符号组成。但字符不能直接在计算机内部处理，必须对字符进行数字化编码，转换成二进制 0/1 序列，因此需要构造字符和数字化编码对应的代码表。20 世纪 60 年代，美国制定了一套字符编码，对西文字符与二进制位之间的关系做了统一规定，这被称为 ASCII 码，一直沿用至今。

ASCII 字符编码具体对应关系如表 2-1 所示。

表 2-1 ASCII 码表

字符	ASCII 码			字符	ASCII 码		
	十进制	二进制	十六进制		十进制	二进制	十六进制
NUL（空）	0	0000000	0	(	40	0101000	28
换行	10	0001010	A	)	41	0101001	29
空格	32	0100000	20	*	42	0101010	2A
!（感叹号）	33	0100001	21	+	43	0101011	2B
"	34	0100010	22	,	44	0101100	2C
#	35	0100011	23	-（减号）	45	0101101	2D
$	36	0100100	24	.	46	0101110	2E
%	37	0100101	25	/（除号）	47	0101111	2F
&	38	0100110	26	0	48	0110000	30
`（引号）	39	0100111	27	1	49	0110001	31

续表

字符	ASCII 码			字符	ASCII 码		
	十进制	二进制	十六进制		十进制	二进制	十六进制
2	50	0110010	32	N	78	1001110	4E
3	51	0110011	33	O	79	1001111	4F
4	52	0110100	34	P	80	1010000	50
5	53	0110101	35	Q	81	1010001	51
6	54	0110110	36	R	82	1010010	52
7	55	0110111	37	S	83	1010011	53
8	56	0111000	38	T	84	1010100	54
9	57	0111001	39	U	85	1010101	55
:	58	0111010	3A	V	86	1010110	56
;	59	0111011	3B	W	87	1010111	57
<	60	0111100	3C	X	88	1011000	58
=	61	0111101	3D	Y	89	1011001	59
>	62	0111110	3E	Z	90	1011010	5A
?	63	0111111	3F	[	91	1011011	5B
@	64	1000000	40	\	92	1011100	5C
A	65	1000001	41	]	93	1011101	5D
B	66	1000010	42	^	94	1011110	5E
C	67	1000011	43	_	95	1011111	5F
D	68	1000100	44	a	97	1100001	61
E	69	1000101	45	b	98	1100010	62
F	70	1000110	46	c	99	1100011	63
G	71	1000111	47	d	100	1100100	64
H	72	1001000	48	e	101	1100101	65
I	73	1001001	49	f	102	1100110	66
J	74	1001010	4A	g	103	1100111	67
K	75	1001011	4B	h	104	1101000	68
L	76	1001100	4C	i	105	1101001	69
M	77	1001101	4D	j	106	1101010	6A

续表

字符	ASCII 码			字符	ASCII 码		
	十进制	二进制	十六进制		十进制	二进制	十六进制
k	107	1101011	6B	t	116	1110100	74
l	108	1101100	6C	u	117	1110101	75
m	109	1101101	6D	v	118	1110110	76
n	110	1101110	6E	w	119	1110111	77
o	111	1101111	6F	x	120	1111000	78
p	112	1110000	70	y	121	1111001	79
q	113	1110001	71	z	122	1111010	7A
r	114	1110010	72	{	123	1111011	7B
s	115	1110011	73	}	125	1111101	7D

ASCII 码用 1 个字节 8 位二进制数表示一个字符，但实际只使用了后 7 位就可以表示英文字符、标点符号、控制字符，所以最高位默认是 0。ASCII 码一共规定了 128 个字符（包括不能打印出来的控制符号）的编码，其中包括 10 个数字、26 个小写字母、26 个大写字母、算术运算符、标点符号、商业符号等。比如，空格"Space"是 32（用二进制表示是 00100000），大写的字母 A 是 65（用二进制表示是 01000001）。

ASCII 字符编码有以下两个规律：

① 在 ASCII 码表中，按 ASCII 码值从小到大的排列顺序是数字、大写英文字母、小写英文字母。具体来说，数字 0~9 对应的 ASCII 码十进制值范围是 48~57，大写英文字母 A~Z 对应的 ASCII 码十进制值范围是 65~90，小写英文字母 a~z 对应的 ASCII 码十进制值范围是 97~122。

② 英文大写字母的 ASCII 码比英文小写字母的 ASCII 码小 32。例如，字母"A"的 ASCII 码十进制值是 65，而字母"a"的 ASCII 码十进制值是 97，它们之间的差值是 32。

二、汉字字符

对于英文字母的输入，键盘和 ASCII 码之间是直接对应的。但是对于汉字输入，键盘上没有汉字对应的按键，我们不可能直接敲出汉字字符，于是就有了输入码、机内码、字形码的转换，输入码帮助我们把英文键盘按键转换成汉字字符，机内码帮助我们实现汉字字符在计算机内部的二进制表示，字形码帮助我们把二进制序列输出到显示器成像，如图 2-3 所示。

图 2-3 汉字的处理过程

1. 输入码

输入码也称为外码，是用户通过键盘或其他输入设备输入汉字时使用的编码。常见的输入码有拼音码、五笔字型码、区位码等。这些输入码根据不同的输入法而有所不同，但它们的共同目的是方便用户输入汉字。

2. 机内码

机内码简称内码，是计算机系统内部用来表示汉字的一种编码方式。这种编码由 0 和 1 的二进制符号组成，用于确保汉字在计算机内部的统一表示。汉字机内码的主要特点是其在计算机内部是唯一的，无论使用哪种输入方法，输入的汉字在计算机内部都会遵循相应的汉字编码标准转换成统一的机内码进行处理和存储。

（1）常见汉字编码标准。

GB 2312：作为中国最早的汉字编码标准之一，GB2312 采用了双字节编码方案，共收录了 6 763 个常用汉字和 682 个非汉字符号。该标准将汉字分为 94 个区，每个区分为 94 个位，通过区位码来唯一确定一个汉字。然而，由于其收录的汉字数量有限，且主要针对简体中文，因此在实际应用中受到一定限制。

GBK：为了弥补 GB 2312 的不足，GBK 编码标准应运而生。它在 GB 2312 的基础上进行了扩展，增加了对繁体中文的支持，并扩大了字符集的范围。GBK 同样采用双字节编码，但通过更灵活的编码方式，实现了对更多汉字的覆盖。

GB 18030：随着国际信息交流的日益频繁，对汉字编码标准提出了更高的要求。GB 18030 作为新一代的汉字编码标准，不仅完全兼容 GBK，还增加了对更多汉字和少数民族文字的支持。它采用变长编码方式，可以根据需要选择单字节、双字节或四字节编码，从而实现了对海量汉字的高效编码。

Unicode：是一种国际通用的字符编码标准（主要有 UTF-8、UTF-16、UTF-32 三种实现方案），Unicode 旨在包含世界上所有已知的字符系统。在汉字方面，Unicode 通过统一的编码方案，实现了对简体中文、繁体中文以及其他东亚文字的全面支持，在跨平台、跨语言的信息交换中具有广泛的应用。

（2）机内码的转换过程。

用户通过键盘或其他输入设备输入汉字时，计算机首先将这些输入转换为对应的机内码。这一转换过程涉及输入码到机内码的映射，通常由操作系统中的"转换模块"完成。不同的输入码（如拼音码、五笔码、区位码等）最终都会被转换成统一的机内码，以便计算机进行处理。以早期使用的汉字编码标准和区位码输入法为例，从区位码转换到机内码需要经过国标码做交换，具体规则是十六进制区位码加 2020H 得到国标码，国标码再加 8080H 得到机内码。例如，"啊"字的十六进制区位码是 1001H，其对应的国标码为 1001H + 2020H = 3021H，最后对应的机内码为 3021H + 8080H = B0A1H。

3. 字形码

字形码又称为汉字字模，是计算机系统中用于存储和显示汉字形状的编码。它通常采用点阵或矢量的方式表示汉字的外形，以便在显示器、打印机等设备上正确输出汉字。当计算机需要输出一个汉字时，会根据该汉字的内码在字库中找到对应的字形码，然后将字形码转换为可以在屏幕上显示或在打印机上输出的信号。这一过程涉及复杂的数据转换和处理，确保汉字能够以正确的形式呈现给用户。

（1）点阵字形码通过将汉字划分为若干个点阵单元（如 16×16、24×24、32×32 等），每个点阵单元用一位二进制数表示，从而形成汉字的点阵字形。如存储一个 32×32 点阵的汉字就需要 32×32 = 1024 个二进制位，共 128 字节。这种编码方式简单直观，但放大时可能出现锯齿状边缘，影响显示效果，图 2-4 所示是用 32×32 点阵表示的"大"字。

（2）矢量字形码则通过记录汉字的轮廓线条来描述其形状，无论放大或缩小都能保持较高的清晰度，图 2-5 所示是点阵汉字和矢量汉字放大后的对比效果。矢量字形码易于编辑和修改，其对应的字体也被称为轮廓字体。

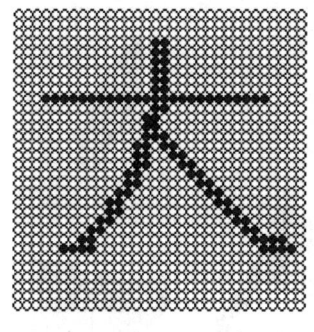

图 2-4　32×32 点阵汉字

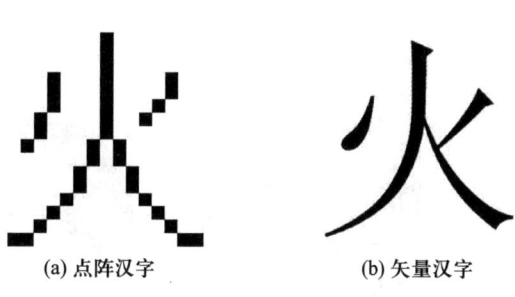

(a) 点阵汉字　　　　(b) 矢量汉字

图 2-5　点阵汉字与矢量汉字放大对比

2.2.3 图片、声音、视频数据的表示

一、图片

1. 图形与图像

图像也称为位图图像,由像素点构成。每一个像素都被分配一个特定的位置和颜色值,可以独立地显示不同的颜色,因此图像可以表现出更复杂的色彩和细节,缺点是数据量较大、缩放失真或产生锯齿效应,适用于照片、艺术作品等需要丰富色彩和细节的场景。图像的分辨率直接影响其清晰度和细节表现,高分辨率图像细节丰富,而低分辨率图像可能显得模糊(如图 2-6 所示)。图像的文件大小取决于分辨率和色深,高分辨率和高色深的图像文件会非常大。常用的图像编辑软件有 Adobe Photoshop、GIMP 等。

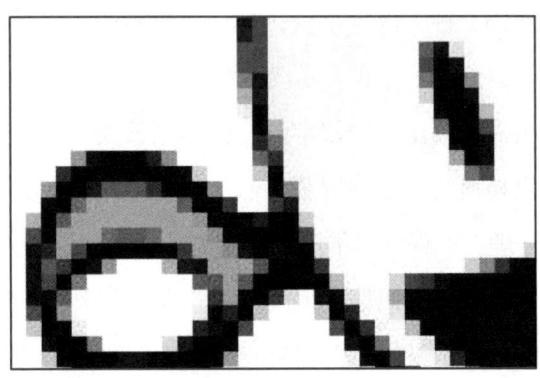

图 2-6 位图图像与放大后的局部效果

图形也称为矢量图形,是由称为矢量的数学对象所定义的直线和曲线等组成。图形文件中保存的是线条和图块的信息,因此图形文件与分辨率和图形尺寸无关,可以将它们缩放到任意尺寸和以任意分辨率在输出设备上打印出来,都不会影响清晰度,即缩放不失真(如图 2-7 所示),适用于标志、图标、技术绘图等需要高精度和可缩放性

图 2-7 矢量图形与放大后的局部效果

的设计场景，其缺点是不能描述色彩和形状较为丰富的对象。常用的图形编辑软件有 Adobe Illustrator、CorelDRAW 等。

2. 颜色模型

颜色模型是用来精确标定和生成各种颜色的一套规则。常见的颜色模型有：RGB 颜色模型、CMYK 颜色模型等。

（1）RGB 颜色模型基于红、绿、蓝三原色定义加色系统，采用三维直角坐标系。每个彩色点采用（R，G，B）表示，其中 R、G、B 分别代表红色、绿色和蓝色的强度，取值范围通常是 0~255 或 0~1。RGB 颜色模型的优点在于其简单直观，易于理解和实现。但是，由于其依赖于设备的特性，导致不同设备上的颜色显示可能存在差异。

（2）CMYK 颜色模型是一种基于青、品红、黄和黑四色系统的颜色模型。它常用于印刷行业，通过油墨对光的吸收和反射来产生不同的颜色。CMYK 颜色模型的优点在于其能够准确模拟印刷过程中的颜色。

3. 图像数字化

数字化处理图像的过程是将模拟图像转换为二进制形式，以便计算机能够处理和分析。这一过程包括采样、量化和编码。

（1）采样：是图像数字化的第一步，它决定了图像的空间分辨率。在采样过程中，模拟图像被分割成大量的小块，每个小块称为一个像素。每个像素的值代表该点的颜色信息。采样率越高，图像的细节就越丰富，但同时也会增加数据量。

（2）量化：是将采样后的像素值转换为离散的数字值的过程。在量化过程中，每个像素的颜色值被映射到一个有限的数值范围内。这个范围通常由颜色深度决定，例如，8 位颜色深度可以表示 256 种不同的颜色。量化可以减少数据量，但也可能导致颜色信息的丢失。

（3）编码：是将量化后的像素值转换为计算机可以存储和处理的格式，即转换为二进制形式。在此过程中，图像的分辨率和像素深度决定了图像数据量的大小。图像数据量（字节）= 分辨率 × 颜色深度 /8。例如，一张 1920×1080 分辨率、24 位颜色深度的图像的数据量为 1920×1080×24/8 = 6 220 800 字节，约 5.93 MB。按此公式计算出的是未压缩的图像数据量，编码过程中还可能会进一步压缩图像数据，以节省存储空间和提高传输效率。

4. 常见图像文件格式

（1）BMP 文件（.bmp），Windows 操作系统采用的一种图像文件格式。一般不采用其他任何压缩，占用存储空间比较大。颜色深度可选 1 位、4 位、8 位或 24 位。

（2）GIF 文件（.gif），可以实现简单动画效果的图像文件格式。图像深度为 1~8 位，最多支持 256 种色彩图像，常用于 HTML 文件中。

（3）TIFF 文件（.tif），针对扫描仪的通用图像文件格式。

（4）PNG 文件（.png），支持无损数据压缩。

（5）JPEG 文件（.jpg），采用 JPEG 压缩算法，文件的压缩比例很高，非常适合需要处理大量图像的场合。

二、声音

1. 声音的组成

声音是一种在时间和幅度上都是连续变化的模拟信号，其主要参数有振幅和频率。

（1）振幅：指声波在传播过程中偏离平衡位置的最大距离，通常以 A 表示，如图 2-8 所示。振幅决定了声音的响度强弱，计量单位是分贝（dB），

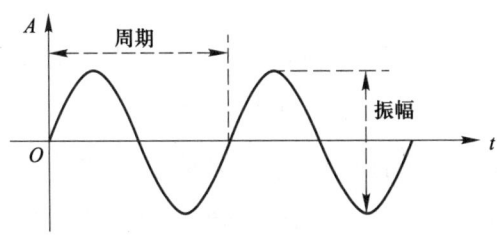

图 2-8　声音的波形

（2）频率：表示声波每秒变化的次数，等于周期的倒数，用 Hz 表示。频率越高的声音，其音调听起来就越高；反之，频率越低的声音，其音调听起来就越低沉。人耳能听到的声音信号的频率范围 20 Hz~20 kHz，该范围内的信号称为音频信号，小于 20 Hz 称为亚音信号，高于 20 kHz 称为超声波。

2. 声音数字化

声音信号属于模拟信号，计算机需要把它转换为数字信号才能进行处理。需要用二进制数字的编码形式来表示声音。声音信号数字化要经历：采样、量化、编码三个步骤，如图 2-9 所示。

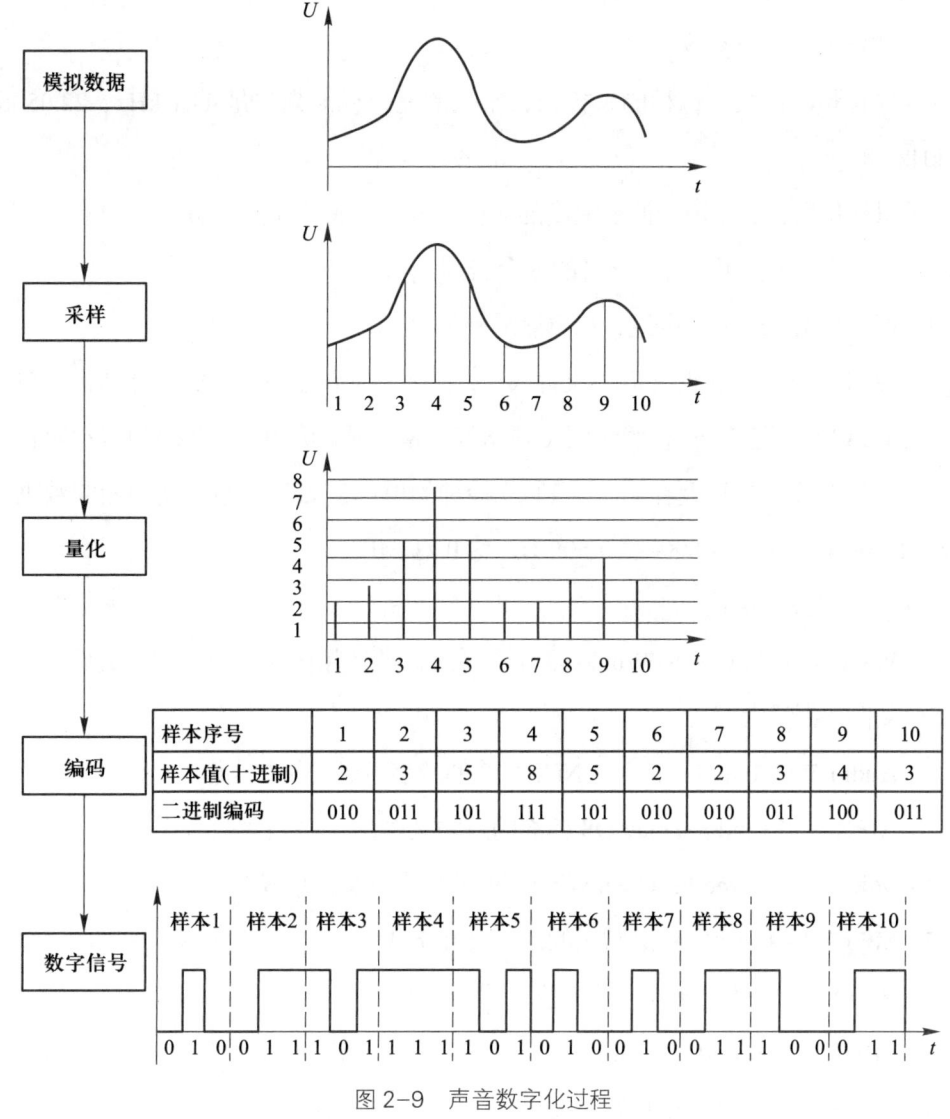

图 2-9 声音数字化过程

（1）采样：就是把时间连续的模拟信号在时间轴上离散化的过程。在某些特定时刻获取声音信号幅值称为采样。

（2）量化：量化处理就是把在幅度上连续取值（模拟量）的每一个样本转换为离散值（数字量）来表示。量化后的数据用二进制数来表示，二进制数位数的多少反映了度量声音波形幅度的精度，称为量化精度或者量化位数。量化精度越高，声音质量越高，占用的存储空间也就越大。

（3）编码：为了便于计算机的存储、传输、处理，需要按照一定的格式进行数据编码，再按照某种规定的格式将数据组织成文件。也可以采用方法对数据进行压缩，减少对存储空间的占用。

3. 数字声音的主要参数

（1）采样频率：表示每秒的采样数，常用的三个标准频率是 44.1 kHz、22.05 kHz、11.05 kHz。

（2）量化位数：表示声音波形幅度的采样精度，一般是 8 位、16 位、32 位，图 2-9 中就采用了 3 位量化，可以表示声音的 8 个级别。

（3）声道数组：分为单声道、双声道两种类型。

（4）数据量：表示未压缩的声音文件大小，以字节为单位，由公式"采样频率（Hz）× 量化位数（bit）× 声道数 × 持续时间（s）/8"计算得到。例如，用 22.05 kHz 采样频率，每个采样点用 8 位采样精度存储、录制 10 秒钟的单声道语音，不经过压缩的数据量是（22.05×1 000×8×1×10）/8＝220 500 B，约 0.21 MB。

4. 常见声音文件格式

（1）Wave 文件（.wav）：Windows 操作系统标准音频格式，属于波形文件，特点是质量高，文件数据量大。

（2）Audio 文件（.au）：用于 UNIX 系统的数字声音文件格式。

（3）AIFF 文件（.aif）：mac OS 标准的音频文件格式。

（4）Voice 文件（.voc）：Creative 公司的波形音频文件格式。

（5）MP3 文件（.mp3）：最常用的声音文件格式。

（6）RealAudio 文件（.ra）：具有较高压缩比。

（7）MIDI 文件（.mid 或 .rmi）：用于存储和交换 MIDI 消息的一种数字音乐文件，rmi 格式是 Windows 中对 MIDI 文件格式的简单扩展格式。

三、视频

1. 视频数字化

视频数字化是指将模拟视频信号转换为数字形式的过程。这一过程涉及多个步骤，包括采样、量化和编码。采样是将连续的视频信号在时间和空间上离散化，即每隔一定时间间隔对视频图像进行一次扫描，并将每个像素的颜色值记录下来。量化是将采样得到的值转换为有限的数值范围，以便用二进制数表示。编码则是将这些数值转换为二进制数据以便于存储和传输。

视频数字化的优点在于数字视频可以进行无失真的无限次复制，且不会因为时间推移而降低质量。数字视频便于进行非线性编辑和添加特技效果,为用户提供了更多的创作空间。

2. 帧

帧是视频或动画中的基本单位之一,它代表了一个静止的图像,当这些静态图像以足够快的速度连续播放时,就形成了动态的视觉效果。

(1)帧数是指在一段时间内产生的或者播放的帧的数量。例如,一个视频或游戏在两秒钟内显示了 32 个不同的帧,则其在这两秒内的帧数就为 32。

(2)帧率是指每秒放映的画面数,常用"每秒帧数"(frames per second,f/s)来衡量。例如,一个动画或视频的帧率为 60 f/s,那么它每秒钟会播放 60 帧。如图 2-10 所示,从帧率为 15 f/s 的视频中提取出时长 1 秒的片段,再进行分解,就可以得到 15 张独立的图片(图片顺序为:从左至右,从上至下)。在游戏、电影、电视和计算机图形学等领域中,高帧率意味着更流畅的动作和更好的视觉体验。对于实时交互式内容如游戏来说,更高的帧率可以降低延迟感并提高操作响应速度。

图 2-10 15 f/s 的视频中 1 秒对应的帧

3. 视频分辨率

视频分辨率是指视频在一定区域内包含的像素点的数量,表示视频图像的大小和清晰度程度,通常以像素为单位来表示。高分辨率的视频图像能够更真实地还原真实场景,但也需要更大的存储和传输带宽。常见的视频分辨率有(以下单位 p 的含义是"逐行",表示视频像素的总行数):

(1)分辨率为 640×480 像素,也称 480p,是较早的标准清晰度视频格式。

(2)分辨率为 1280×720 像素,也称 720p,属于高清视频格式,提供比 480p 更清晰的画质。

（3）分辨率为 1920×1080 像素，也称 1080p、全高清（full HD），是目前最常见的高清视频格式，广泛应用于电视和网络视频中。

（4）分辨率为 2560×1440 像素，也被称为 2K，提供比 1080p 更高的清晰度。

（5）分辨率为 3840×2160 像素，也称为 4K，是超高清视频格式，提供非常细腻的画面细节。

（6）分辨率为 7680×4320 像素，也称 8K，是当前最高的视频分辨率标准之一，提供极其清晰和详细的图像质量。

4. 视频数据量

未经压缩的数字视频的数据量由一帧图像的分辨率、每秒帧数、视频时长三个参数决定，计算公式为：

$$未经压缩视频数据量（字节）= 一帧分辨率 \times 每秒帧数 \times 视频秒数 /8$$

例如，已知视频画面分辨率为 640×480 像素，24 位真彩色，帧率为 60 f/s，则存储 1 分钟的视频所需空间计算为：

$$640 \times 480 \times 24 \times 60 \times 60/8 = 3\ 240\ 000\ \text{KB}$$

5. 视频压缩

（1）数字视频也存在数据量大的问题，比如，分辨率为 352×240 像素、图像深度 16 位的图像，每秒 30 帧，其数据量约为 4.8 MB，因此在存储和传输过程中通常需要进行压缩编码以减少数据量。

（2）视频压缩的主要目的是在尽可能保证视觉效果的前提下减少视频的数据量，常用的压缩方式有帧内压缩和帧间压缩。

（3）帧内压缩：也称为空间压缩。把单独的图像帧当作静态图像应用静态图像的压缩算法实现数据压缩。

（4）帧间压缩：视频具有时间上的连续性，可以利用帧间信息的冗余进行压缩。通常采用基于运动补偿的帧间预测编码技术。

6. 常见的视频格式

（1）AVI 文件（.avi）：AVI 文件是 Audio Video Interleaved 的缩写，由微软公司开发。AVI 格式调用方便、图像质量好，压缩标准可任意选择，但文件体积相对较大，效率不高。

（2）WMV 文件（.wmv）：WMV 文件是 Windows Media Video 的缩写，由微软开发。

WMV 格式需要安装微软组件才能正常播放，适用于 Windows 平台上的视频播放和分发。

（3）MPEG 文件：MPEG 是 Moving Picture Experts Group 的缩写，是一种跨平台的视频格式，基本上在所有浏览器上都能正常播放。MPEG 格式包括 MPEG-1、MPEG-2 和 MPEG-4 等多个版本，其中 MPEG-4 对应的文件名以 ".mp4" 为扩展名，可以在保持高质量的同时实现高效的数据压缩，很多视频网站都会使用 MP4 视频格式。MP4 文件以其高效的压缩技术和广泛的兼容性而著称，支持多种编解码器，如 H.264、MPEG-4、AVC 和 AAC 等。

（4）QuickTime 文件（.mov）：由苹果公司开发，QuickTime 格式支持多种编解码器，能够提供高质量的视频和音频内容，广泛应用于专业视频编辑领域。

（5）RealVideo 文件（.rm）：由 RealNetworks 公司开发，RealVideo 格式对网络带宽要求较低，能实现快速播放，但其视频画质不高。

2.3 人工智能驱动的计算机体系结构

冯·诺依曼体系结构（如图 2-11 所示）的主要思想是现代计算机设计的基础，这一思想由冯·诺依曼提出，并广泛应用于现代计算机系统中。

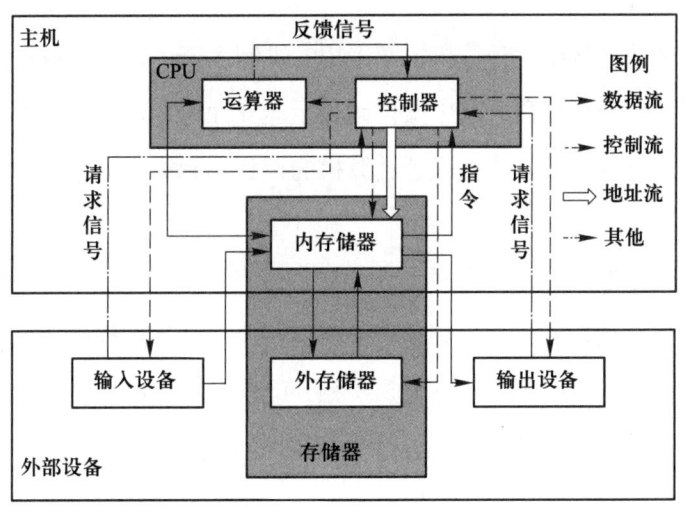

图 2-11 计算机体系结构

2.3.1 冯·诺依曼体系结构

一、基于冯·诺依曼体系结构的计算机系统组成

冯·诺依曼体系结构将计算机系统划分为五大基本部件。

1. 控制器

控制器用于控制程序的执行，是计算机的大脑。它根据存放在存储器中的指令序列（程序）进行工作，控制计算机的各个部件协调一致地工作。

2. 运算器

运算器用于完成各种算术运算和逻辑运算，是计算机的数据处理核心。

3. 存储器

存储器用于存储程序和数据，是计算机的记忆部件。在冯·诺依曼体系中，程序和数据以二进制代码形式不加区别地存放在存储器中，存放位置由地址确定。

4. 输入设备

输入设备用于将数据或程序输入到计算机中，如键盘、鼠标、外存储器、网卡等。

5. 输出设备

输出设备用于将数据或程序的处理结果展示给用户，如显示器、外存储器、打印机等。

二、二进制表示

冯·诺依曼体系结构中，计算机内部采用二进制来表示指令和数据。每条指令一般具有一个操作码和一个地址码，其中操作码表示运算性质，地址码指出操作数在存储器中的地址。这种二进制表示方式简化了计算机的设计和制造，提高了计算机的运算速度和可靠性。

三、程序存储思想

冯·诺依曼体系结构的核心思想是程序存储，即将编好的程序送入内存储器中，然后启动计算机工作。计算机无须操作人员干预，能自动逐条取出指令和执行指令。这种思想实现了计算机的自动化和智能化，使计算机能够按照预定的程序自动地进行数据处理。

四、基于冯·诺依曼体系的计算机系统工作过程

在计算机系统中，所有程序和数据都是以数据流的方式进行传输，以内存储器为核心，在计算机硬件系统的各部件之间传送。程序和数据均可以由输入设备送入内存储器，内存储器中的程序和数据可传送给输出设备，也可以传送给外存储器永久保存。外存储器中的程序要运行，首先要将程序和数据调入内存储器，然后将程序（指令）传送给控制器，将数据传送给运算器进行处理，运算器对数据的处理结果再传送给内存储器。控制器可以给内存储器发送地址信号，告知内存储器要获取的指令地址和数据地址，控制器获取内存储器传送过来的指令后，分析指令产生控制信号送到各个部件，控制各个部件有序完成指令的功能。输入设备和输出设备可以给控制器发送请求占用资源的请求信号，运算器对数据处理完成后向控制器发送反馈信号。

2.3.2 冯·诺依曼体系结构的智能化演进

冯·诺依曼架构自提出以来，一直是计算机体系结构的基础，其核心思想是将程序和数据存储在同一内存储器中，并通过中央处理器（CPU）执行指令。然而，随着人工智能技术的发展，传统的冯·诺依曼架构遇到了瓶颈，特别是在处理海量数据时效率低下，以及存算分离导致的"冯·诺依曼瓶颈"问题。为了适应现代 AI 的需求，冯·诺依曼架构正在经历一系列智能化演进。

一、存算一体化

传统冯·诺依曼架构下的计算模型要求在每次运算前从存储器读取数据到处理器进行处理后再写回存储器，这一过程不仅增加了延迟，还消耗了大量的资源。为了解决这个问题，研究人员开始探索存储与计算一体化的技术，即在存储器内部直接完成部分计算任务，减少数据搬运的距离和次数，从而提高能效比。例如，IBM NorthPole 芯片（如图 2-12 所示）实现了存内计算（一种创新的计算架构，它将计算单元嵌入到内存当中，减少数据在处理器与存储器之间的迁移次数，从而显著提高了计算效率）的功能，这种设计可以显著降低功耗，特别适合于移动设备和边缘计算场景中的 AI 应用。

图 2-12　IBM NorthPole 芯片

二、专用 AI 加速器

除了改进现有硬件外，开发专门面向 AI 任务的加速器也是解决冯·诺依曼瓶颈的有效途径之一。这些加速器通常具有定制化的指令集，能够更高效地支持常见的 AI 运算操作，如矩阵乘法、卷积等。Google TPU 就是一个典型的例子，它专门为运行 TensorFlow 框架下的机器学习模型而设计，在推理阶段实现了高吞吐量和低成本的运行效率，如图 2-13 所示。

图 2-13　Google 第 6 代 TPU

三、算法与硬件协同设计

实现冯·诺依曼架构的智能化演进，还需要考虑算法与硬件之间的协同设计。这意味着不仅要关注硬件层面的技术革新，也要重视软件层面上的新方法论。例如，在神经网络的设计过程中考虑到硬件的特点，可以使模型更加紧凑且易于部署；反之亦然，基于特定算法的需求来指导硬件架构的选择也能带来更好的效果。微软亚洲研究院提出了"软硬结合"的理念，强调通过紧密耦合的方式共同推进 AI 技术的进步。

冯·诺依曼架构正朝着更加智能化的方向发展，旨在克服原有架构存在的局限性，并为 AI 时代提供更强有力的支持。从存储与计算一体化到专用 AI 加速器，每一项进步都是为了更好地服务于 AI 应用的独特需求。与此同时，算法与硬件之间的深度融合也将成为未来研究的重点方向之一。

2.4　计算机硬件的智慧升级

2.4.1　中央处理器的智能化

中央处理器（central processing unit，CPU）是计算机硬件系统的核心组件，CPU 的性能直接影响计算机的整体性能，是现代电子计算机的主要设备之一。CPU 是一块超大规模的集成电路（如图 2-14 所示），是一台计算机的运算核心和控制核心。

图 2-14 CPU 图

一、CPU 的组成

CPU 主要由运算器（ALU）、控制器（CU）、寄存器以及高速缓冲存储器（Cache）等传统架构组成，并集成面向 AI 任务的专用单元（如神经网络处理器 NPU）和支持深度学习的通用计算单元（如集成 GPU）。

1. 运算器

运算器是对数据进行加工处理的部件，也被称为算术逻辑单元（arithmetic & logical unit，ALU）。它不仅可以实现基本的算术运算（如加、减、乘、除），还可以进行基本的逻辑运算（如与、或、非），实现逻辑判断的比较及数据传递、移位等操作。运算器是计算机的数据处理中心，也是机器中各部件交换数据的枢纽。

2. 控制器

控制器是负责从存储器中取出指令，确定指令类型，并译码，按时间的先后顺序，向其他部件发出控制信号，统一指挥和协调计算机各器件进行工作的部件。控制器也被称为控制单元（control unit，CU），是整个 CPU 的指挥控制中心。它由指令寄存器（instruction register，IR）、指令译码器（instruction decoder，ID）和操作控制器（operation controller，OC）三个部件组成，对协调整个计算机有序工作极为重要。

3. 寄存器

寄存器是 CPU 内部的一种高速存储部件，用于暂时存储数据或指令。寄存器的功能是存储二进制代码，它是由具有存储功能的触发器组合起来构成的，一个触发器可以存储一位二进制代码，故存放 n 位二进制代码的寄存器，需用 n 个触发器来构成。寄存器访问速度非常快，通常与 CPU 内部时钟同步工作。

4. 高速缓冲存储器

高速缓冲存储器（Cache）是为了解决 CPU 与系统内存（RAM）数据交换速度不匹配而设计的。Cache 通常分为 L1 Cache（一级缓存）和 L2 Cache（二级缓存），有的处理器还有 L3 Cache（三级缓存）。CPU 缓存的运行频率极高，一般是和 CPU 同频运作，工作效率远远大于系统内存和硬盘。实际工作时，CPU 往往需要重复读取同样的数据块，而缓存容量的增大，可以大幅度提升 CPU 内部读取数据的命中率，而不用再到内存或者硬盘上寻找，以此提高系统性能。

5. AI 单元

随着人工智能技术的普及，现代 CPU 逐渐集成多种 AI 单元以覆盖更广泛的智能任务需求，典型代表包括神经网络处理器（NPU）和支持深度学习的集成 GPU。其中，NPU 针对深度学习中的矩阵运算、向量计算等任务优化，擅长高效处理卷积神经网络、循环神经网络等特定 AI 模型，适合低功耗、高实时性场景。例如，英特尔酷睿 Ultra 系列、华为麒麟 ×90 处理器都集成了独立 NPU，其专用架构使 AI 场景下的能效比相比传统 CPU 通用运算器（ALU）提升数倍，可直接处理本地 AI 任务（如实时图像识别、语音唤醒、背景虚化、多模态大模型对话等），无须依赖云端算力；同时，集成 GPU 通过并行计算能力支持图形渲染与深度学习框架优化，如酷睿 Ultra 7 的核显拥有数百个计算单元，借助 ONNX RT、DirectML 等接口加速视频分析、AI 绘画等多样化 AI 任务，占 NPU 形成"专用 + 通用"的算力互补，共同支撑本地化复杂 AI 模型运行。

二、CPU 的主要性能指标

CPU 的性能指标是衡量 CPU 性能的重要参数，它们直接影响着计算机的整体性能。以下是一些主要的 CPU 性能指标：

1. 主频

主频也称为时钟频率，单位是 MHz（或 GHz），用来表示 CPU 的运算、处理数据的速度。主频越高，CPU 的运算速度越快。然而，主频与实际的运算速度并非直接相关，因为 CPU 的运算速度还受到流水线、总线等其他性能指标的影响。

2. 外频

外频是 CPU 的基准频率，单位是 MHz。CPU 的外频决定着整块主板的运行速度。超频通常是超 CPU 的外频（在台式机中），但服务器 CPU 不允许超频。

3. 前端总线频率

前端总线（front side bus，FSB）频率（即总线频率）是直接影响 CPU 与内存之间数据交换速度的因素。数据传输最大带宽取决于所有同时传输的数据的宽度和传输频率。

4. 字长

字长在计算机中是指 CPU 在单位时间内（同一时间）能一次处理的二进制数的位数。

5. 核心数

内核数量是影响 CPU 性能的重要因素。多核 CPU 能够并行处理多个任务，提高计算机的并发性和效率。

三、CPU 指令集

CPU 指令集架构（instruction set architecture，ISA）是处理器硬件与软件之间的接口规范，它定义了一组基本指令，以及这些指令的操作格式、编码方式、寻址模式、寄存器组织、中断机制、异常处理等各个方面。ISA 是计算机硬件设计的基础，决定了处理器能够理解和执行的指令类型及操作方式，是编写操作系统、编译器以及应用程序的基石。不同的 ISA 构成了不同类型的处理器，如 x86、ARM、RISC-V、MIPS、LoongArch 等。

其中，LoongArch 是龙芯中科（Loongson Technology）公司自主研发的一种指令集架构，不受外部专利约束，确保了我国在信息技术领域的自主可控性，这对于国家信息安全战略具有重要意义。相比之下，MIPS 虽然也是开放架构，但其背后存在专利权属问题，而 RISC-V 虽然是开源指令集，但其生态中的相关实现可能受到第三方专利影响。

四、CPU 的智能调度

中央处理器的智能调度是实现更高效计算资源管理的核心技术之一，它不仅涉及如何有效地分配和利用 CPU 本身的计算能力，还包括了对多线程、多核处理的支持，以及与其他硬件组件如 GPU 等的协同工作。通过智能化的调度算法和技术，可以显著提高系统的整体性能，减少任务完成时间，并优化能源消耗。例如：

1. 预测性调度

利用机器学习模型来预测未来的负载情况，提前调整资源分配，从而更好地适应动态变化的工作负载。这种做法可以帮助系统避免不必要的上下文切换，保持较高的吞吐量。

2. 自适应调度

根据当前系统的状态自动调整调度策略，确保即使是在高度不确定的环境下也能维持良好的性能表现。例如，当检测到某个应用程序正在执行密集型计算时，可以临时增加该程序获得的 CPU 时间片份额，加快其运行速度。

3. 跨平台调度

随着异构计算架构的发展，越来越多的任务可以在多种类型的处理器上运行，包括但不限于 CPU、GPU、TPU 等。智能调度系统能够识别任务特征并将它们分配给最合适的目标设备，以达到最佳的整体效率。

通过上述提到的各种智能调度技术和策略的应用，我们可以看到，中央处理器在其内部及与其他硬件组件之间实现了更为精细且高效的资源管理。这不仅有助于改善单一应用程序的表现，也为构建更大规模、更复杂的分布式计算系统奠定了坚实的基础。在未来，随着人工智能技术的不断进步，CPU 的智能调度将变得更加聪明、更加贴近实际应用场景的需求。

2.4.2 存储器的智能化

一、存储器的分类

计算机存储器按照存储信息的持久性和访问速度的不同，大致可以分为两大类：内部存储器（内存）和外部存储器（外存）。

1. 内部存储器

内部存储器，通常简称为内存，是 CPU 能够直接访问的存储空间，用于暂时存储正在运行的程序和数据。内存的速度非常快，几乎与 CPU 的工作速度相匹配，但容量相对较小且断电后数据会丢失。

内存主要分为以下几类：

（1）随机存取存储器（RAM）：RAM 是最常见的内存类型，允许在任意位置快速读写数据，但断电后内容丢失。它分为静态 RAM（SRAM）和动态 RAM（DRAM）两种。SRAM 速度快但成本高，通常用于高速缓存；DRAM 则成本较低，容量大，是计算机内存的主要组成部分。

（2）只读存储器（ROM）：ROM 中的数据在制造时被永久写入，之后无法修改。它通常用于存储计算机的启动程序（BIOS）和其他固定不变的信息。断电后内容不丢失。

（3）高速缓存（Cache）：Cache 是一种特殊类型的内存，位于 CPU 和内存之间，用于存储近期可能被 CPU 频繁访问的数据和指令，以加快访问速度。Cache 通常分为 L1、L2、L3 等多级，级数越高，容量越大，但速度越慢。

2. 外部存储器（外存）

外部存储器，也称为辅助存储器或次级存储器，用于长期存储数据和程序，即使断电也不会丢失数据。外存的容量远大于内存，但访问速度相对内存较慢。图 2-15 所示为机械硬盘和固态硬盘。

（1）机械硬盘：机械硬盘使用旋转的磁盘和移动的读写头来存储数据。虽然速度慢于固态硬盘，但成本低，容量大，是长期以来数据存储的主流选择。

（2）固态硬盘：使用闪存芯片存储数据，无须机械运动，因此读写速度快，噪声低，功耗小，但成本相对机械硬盘高。近年来，固态硬盘正逐渐取代机械硬盘成为主流存储设备。

（3）光盘存储器：包括 CD、DVD 和蓝光光盘等，用于存储大量数据，但读写速度较慢，且易受物理损伤。

（4）U 盘和存储卡：这些便携式存储设备也使用闪存芯片存储数据，便于携带和传输。

图 2-15　硬盘示例

二、内存地址与容量

类似于教学楼中每个教室的编号，内存地址是计算机系统中用于标识和访问内存中每个存储单元的唯一编号。在计算机体系结构中，内存被划分为一系列的存储单元，存储单元通常以字节为单位，即一个字节就是一个存储单元，每个单元都有一个唯一的地址，就是内存地址。

如图 2-16 所示，一个大小为 1 KB 的文件如果从 2000 这个地址开始存放，则对应的结束地址是 3024。

图 2-16　内存地址

三、智能化存储

存储器的智能化是应对 AI 实时数据处理需求的关键技术之一，它不仅涉及硬件层面的设计革新，还包括软件算法的优化，旨在构建一个能够快速响应、高效处理海量数据的系统。智能化存储器通过集成先进的计算能力与智能管理功能，为人工智能应用提供了坚实的支持。智能化存储器具备如下特点：

1. 高速读写与低延迟

为了满足 AI 模型训练和推理过程中对大量数据的高速访问要求，智能化存储器必须具备极高的读写速度以及尽可能低的延迟。例如，在数据采集阶段，存储系统需要支持高写入吞吐量和高队列深度，以确保大量实时数据可以被迅速保存；而在模型训练阶段，则更加重视低延迟和高吞吐量。此外，固态硬盘（SSD）特别是针对 AI 优化的 AI SSD，因其出色的随机读写性能而成为理想选择，这类 SSD 专为处理深度学习、神经网络训练等任务设计，具有更高的 IOPS（每秒输入输出操作数）和更低的延迟特性。

2. 大容量与可扩展性

随着 AI 应用产生的数据量呈指数级增长，存储系统的容量也面临着前所未有的挑战。智能化存储解决方案不仅要提供足够的空间来容纳这些庞大的数据集，还要保证良好的扩展性，以便根据实际需求灵活调整规模。分布式存储架构就是一个很好的例子，它可以横向扩展多个节点，从而轻松应对海量级别的数据存储需求。同时，某些高端解决方案还支持单集群内文件系统的巨大容量，如宏杉科技提供的智算中心 AI 存储方案，其单集群单文件系统容量可达 1 024 000 TB，文件数量达千亿级。

3. 数据冗余与容错机制

在 AI 应用场景中，数据的完整性和可靠性至关重要。因此，智能化存储器通常会采用多种手段来增强数据保护，比如，通过 RAID 技术实现磁盘级别的冗余，或者利用分布式文件系统中的副本机制来防止因单点故障导致的数据丢失。这样即使部分硬件发生问题，也能保证业务的连续性和数据安全。

4. 自动化管理和优化

智能化存储不仅仅是关于增加硬件性能，更重要的是引入了自动化的管理和优化功能。借助内置的人工智能引擎或机器学习算法，存储系统能够自主监控自身状态，预测潜在的问题，并采取预防措施。例如，可以动态地调整缓存策略，优先加载那些最有可能被频繁访问的数据块；也可以基于历史使用模式预测未来的存储需求，提前做出相应的准备。

智能化存储器通过结合高速度、大容量、强健的数据保护机制、自动化管理以及经济实惠的成本结构，成为了支持 AI 实时数据处理不可或缺的一部分。未来，随着技术的发展，智能化存储将继续演进，进一步融合最新的研究成果，为各行各业带来更多创新的可能性。

2.4.3 显卡的智能效能提升

显卡是计算机的基本组成部分之一（如图 2-17 所示），用于处理图像和视频渲染等任务。它包含了图形处理器（GPU）、显存芯片、接口电路等。显卡将计算机生成的图像数据输出到显示器上显示，同时也负责处理其他需要图形处理或科学计算的任务，如游戏、视频编辑、3D 建模、深度学习等。

一、显卡的工作原理

显卡的主要功能是将计算机内部的数据转换为图像信号，并通过显示器展示给用户。它接收来自 CPU 的指令和数据，使用内置的图形处理单元（GPU）对这些数据进行处理和优化，以实现高质量的图像显示。

图 2-17 显卡示例

二、显卡的性能指标

（1）GPU 型号：决定了显卡的基本性能水平，不同型号的 GPU 拥有不同的核心数量、频率和架构。

（2）显存容量：是显卡用于存储和处理图像数据的内存，较大的显存容量可以支持更高分辨率和复杂度的图像处理。

（3）核心频率：表示 GPU 的运行速度，较高的频率意味着更快的图像处理速度。

（4）流处理器数量：GPU 中负责处理图像数据的核心单元，较多的流处理器数量可以提供更强大的图形处理能力。

（5）接口类型：决定了显卡与计算机主板之间的连接方式，常见的接口类型有 PCIe 和 AGP 等。同时，显卡还通过 HDMI、DisplayPort、DVI 等接口与显示器连接。

三、显卡的智能效能提升

显卡的智能效能提升，特别是图形处理与 AI 加速的结合，是近年来计算机硬件领域的一项重要进展。这一进展不仅推动了游戏和视觉效果的进步，也为科学研究、医疗影像分析、自动驾驶等多个行业带来了深远的影响。

现代显卡，如英伟达公司（NVIDIA）推出的 RTX 系列，已经集成了专门用于加速 AI 任务的硬件单元，例如，Tensor Core。通过在硬件层面提供这种支持，显卡能够在不牺牲图形渲染能力的情况下显著加快 AI 模型的训练和推理过程。例如，在 2024 年发布的 RTX 40 系 SUPER 显卡中，Ada Lovelace 架构实现了更高的能效比，使得相同计算任务下的功耗降低了约 25%，这对于需要长时间运行的 AI 工作负载尤为重要。

显卡的智能效能提升不仅仅体现在纯粹的技术指标上，更重要的是它改变了我们使用计算机的方式。通过紧密集成图形处理与 AI 加速功能，显卡已经成为了一个多功能平台，既支持传统的工作负载，又能应对新兴的人工智能挑战。

2.4.4　输入输出设备的智能化变革

传统的计算机输入设备包括键盘、鼠标、触摸屏、扫描仪、数码相机、麦克风等；输出设备包括显示器、打印机、扬声器、耳机等。随着人工智能技术的发展，输入输出设备正逐渐从简单的信息传递工具转变为智能交互平台，为用户提供更加自然、便捷且个性化的操作体验。

一、多模态交互

多模态交互是指通过结合多种感官输入方式（如语音、手势、表情识别等）来实现人与机器之间的沟通。搭载了大型语言模型（LLM）的智能助手能够理解并响应用户的自然语言指令，同时支持文本、语音甚至图像等多种形式的信息交流。这种方式打破了传统键盘鼠标主导的操作模式，使得交互过程更加直观流畅。例如，苹果公司推出的 Apple Intelligence 进一步丰富了 iOS 系统的 AI 能力，使 Siri 不仅仅是一个简单的语音助手，而是集成了屏幕感知与跨应用程序操作等功能于一体的智能伴侣。

二、自适应与个性化服务

智能化输入输出设备具备学习用户习惯的能力，并据此提供定制化的反馈和服务。以智能输入法为例，借助深度学习和大数据分析，这类应用可以预测用户的输入意图，给出更加精准的候选词或短语建议；不仅如此，它们还能根据聊天对象的不同调整语气风格，帮助用户更好地表达自己。同样地，在智能家居场景下，电冰箱也能记录用户的使用偏好，进而自动调节温度设定或其他参数，从而达到最优状态。

当前由 AI 驱动的人机交互新时代正在逐步形成，在这个时代里，无论是普通消费者还是专业工作者都将受益于更加人性化的输入输出解决方案。

2.5 GPU 对人工智能发展的推动

图形处理单元（GPU）最初是被设计用来进行图形渲染工作的，它拥有执行大规模并行计算任务的卓越性能，这使得它在包括人工智能、科学计算在内的多个领域中得到了广泛的应用。在这些领域中，GPU 展现出了在处理数据密集型和计算密集型任务方面的出色能力，这得益于其架构设计，能够同时处理成千上万的计算线程，从而大幅提高了计算效率。

一、什么是 GPU

图形处理单元（GPU）是一种专为加速计算机图形及图像处理任务而设计的电子电路。该单元借助其并行计算能力，能够同时执行大量复杂的数学运算和几何变换，进而生成高质量的图像和视频。GPU 在图形密集型应用，如游戏开发、三维建模、视频编辑等领域发挥着关键作用，并在科学计算、机器学习以及人工智能等计算密集型领域展现出其卓越的计算性能。随着技术的不断进步，现代 GPU 已经从单一的图形处理功能拓展至通用计算领域，成为高性能计算的关键组成部分。独立 GPU 通常被应用于对图形处理能力有高要求的设备，例如，高端游戏电脑和专业工作站；而集成 GPU 则广泛应用于笔记本电脑和台式计算机，以满足日常使用需求。

GPU 作为一种强大的计算工具，其重要性与应用范围正日益扩大，在消费电子产品乃至高端科研领域均扮演着至关重要的角色。

二、GPU 的工作原理

图形处理单元（GPU）的工作机制主要基于架构并行执行大量操作。其设计理念在于利用众多的处理核心，这些核心能够同步处理任务的不同部分。这种并行处理架构构成了 GPU 的核心特性，赋予了 GPU 高效处理那些传统 CPU 需要更长时间才能完成的任务的能力。

以一个可以分解为成千上万个独立小步骤的任务为例，GPU 能够将这些步骤分配到其众多核心中，从而实现并行计算。这种多处理能力是 GPU 相对于 CPU 的一个显著优势。特别是在图像和视频处理、科学模拟以及在机器学习等需要处理大型数据集和复杂算法的领域，GPU 的这种能力显得尤为重要，因为这些领域的工作负载通常要求极高的计算能力和快速的数据处理速度。

三、GPU 与 CPU

中央处理器（CPU）的内核数量相对较少，通常不超过几十个。然而，CPU 配备了大量缓存（Cache）和复杂的控制单元（CU）。这种设计反映了 CPU 作为通用处理器的本质。作为计算机系统的核心，CPU 承担着多样化且复杂的任务，包括处理不同类型的数据运算以及响应用户交互。面对复杂的条件判断、分支选择以及任务间的同步协调，CPU 必须处理大量的分支跳转和中断请求，因此，它需要较大的缓存空间来保存各种任务状态，以减少任务切换时的延迟。同时，它也需要更为复杂的控制单元来执行逻辑控制和任务调度。在功能上，CPU 的优势在于管理和调度，实际上，执行具体计算任务的能力并不突出。

相比之下，图形处理器（GPU）的设计初衷是专门用于图形处理，其任务明确且单一。GPU 的核心任务是图形渲染，而图形是由大量像素点构成的，这些数据类型高度统一且相互独立，适合进行大规模并行处理。因此，GPU 的主要任务是在最短时间内完成大量同质化数据的并行计算。在这一过程中，涉及的调度和协调工作相对较少。为了实现高效的并行计算，GPU 的内核数量远超 CPU，可达到数千甚至上万个，如图 2-18 所示。

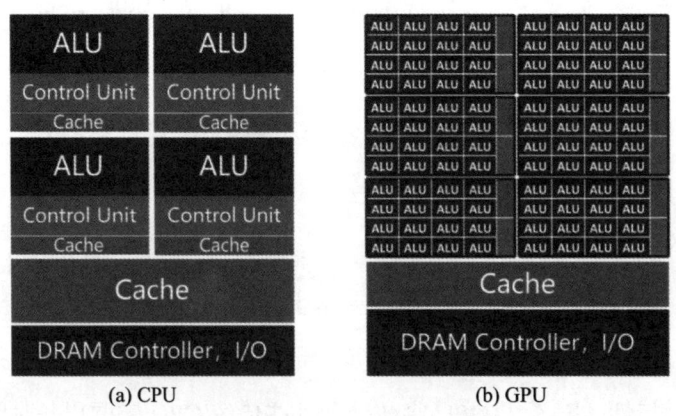

图 2-18　CPU 与 GPU 对比

四、GPU 对 AI 的推动

GPU 在人工智能领域发挥着至关重要的作用，其影响主要体现在以下几个方面：

1. 加速计算

GPU 的并行处理能力使其在处理复杂计算任务时具有无可比拟的优势。在深度学习中，GPU 被用来加速神经网络的训练过程。通过同时处理大量的数据，GPU 可以显著减少模型训练所需的时间。此外，GPU 也被用于图像和语音识别任务，它可以快速处理大量的图像和声音数据，提高识别的准确性和速度。

2. 支持大规模数据处理

人工智能系统需要处理海量的数据，GPU 的并行处理能力使其能够高效地处理这些数据，从而提高人工智能系统的准确性和性能。

3. 推动算法创新和优化

GPU 的并行处理能力推动了算法的创新和优化，许多新的深度学习算法都是基于 GPU 的计算能力设计的。

4. 促进商业化和普及

GPU 的普及促进了人工智能技术的商业化和普及，使得更多的企业和个人能够利用人工智能技术解决实际问题。

GPU 的并行计算能力极大推动了 AI 技术的发展。GPU 的并行处理架构大幅提升了深度学习模型的训练速度，使得大规模数据集处理更高效。同时，GPU 的实时数据分析和决策能力在需要即时反应的领域如自动驾驶、自然语言处理和图像识别中至关重要。此外，GPU 的广泛应用也推动了 AI 算法的创新和优化，促进了 AI 技术的持续进步。

2.6 智能化操作系统

操作系统通过文件系统对数据进行有序的组织和管理，确保数据能够被应用程序高效地访问和利用。文件系统肩负着数据存储与检索管理的重要职责。

2.6.1 操作系统的智能化

一、操作系统定义

操作系统（operating system，OS）是一种系统软件，其核心功能是高效地组织和管理计算机系统中的所有硬件与软件资源。该系统软件合理规划计算机的工作流程，并向用户提供丰富的服务功能，以确保用户能够轻松地操作计算机，从而保障整个计算机系统的高效运行。

二、常见的操作系统

计算机操作系统作为计算机系统的核心软件组件，承担着管理与控制计算机硬件资源和软件资源的重任，确保为用户及其他软件程序提供一个高效、稳定的工作平台。以下为当前市场上几种主流的操作系统：

（1）Windows 操作系统：由美国微软公司开发，包括 Windows 10、Windows 8、Windows 7 等版本，广泛应用于个人计算机领域。

（2）macOS 操作系统：由美国苹果公司开发，专为 Mac 系列台式机及笔记本电脑设计，以其用户界面和系统集成度著称。

（3）Linux 操作系统：一个开源且免费的操作系统，以其高度的可定制性、安全性和稳定性而闻名，拥有众多的发行版，如 Ubuntu、Debian、Fedora 等。

（4）Android 操作系统：由美国谷歌公司开发，主要应用于移动设备，如智能手机和平板电脑，是目前市场上占有率最高的移动操作系统。

（5）iOS 操作系统：由美国苹果公司开发，专为 iPhone、iPad 等移动设备设计，以其封闭性及与硬件的紧密集成而著称。

（6）UNIX 操作系统：一个多用户、多任务的操作系统，广泛应用于服务器、工作站等专业计算领域，以其稳定性和安全性在企业级市场中占据重要地位。

三、国产操作系统

使用国产操作系统是为了确保信息安全、促进技术自主创新、满足特定需求、推动产业发展、应对国际形势变化、提升用户体验和构建生态系统。

国产操作系统的发展能促进整个信息产业的升级，形成新的增长点，增强我国在国际上的科技竞争力。拥有自主可控的操作系统可以减少外部断供的风险，保障国内信息技术供应链的稳定。

随着技术的不断进步，国产操作系统的功能日益完善，用户体验不断提升。常见的国产操作系统有鸿蒙（如图 2-19 所示）、深度、统信 UOS、优麒麟等。

图 2-19 鸿蒙操作系统界面

四、操作系统与智能化结合

智能化操作系统是现代信息技术发展的一个重要里程碑，它不仅继承了传统操作系统的基本功能，如资源管理、程序控制和人机交互等，还融入了人工智能（AI）、机器学习（ML）以及其他先进的智能技术。这些新技术使得操作系统能够更加自主地适应用户需求，提供个性化的服务，并且在安全性方面有了显著提升。具体如下：

（1）智能资源管理，操作系统可以根据用户使用模式预测并优化资源分配，比如，CPU 调度、内存管理和磁盘 I/O 操作，以提高性能和能效。

（2）自适应界面，基于用户的习惯和偏好，操作系统可以动态调整用户界面，提供个性化的体验。

（3）智能助手集成，像 Cortana、Siri 这样的智能个人助手被集成到操作系统中，可以帮助用户更便捷地获取信息、管理日程等。

（4）安全性和隐私保护，利用 AI 技术增强的安全功能，如异常检测、恶意软件识别等，保护用户数据安全。

（5）自动化任务处理，通过学习用户的日常操作，操作系统可以自动执行重复性的任务，减轻用户的操作负担。

随着技术的发展，未来我们可能会看到更加智能的操作系统，它们不仅能够理解用户的意图，还能够预测需求，提供前所未有的便利性。

2.6.2 文件系统与数据存储

文件系统作为操作系统中用于明确存储设备（如磁盘或分区）上文件存储方法与数据结构的核心组成部分，它涉及对存储设备上文件组织方式的管理。其核心职责在于管理文件信息，确保应用程序能够便捷地利用抽象命名的数据对象以及可变大小的空间。文件系统不仅负责文件的创建、读取、写入和删除操作，还涉及文件的权限管理、备份和恢复等高级功能。

具体而言，文件系统通过文件与目录的组织结构实现数据管理。文件代表存储于设备上的数据单元，而目录则用于组织和存储这些文件。如图 2-20、图 2-21 所示，分别为 Windows 系统和 Linux 系统的目录结构。

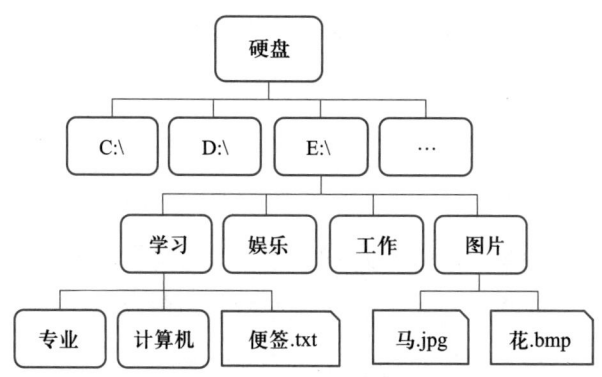

图 2-20　Windows 系统的目录结构

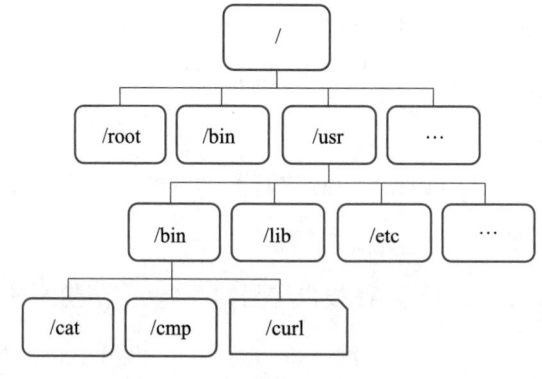

图 2-21　Linux 系统的目录结构

文件系统定义了文件的命名规范、存储定位以及访问机制。在 Windows 操作系统中，文件命名通常遵循"主文件名.扩展名"的格式，其中，主文件名作为文件的核心标识，用以区分不同文件，类似于人类姓名中的名字部分，而扩展名则指示文件的类型，类似于姓氏在家族中的作用（如表 2-2 所示）。例如，在文件"dog.exe"中，"dog"为主文件名，而"exe"则表明该文件属于可执行文件类型。相对地，在 Linux 操作系统中，文件扩展名并不具备特定的类型指示意义，即 Linux 系统并不依据文件扩展名来区分文件类型。因此，"dog.exe"在 Linux 系统中仅被视为一个普通文件，其"exe"扩展名并不意味着该文件具有可执行性。

表 2-2 Windows 系统中常见的文件扩展名

类型	文件扩展名	类型	文件扩展名
可执行文件	exe	音频文件	mp3、wav
Word 文件	docx	视频文件	mp4、avi、mov、wmv
Excel 文件	xlsx	压缩文件	zip、rar
ppt 文件	pptx	超文本文件	html、htm
文本文件	txt	C、C++ 源文件	c、cpp
动态图片	gif	Java 源文件	java
图片	jpg/jpeg、bmp、png	Python 源文件	py

此外，文件系统还承担着将文件存储于物理存储设备（如硬盘、固态硬盘、光盘等）上的任务，并提供文件检索机制。文件系统还负责维护文件系统的元数据，如文件的创建时间、修改时间、权限设置等，这些信息对于文件的管理和维护至关重要。

文件系统类型多样，每种类型均具有其独特的特性与应用领域。例如，FAT32 作为一种常见的文件系统类型，在多种操作系统与设备上得到广泛应用，其特点在于简单性、易实现性及良好的兼容性，但对大容量硬盘的支持并不理想。NTFS 作为 Windows NT 及其后续版本的默认文件系统类型，支持文件与目录的加密、压缩、权限控制等高级功能，特别适合于大容量硬盘的管理。EXT 作为 Linux 系统的默认文件系统类型，以高效、稳定、可靠著称，支持大容量硬盘与文件管理。HFS 作为 macOS 系统的默认文件系统类型，对苹果设备具有良好的兼容性，并支持高级功能，如文件版本控制和日志记录。

在现代计算机系统中，文件系统的设计与实现至关重要。其不仅需要高效处理数据存储与检索，还需要确保数据的完整性和安全性。为实现这些目标，文件系统采用了包括日志记录、磁盘配额、文件系统快照等在内的多种技术。这些技术助力系统管理员更有效地管理存储资源，同时为用户提供稳定可靠的数据访问体验。此外，文件系统还通过冗余存储和数据校验等机制来提高数据的可靠性，防止数据丢失。

随着技术的演进，文件系统也持续进步。例如，现代文件系统开始支持数据去重与压缩技术，以减少存储空间的浪费并提升存储效率。此外，为满足大数据与云计算的需求，分布式文件系统应运而生，能够在多台计算机节点间分布数据，提供高可用性、扩展性和容错性。这些文件系统，如 Google 的 GFS 和 Apache 的 HDFS（hadoop distributed file system），已成为处理大规模数据集不可或缺的工具。它们通过优化数据的存储和访问模式，能够有效地处理海量级别的数据，并支持复杂的计算任务。

习　题

1. 在数据单位的换算中，如何将常用的硬盘容量、文件大小和数据传输速率单位进行相互转换？请举例说明。

2. 解释计算机使用原码、反码和补码来表示数值数据的原因，并简述这三种机器数表示形式的主要区别。

3. 描述字符数据（包括西文字符和汉字字符）在计算机中的表示方法，以及这些表示方法是如何支持多语言处理的？

4. 在人工智能驱动下，冯·诺依曼体系结构发生了哪些智能化演进？请重点描述存算一体化、专用 AI 加速器及算法与硬件协同设计的意义。

5. 中央处理器作为计算机的核心部件，其智能调度对提升计算性能至关重要。请解释 CPU 智能调度的工作原理及其带来的好处。

6. GPU 在人工智能发展中扮演了什么角色？对比 CPU，GPU 有哪些特性使其更适合深度学习等 AI 任务？

7. 智能化操作系统如何通过结合人工智能技术优化用户体验？请举例说明操作系统与智能化结合的具体应用场景。

第三章 网络与人工智能

随着网络技术的不断进步，数据的积累变得更加便捷迅速。与此同时，处理这些数据的计算工具也变得普及，几乎可以应用于各个领域。计算本质上是利用各种计算工具来解决问题的过程。计算机科学作为一门研究计算的学科，其核心在于如何高效地使用计算机等设备解决问题。在这一过程中，计算机科学家们逐渐形成了一套独特的思考方式，即计算思维，这种思维方式不仅依赖于数据、算法以及相应的硬件或软件支持，而且已经成为现代社会中理解和解决复杂问题不可或缺的一种方法论。

本章将从介绍计算的基本概念开始，并跟随一些关键计算工具和技术的发展史，探索计算思维的形成与发展过程。

3.1 网络基础与人工智能前沿

在信息爆炸的当代社会，计算已经成为我们日常生活中以及科学研究领域中不可或缺的组成部分。从基础的算术运算到复杂的统计分析，无论是天气预测、医疗诊断还是金融分析，都依赖于精确而高效的计算，计算无处不在。

3.1.1 网络概述

一、网络基础知识

1. 网络的定义

计算机网络使得地理位置分散的多台具备独立处理能力的计算机及其相关设备，能够通过各种通信媒介（包括有线和无线连接）实现互连。在此架构下，网络操作系统、专业的管理软件以及标准化的通信协议协同工作，确保网络中的资源能够高效共享，同时保证数据和信息在不同计算机间顺畅流通。计算机网络构成了现代信息技术的核心，支撑着全球范围内的数据交换和通信。

2. 计算机网络的发展

尽管计算机网络的历史相对较短，但其发展速度却令人惊叹。在过去的几十年中，它从简单到复杂，从单机到多机，从地区到全球，经历了显著的演变。这一发展过程可以概括为4个阶段，每个阶段都具有其独特的特征和关键事件。

第一代计算机网络以数据通信为主，20世纪60年代末至70年代初是计算机网络的初期阶段。为了提升性能和资源共享，小型计算机被连接成实验性网络。1969年，ARPANET的创建标志着计算机网络的诞生，它由通信和资源网络构成。

第二代计算机网络以资源共享为核心，局域网络（LAN）在20世纪70年代中后期开始应用。1976年，以太网（Ethernet）的成功实现标志着局域网络的诞生，并为后续发展奠定了基础。

第三代计算机网络以体系标准化为特点，贯穿整个20世纪80年代，是局域网络快速发展时期。局域网络实现了ISO的开放系统互连通信模式协议能力，局域网与各类网络互连技术成熟。IEEE 802局域网络标准委员会成立，提出了多个标准草案，为局域网发展奠定了基础。

第四代计算机网络以Internet为核心，从20世纪90年代初至今是计算机网络飞速发展的阶段。计算机网络化、协同计算能力发展和全球互联网络（Internet）普及成为主要特征。计算机发展与网络紧密结合，体现了"网络就是计算机"的理念。

3. 计算机网络的功能

计算机网络的飞速发展归功于社会与科技的迅猛进步。计算机网络与通信网络的融合，使得个人计算机得以高效处理并迅速传播各类信息。其核心功能主要涵盖以下几个方面：

（1）数据通信：为网络用户提供了多种通信方式，支持包括电子邮件、远程登录在内的多种信息传递方式。

（2）资源共享：用户能够共享包括打印机和软件在内的硬件设备，以及互联网上的各类信息资源。

（3）负载均衡与分布式处理：任务能够被分配至网络中的多台计算机，从而提升处理大规模任务的能力和计算机的可用性。

（4）增强计算机系统的可靠性：通过网络备份，确保在某台计算机发生故障时，其他计算机能够接替其工作，保障整个网络系统的稳定运行。

借助这些功能,计算机网络不仅增强了个体计算机的性能,还极大地促进了信息交流和资源的高效利用,推动了社会信息化和全球化的进程。

4. 网络的分类

计算机网络种类繁多,性能各异。依据不同的分类标准,我们可以识别出多种不同类型的计算机网络。

(1)按照网络的覆盖范围分类。

计算机网络根据其覆盖的地理范围主要可以分为三类:局域网(LAN)、城域网(MAN)和广域网(WAN)。

① 局域网(local area network,LAN),是最为普遍且应用广泛的网络类型之一。它通常覆盖较小的地理区域,例如学校、工厂或政府机构内部,范围一般不超过几千米。局域网将各种计算机、外部设备和数据库相互连接,形成一个用于个人计算机、工作站及各类外围设备之间实现资源共享和信息交换的通信网络,如图3-1所示。

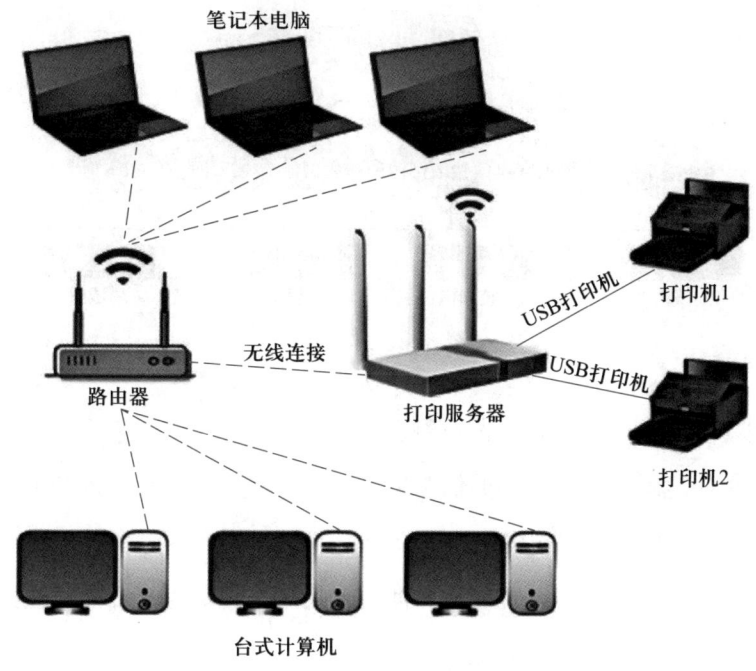

图 3-1　局域网

局域网具有以下特点:

局域网地理覆盖范围相对有限,主要在独立的区域内实现网络互连。

采用专用传输线路,确保了网络的高可靠性、低通信延迟以及高速数据传输能力,传输速率介于 10 MbPs 至 100 GbPs 之间。

网络的构建、维护及扩展过程相对简便，系统展现出较高的灵活性。

② 城域网（metropolitan area network，MAN），其覆盖范围介于局域网和广域网之间。城域网的连接距离一般在 10 千米到 100 千米之间，网络传输延迟相对较低。它主要采用光纤作为传输介质，支持的传输速率通常超过 100 MbPs。相较于局域网，城域网提供了更远的扩展距离，能够连接更多的计算机设备。在地理上，城域网可以视为局域网的扩展。在大型城市或都市区域，一个城域网往往连接着多个局域网。

③ 广域网（wide area network，WAN），其网络设备分布广泛，覆盖范围从数千米至数百甚至数千千米。通过一系列复杂的分组交换设备和通信线路，广域网将各主机与通信子网互连，其网络范围可涵盖市、省、国家乃至全球，如图 3-2 所示。鉴于其特性，独立构建广域网成本高昂且不切实际，因此通常利用传统的公共传输网络（例如电报和电话网络）来实现。

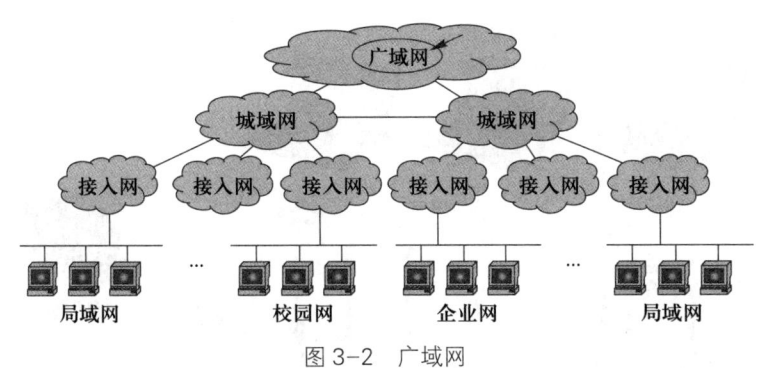

图 3-2 广域网

广域网相较于局域网，具备以下显著特征：

广域网的覆盖范围极为广泛，通信距离遥远，能够跨越数千千米乃至全球范围，这使得它能够连接不同地理位置的用户和设备。

广域网通常不具备固定的拓扑结构，而是采用高速光纤等高性能传输介质，以实现高速的数据传输和大容量的信息交换。

广域网主要提供通信服务，支持用户利用计算机进行远距离的信息交换和资源共享。这种服务对于跨国企业、远程办公以及互联网服务提供商等具有至关重要的意义。

鉴于广域网规模庞大且分布广泛，其管理和维护相较于局域网而言更为复杂和具有挑战性。因此，需要专业的技术人员进行监控、故障排除以及性能优化等工作。

广域网一般由电信运营商或专业的网络服务提供商负责构建、管理和维护。这些机构向公众提供通信服务，并提供包括流量监控、计费、安全保护在内的多种增值服务。

（2）按传输介质分类。

依据传输介质的不同，计算机网络可划分为有线网络和无线网络两大类。有线传输介质，即用于传输电信号或光信号的导线或光纤，技术成熟、性能稳定且成本较低，是目前局域网中最常用的传输介质。常见的有线传输介质包括双绞线、同轴电缆和光纤等。

无线传输介质则指的是信号通过空气传播，不依赖于物理导体的传输方式。其主要形式包括无线电频率通信、红外通信、微波通信以及卫星通信等。

（3）按照网络的拓扑结构。

拓扑学，其源流可追溯至图论，是一门专注于研究点、线、面等几何元素特性的学科，这些特性与它们的尺寸或形状无关。在网络设计领域，拓扑学的原理被应用于将服务器、工作站等设备概念化为点，而将通信线路视作连接这些点的线。通过这种概念化处理，复杂的网络系统得以简化为由点和线构成的几何图形，即所谓的网络拓扑结构。这种处理方式对于分析和理解网络的连接方式及其功能布局具有显著的辅助作用。

网络拓扑结构包含6种典型类型：总线型、环形、星形、树形、网状以及混合型。基于这些结构类型，网络也可相应地划分为总线型网络、环形网络、星形网络、树形网络、网状网络和混合型网络。

① 星形拓扑结构。星形网络结构由一个核心节点通过点对点链路与其他所有节点相连。在此种网络架构下，任意两个节点之间的数据传输均需借助核心节点进行中转。例如，若节点A想向节点B发送信息，则必须先将信息传递至核心节点，随后由核心节点将信息转发至节点B。

星形网络结构的优势在于其组网过程简便、控制相对集中、单个节点的故障对整体网络的影响较小，并且故障的检测与隔离相对容易。然而，该结构对核心节点的依赖性较高，一旦核心节点发生故障，可能导致整个网络的瘫痪。尽管存在此风险，但由于其管理便捷和易于扩展的特点，星形网络成为了构建局域网时最普遍采用的拓扑结构，具体如图3-3所示。

② 总线型拓扑结构。总线型网络通过一条高速公共传输介质连接多个节点，构成网络系统。该结构因其实现简便、易于扩展而被广泛采纳。在总线型网络中，所有节点通过共享总线以广播方式发送数据，即一个节点发出的信息可被网络中所有其他节点接收。

总线型结构所需电缆数量较少，线缆长度短，便于布线和维护。此外，总线型结构简单，易于扩展，组网便捷。如图 3-4 所示。

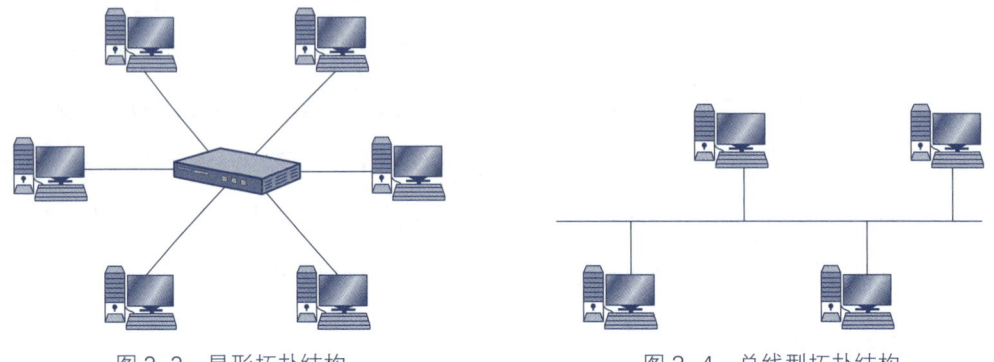

图 3-3　星形拓扑结构　　　　　　　图 3-4　总线型拓扑结构

然而，在该结构中，若两个以上节点同时发送数据，将引发冲突，类似于公路上的交通事故，导致数据传输失败。因此，必须采用介质访问控制机制来分配信道资源，确保同一时间内仅有一个节点能够传输信息。随着网络节点数量的增加，冲突概率也随之上升，这限制了总线的最大承载能力。一旦节点数量超过此限制，网络传输速率将显著降低。

③ 环形拓扑结构。在环形网络结构中，每个节点仅与相邻的两个节点建立连接，通过通信线路将所有节点串联成一个封闭的环形路径，数据在该路径中单向传输，每个节点均承担着信息转发的任务。环形网络通常采用光纤或同轴电缆作为传输介质，因此具备较高的传输速率和较长的传输范围。此类结构主要应用于城域网等高速骨干网络，以满足大规模数据传输的需求。

环形拓扑结构具有如下优势：电缆使用量较少，其长度与总线型网络相近，但相较于星形网络则显著减少；在增加或减少工作站时，仅需进行简单的连接操作；支持使用光纤。环形网络的一个缺陷是，一旦环路中的任一节点出现故障，将导致整个网络的瘫痪，如图 3-5 所示。

④ 树形拓扑结构。树形网络拓扑结构通过层级化的方式，将各个节点连接成类似树木的结构。在此类结构中，数据传输主要发生在上下级节点之间。树形结构的优点在于布线较为简洁，扩展性较强，故障隔离相对容易，便于管理和维护；然而，其缺点也显而易见，即节点对根节点的依赖性较高，一旦根节点出现故障，整个网络将无法正常运作。从这个角度分析，树形拓扑结构的可靠性与星形拓扑结构有相似之处。具体如

图 3-6 所示。

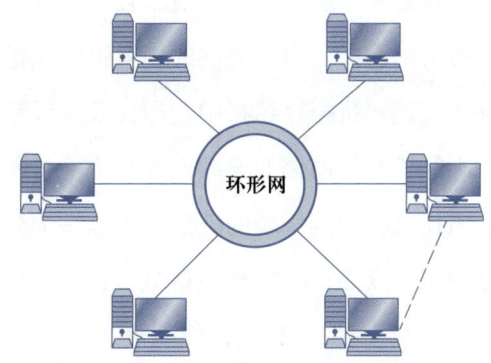

图 3-5　环形拓扑结构

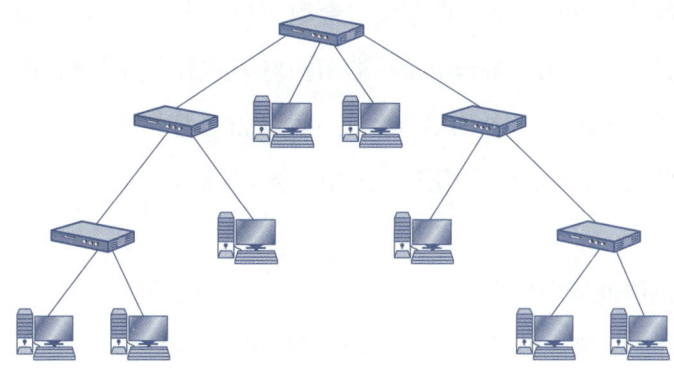

图 3-6　树形拓扑结构

树形结构实际上可以视作由多个层级的星形结构构成,这些层级的星形结构自上而下呈三角形分布,类似于一棵树,其顶端枝叶较少,中间部分较多,而底部枝叶最为繁茂。树形结构通常适用于具有明确等级制度的组织或场所。例如,在大学校园网络中,可将网络中心设为根节点,各学院作为次级分支,各部门则进一步细分为更下级的分支,从而构建出一个层次分明的树形网络结构。这种结构有助于清晰地界定和管理不同层级的网络资源和服务。

⑤ 网状拓扑结构。网状拓扑结构(如图 3-7 所示),在广域网中得到了广泛应用。其核心优势在于其高度的可靠性和灵活性,因为每个节点之间存在多条路径相连。这种多路径设计使得数据流可以根据当前网络状况选择最优路由,有效

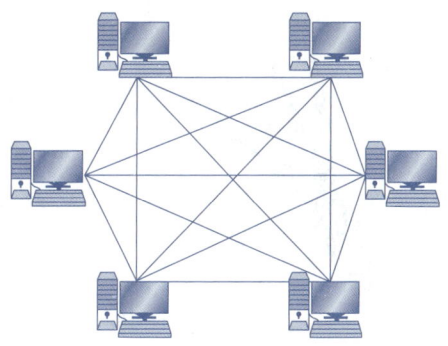

图 3-7　网状拓扑结构

避免了因单点故障或节点过载导致的通信中断问题。

尽管网状结构的部署相对复杂，建设和维护成本较高，且需要较为复杂的网络协议来管理这些冗余路径和动态路由选择，但它提供的高容错性和稳定性使其成为许多关键业务和大型网络环境的首选。在网状拓扑结构中，即使某条线路或节点发生故障，数据仍能通过其他路径传输，确保了网络通信的连续性和可靠性。因此，尽管面临较高的初始投资和技术挑战，网状拓扑结构因其卓越的性能和可靠性而受到用户的广泛欢迎。网状拓扑的优点包括：节点间路径众多，碰撞和阻塞减少；局部故障不影响整个网络，可靠性高。网状拓扑的缺点在于：网络关系复杂，建网较难，不易扩充。

⑥ 混合型拓扑结构。混合型拓扑结构是一种集成了两种单一拓扑结构优点的网络架构，旨在增强网络的整体性能。典型的混合型拓扑结构包括"星－环"拓扑和"星－总"拓扑。在"星－环"拓扑结构中，星形拓扑与环形拓扑相结合，而"星－总"拓扑结构则是星形拓扑与总线型拓扑的结合体。这两种混合型拓扑在概念上具有相似之处，例如，若将总线型拓扑的两个端点相连，它将转变为环形拓扑。

5. 网络传输介质

传输介质是网络通信中用于数据传输的载体，它构成了数据发送者和接收者之间的物理路径。传输介质主要分为两大类：有线介质和无线介质。

（1）有线介质。

常见的有线传输介质包括双绞线、同轴电缆和光纤等。这些介质通过物理连接来传输数据，通常具有较高的传输速率和稳定性。

① 双绞线。双绞线由两根被绝缘层包裹的铜质导线相互缠绕构成，其设计旨在降低电磁干扰并增强信号传输的稳定性。该类线缆主要分为屏蔽型（STP）与非屏蔽型（UTP）两种。由于非屏蔽型双绞线成本较低且安装简便，因此在家庭和办公网络环境中得到了广泛的应用。双绞线能够承载模拟信号或数字信号，是局域网中普遍采用的传输介质之一。其两端通常装配有 RJ-45 连接器，便于与网卡、集线器或交换机进行连接。在最佳条件下，双绞线的传输速率可达 1 Gb/s，有效传输距离大约为 100 m，若使用中继器，该距离可扩展至 500 m。具体细节如图 3-8 所示。

图 3-8 双绞线

特性：传输速率高、成本低、容易收到电磁干扰的影响。

② 同轴电缆。同轴电缆由内导体、绝缘层、外导体和护套构成，具备卓越的屏蔽性能和高带宽传输能力。其核心部分为铜质导线，外围包裹着塑料绝缘体，随后是铜质网状屏蔽层，最外层则是绝缘护套。该电缆主要用于传输视频信号，能够支持长达 10 km 的高频信号传输。尽管其成本较高且安装过程较为烦琐，但在专业视频监控领域，同轴电缆依然得到应用。具体细节如图 3-9 所示。

特性：同轴电缆的抗干扰性能相对较强，成本较高，传输速率较低。与双绞线相比，其安装和维护过程更为复杂，因此在局域网中的应用已较为罕见。

③ 光纤。光纤由纤芯、包层以及护套组成，其工作原理基于光的全内反射。光纤主要分为单模光纤与多模光纤两种类别。在大多数情况下，光纤由玻璃材料制成，是构成现代网络架构的关键部分，如图 3-10 所示。

图 3-9　同轴电缆

图 3-10　光纤

特性：光纤具备高速信号传输、强大的抗干扰能力以及长距离传输的低衰减特性，非常适合用于长距离和大容量数据传输。但光纤的安装与维护要求专业的技术与设备支持。

综上所述，这三种有线传输介质各具优势与劣势，适应于不同的网络环境和需求。在选择传输介质时，必须全面考量成本、性能、安装复杂度以及应用场景等多重因素。随着技术的持续进步与创新，有线传输介质的应用前景将变得更加广阔和深入。

（2）无线介质。

无线传输介质涵盖了无线电波、红外线以及激光等多种形式。这些介质通过空气或其他无形介质实现数据传输，赋予了传输过程更高的灵活性与移动性。然而，它们也可能面临干扰和传输距离限制的问题。

① 无线电波。无线电波作为电磁波的一种，具备在自由空间中传播的能力。其传播主要通过两种途径：一是沿地面直接传播，二是通过电离层折射传播。这两种传播方式

共同作用，使得无线电波能够覆盖广阔距离，进而实现信息的远程传输。

无线电波的应用范围极为广泛，涵盖了广播、电视信号传输以及蜂窝电话通信等领域。除此之外，它们也被应用于导航、遥感、天文观测等多个领域。随着无线通信技术的持续进步，无线电波在信息社会中所扮演的角色将日益凸显。

● 无线局域网络（WLAN）借助无线电波技术，使得设备能够在室内或室外实现无线网络连接。它摆脱了对有线连接的依赖，为用户提供了便捷的移动上网体验。

WLAN 的传输速率一般介于 5~54 Mb/s 之间，能够满足多种应用需求。在开放的环境下，其覆盖范围可达到 300 m；而在半开放或存在障碍物的区域，覆盖距离则会缩短至 35~50 m。通过采用外接天线，其有效传播距离甚至可以扩展至数十千米。

WLAN 通过采用加密技术和安全协议来确保数据传输的安全性，为用户提供了快速、可靠且易于部署的网络解决方案。随着技术的不断进步，未来的 WLAN 预计将实现更快的传输速率、更广的覆盖范围以及更加智能化的服务。

图 3-11　蓝牙技术应用

● 蓝牙技术是一种短距离无线通信技术，旨在实现设备间的近距离连接，其有效覆盖范围通常限定在 10 m 以内。该技术运行于 2.4 GHz 的频段，支持最高达 1 Mb/s 的数据传输速率，并在众多设备的无线通信领域得到广泛应用（如图 3-11 所示）。

蓝牙技术的核心宗旨在于简化设备间的通信流程，提升数据传输的效率与便捷性。它构建了一个低功耗、低成本、易于操作的通信标准，使得设备间的互联互通变得简便易行。蓝牙提供了一个快速且稳定的无线解决方案，用于信息同步、文件传输以及共享互联网连接。

蓝牙技术的广泛运用促进了智能家居与健康监测设备等新兴领域的发展。随着技术的持续进步和版本的不断更新，蓝牙将在更多场景中扮演至关重要的角色，进一步推动无线通信技术的演进。

② 红外线。红外线通信技术利用不可见的红外线电磁波进行数据传输，特别适用于室内短距离通信场景。该技术在遥控器、手机、计算机等众多设备中得到了广泛应用。

电视机和空调的遥控器以及手机之间的数据交换，均广泛采用了红外线技术。红外线通信因其低成本和易于实施的优势而备受青睐，尽管其通信范围受到直线视线和近距离的限制。

尽管存在距离上的局限，红外线通信依然是一种简单而有效的无线通信手段，尤其适用于那些不需要长距离传输或高数据带宽的环境。

③ 激光。激光通信技术利用激光的高亮度、精确的方向性、单一的色性和相干性，在大气或太空中实现高效的数据传输。一个完整的激光通信系统由发射端和接收端两大部分组成。

在发射端，电信号被转换为激光信号，并通过光学系统进行发射。激光的高度方向性使得在长距离传输过程中能量损耗较小，而其高亮和单一色性则确保了信号的稳定性。

接收端负责捕获激光信号，并将其转换回电信号。这一过程通常使用望远镜或透镜来聚焦激光束至光电探测器，然后转换成电信号以供进一步处理。

激光通信技术的优势在于其高带宽、低损耗和强大的抗干扰能力，因此它在军事、航天和科研领域得到了广泛的应用。例如，在卫星通信中，激光通信提供了高速率和远距离的数据传输；在地面通信中，它被用于建立临时或紧急通信链路。展望未来，激光通信有望成为关键的无线通信技术。

二、网络结构与协议

网络体系结构采用分层的设计方法，简化了计算机之间的通信与协作过程。它明确了各层次的功能、协议以及接口，从而便于处理复杂的网络通信问题。每一层次均承担着特定的任务，并通过标准化的接口与其他层次进行交互。例如，应用层负责提供服务，传输层确保数据的可靠传输，而网络层则负责处理数据包的路由选择。这种层次间的独立性使得各层次能够独立地进行开发和改进。

分层的方法不仅提升了网络设计和维护的效率，还增强了网络的可扩展性和互操作性。无论是局域网还是广域网，均可以利用这一模型进行构建和优化，以适应各种不同的应用场景。

1. OSI 七层结构

为实现跨不同网络架构开发的系统间的互操作性，以支撑更高级别的应用需求并推动计算机系统间的通信，国际标准化组织（ISO）于1984年颁布了开放系统互连参考模型。该模型将网络功能细分为七个层级，每一层级均承担着特定的职能与任务。具体如

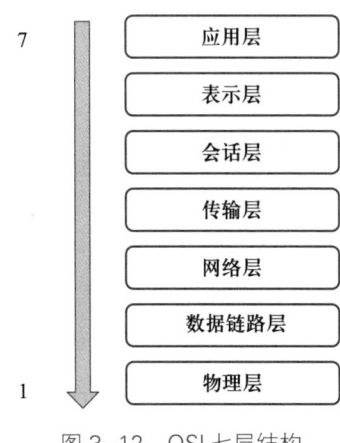

图 3-12 OSI 七层结构

图 3-12 所示。

(1) 物理层 (physical layer)。

该层级主要负责利用物理媒介(如双绞线、同轴电缆、光纤等)传输比特流。它确保了物理连接,并规定了相关的机械、电气、功能以及过程特性。在物理层,数据尚未经过组织,仅以原始比特流的形式传递至更高层级——数据链路层。

(2) 数据链路层 (data link layer)。

该层级主要负责在两个直接相连的节点之间实现无差错的数据帧传输。每一帧包含数据和必要的控制信息。若接收方检测到错误,会要求发送方重新发送,直至帧正确到达。其基本单位是帧,主要功能包括帧同步、差错控制、流量控制、寻址等。

(3) 网络层 (network layer)。

该层级负责在多个节点和链路构成的网络中为分组选择最佳路径。其基本单位是分组(packet),确保分组能够按照目的地址正确无误地到达目的地。网络层的任务是将分组从源主机路由到目的主机的传输层。

(4) 传输层 (transport layer)。

该层级负责端到端的连接和数据传输,利用网络资源以可靠和经济的方式建立连接通道。它提供可靠的端到端服务,使会话层无须关心传输层以下的细节。基本单位是报文,传输层只存在于端系统中,以上各层不再考虑具体的信息传输问题。

(5) 会话层 (session layer)。

该层级负责建立、管理和终止两个节点之间的会话。提供访问验证和会话管理等服务,例如服务器验证用户登录。数据的传输以报文为单位,但不参与具体的传输工作。

(6) 表示层 (presentation layer)。

该层级解决用户信息的语法表示问题,进行数据格式转换。提供格式化、压缩、解压缩、加密和解密等服务。将会话层的数据转换为适合 OSI 内部使用的传送语法。

(7) 应用层 (application layer)。

该层级确定进程间通信的性质,满足用户需求,并提供网络与用户软件之间的接口服务。这是 OSI 模型的最高层,负责具体应用的实现,如电子邮件、文件传输和远程登录等。

这七层模型不仅有助于理解网络通信的复杂性，还为网络设计和问题解决提供了一种结构化的方法。每一层都依赖于其下一层提供的服务，并为其上一层提供服务，形成了一个协同工作的网络通信系统。

2. TCP/IP 协议分层

现今，除了 OSI 参考模型的七层协议体系外，TCP/IP（传输控制协议/网际协议）已成为被普遍接受的互联网协议标准。它作为网络与主机间交流的通用"语言"，在所有网络通信中发挥着至关重要的作用。关于 TCP/IP 的层次结构，尽管存在四层和五层的分类方法，但通常采纳的是四层模型。这四层依次为：

（1）应用层（application layer）。

应用层位于 TCP/IP 协议体系的最上层，主要负责处理用户交互的数据，并提供多种应用服务。例如，HTTP、FTP 和 SMTP 等协议通过不同的端口号来区分不同的应用程序。在数据发送之前，需要进行封装和打包。

（2）传输层（transport layer）。

传输层是 TCP/IP 协议体系的第二层，提供端到端的数据传输服务，并确保数据传输的可靠性。它主要包括 TCP 和 UDP 协议。TCP 通过三次握手建立连接，并利用序列号和确认号来确保数据的可靠传输；而 UDP 作为一种无连接的传输协议，具有较低的延迟和较小的头部开销。

（3）网络层（network layer）。

网际层位于 TCP/IP 协议体系的第三层，主要负责网络地址的分配和路由选择，以及数据包的路由和转发。IP 协议是这一层的核心，负责将数据包从源主机传输到目的主机，并通过 IP 地址来标识主机位置。此外，ARP 和 ICMP 协议也包含在这一层，分别用于解析 IP 地址和报告网络错误。

（4）网络接口层（link layer）。

网络接口层是 TCP/IP 协议体系的底层，负责在物理传输介质上进行数据帧的传输。它包括以太网、ATM 和 PPP 等多种协议。

得益于其简洁性和实用性，TCP/IP 模型已成为互联网的基础，并在全球范围内广泛应用于网络通信，如图 3-13 所示。

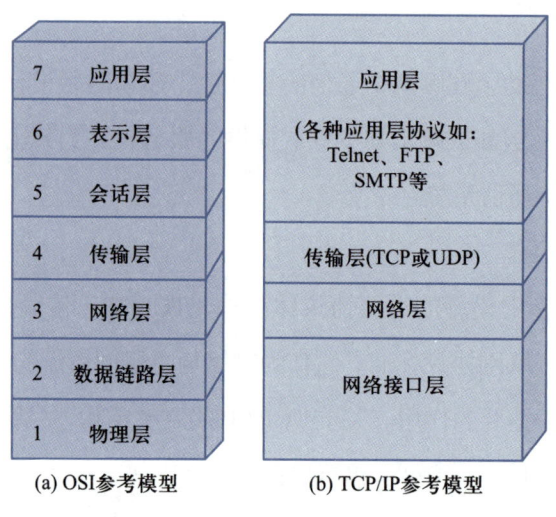

图 3-13 OSI 模型和 TCP/IP 模型对比

三、网络地址与域名

为确保网络环境中计算机间能够顺利通信，网络中的每台计算机都必须拥有一个统一且唯一的地址标识，且同一网络内不得出现地址重复。

1. IP 地址

在 TCP/IP 网络体系中，每一台设备及计算机均通过一个独特的地址进行识别，该地址即为 IP 地址，其作用与电话号码相似。目前，我们主要使用 IPv4 和 IPv6 这两种 IP 协议版本。通常而言，提及 IP 地址时，指的是广泛使用的 IPv4 版本。

现行的互联网架构主要依赖于 IPv4 协议。IPv6 作为互联网的下一代协议，其研发初衷是为了应对 IPv4 地址资源枯竭的问题。IPv4 采用 32 位地址长度，因此其地址空间大约包含 43 亿个可用地址。与此相对，IPv6 采用 128 位地址长度，理论上能够提供几乎无限数量的地址。据保守估计，IPv6 所提供的地址数量足以让地球上的每平方米面积分配到 1 000 多个地址，这在可预见的未来是绰绰有余的。

根据 IPv4 的规定，IP 地址长度为 32 位二进制，占据 4 字节的空间，理论上可以标识约 43 亿个不同的主机。为了便于用户记忆和理解，通常采用"点分十进制"表示法，将每个字节的二进制数值转换为十进制数值，并用点号分隔。除此之外，常用的还有"二进制"标记法，例如，路由器设置 IP 地址（192.168.1.1）可以表示成两种形式，如表 3-1 所示。

表 3-1　IP 地址表示（IPv4）

类型	IP 地址
点分十进制	192.168.1.1
二进制	11000000 10101000 00000001 00000001

互联网协议地址简称 IP 地址，是网络中主机的一种数字标识。它由网络标识和主机标识两部分构成。值得注意的是，网络标识通常由互联网服务提供商（ISP）进行指定，个人用户无法自行进行分配，而主机标识部分则由用户自行配置。

根据类别划分，IP 地址可分为 A、B、C、D、E 五类，具体分类情况如表 3-2 所示。

表 3-2　五类 IP 地址（IPv4）

类别	有效范围
A 类	第 1 位（最高位）为类别号 0，第 2~8 位为网络标识，第 9~32 位为主机标识有效范围：0.0.0.1~127.255.255.254。适用于大型网络
B 类	第 1、2 位为类别号 10，第 3~16 位为网络标识，第 17~32 位为主机标识有效范围：128.0.0.1~191.255.255.254。适用于中型网络
C 类	第 1~3 位为类别号 110，第 4~24 位为网络标识，第 25~32 位为主机标识有效范围：192.0.0.1~223.255.255.254。适用于小型网络
D 类	第 1~4 位为类别号 1110，用于多点广播
E 类	第 1~4 位为类别号 1111，保留

一个网络中能容纳的最大主机数量（分配的 IP 地址数量）为 "$2^{主机标识位数}-2$"，减去 2 的目的是除去网络中的最小地址（网络地址）和最大地址（主机地址），因为它们有特殊用途，不能分配给主机使用。由此可知 C 类网络能容纳的最大主机数量为 254（2^8-2），适用于小型网络，A 类、B 类同理。

2. 子网掩码

在 IP 地址的实际应用中，子网掩码的使用是不可缺少的。它负责区分网络标识和主机标识，是 IP 子网划分的关键。子网掩码是一个 32 位的二进制数，通常以 4 个八位的二进制数表示，并用点号（.）分隔，便于接收者能够从 IP 地址中区分出网络标识和主机标识。在子网掩码中，二进制数为"1"的部分用于识别网络标识，而"0"的部分则用于识别主机标识。

子网掩码的主要功能包括网络与主机部分的划分、提升 IP 地址的使用效率以及支持路由选择。具体功能如下：

（1）网络与主机部分的划分：通过将 IP 地址与子网掩码进行逻辑"与"运算，可以明确区分出网络标识和主机标识。这种划分有助于判断两台计算机是否位于同一网络，进而决定它们是否可以直接进行通信。

（2）提升 IP 地址的使用效率：在互联网的早期设计中，IPv4 地址采用了基于类别的地址方案，但这种方案导致了 IP 地址的大量浪费。子网掩码的引入使得可以将一个大型网络细分为多个较小的子网，从而更高效地利用有限的 IP 地址资源。

（3）支持路由选择：路由器利用子网掩码来确定数据包的目标网络。通过子网掩码，路由器能够确保数据包被准确地发送到目标网络或主机，这对于数据包能够准确无误地抵达目的地是至关重要的。

例如，判断以下的 A 和 B 是否是同一子网。

A：IP 地址 192.168.1.1，子网掩码：255.255.255.0

B：IP 地址 192.168.1.254，子网掩码：255.255.255.0

判定方法：

步骤①：A 和 B 的子网掩码相同，进行步骤②。

步骤②：将 A 网络的 IP 地址 192.168.1.1 和子网掩码 255.255.255.0 转换成二进制，然后再进行"与"运算，结果如表 3-3 所示。

表 3-3　IPv4 地址和子网掩码的"与"运算

IP 地址	1100 0000	1010 1000	0000 0001	0000 0001
子网掩码	1111 1111	1111 1111	1111 1111	0000 0000
"与"运算结果	1100 0000	1010 1000	0000 0001	0000 0000

步骤③：把表 3-3 中的"与"运算结果转换为十进制，得出 A 的网络地址 192.168.1.0。

步骤④：按照步骤②和③的方法，将 B 网络的 IP 地址 192.168.1.254 和子网掩码 255.255.255.0 转换成二进制，然后再进行"与"运算，得出 B 的网络地址也为 192.168.1.0。

所以能判断出，A 和 B 来自同一个子网。

3. 域名系统

互联网的域名系统（domain name system，DNS）是一种将人类易于阅读的域名转换为计算机可识别的 IP 地址的机制。鉴于 IP 地址由数字组成，对用户而言，记忆和辨识存在困难，因此，域名系统应运而生。简而言之，域名是 IP 地址的字母形式表示，其主要优势在于便于记忆。域名由多个部分构成，通常以点号（.）作为分隔符，最前端的是主机名，其次是子域名，最后则是顶级域名。例如，在域名 www.baidu.com 中，www 代表主机名，baidu 代表二级子域名，而 com 代表顶级域名。

为了使计算机能够识别并处理这些域名，必须有一套完整的机制将字母形式的地址转换为数字形式的 IP 地址。这种映射关系就构成了域名系统的核心功能。在域名系统中，区域主要分为两大类：一类是根据机构类型划分的国际顶级域名。以机构为区分的顶级域名共有 7 个，分别为：

（1）com：代表商业实体，最开始与"commercial"（商业）一词相关联，如今它广泛应用于各类商业、个人及专业网站。

（2）net：最开始指代网络服务机构，主要涉及互联网服务提供商和网络基础设施相关业务，现今也扩展至技术领域的公司和个人网站。

（3）org：通常与非营利性组织相关联，适用于注册的非营利组织、慈善机构以及开放源代码项目。

（4）gov：专用于政府机构，确保政府官方网站的真实性和权威性。

（5）edu：主要用于教育部门，包括大学、学院和学校等教育机构。

（6）mil：专用于军事机构，如美国国防部和军队相关网站。

（7）int：用于国际机构，涵盖国际组织和条约下的机构，例如，联合国（UN）和北大西洋公约组织（NATO）。

另一类是按照国家和地区分类的国家顶级域名。以地域区分的顶级域名有：ca（加拿大）、ch（瑞士）、cn（中国）、de（德国）、fr（法国）、it（意大利）、jp（日本）、kr（韩国）、us（美国）等。

上述域名共同组成了一个完整的"网址"（URL，统一资源定位符）。例如，www.sicnu.edu.cn 中，cn 表示中国，edu 表示教育机构，sicnu 表示四川师范大学，主机域名为 www。

3.1.2 网络与人工智能前沿技术

网络与人工智能的前沿技术探索是一个多维度、跨学科的研究领域。该领域不仅涉及人工智能算法的持续进步与创新，还包括这些先进技术在网络环境中的实际应用及其发展趋势。

一、量子网络与人工智能的潜在结合

量子网络与人工智能的潜在融合，被视为当前科技领域最具前瞻性和创新性的研究方向之一。这种结合不仅能够显著提升现有技术的能力，还可能催生全新的应用和服务模式。以下将探讨量子网络与 AI 结合的具体潜力、案例以及未来展望。

1. **提升安全性**

量子网络利用量子力学原理，提供了一种理论上不可破解的信息传输方式——量子密钥分发。当 AI 系统需要在不同节点之间交换敏感信息时，如训练数据或模型参数，量子密钥分发可以确保这些信息的安全性。例如，在金融行业中，银行可以通过量子加密通道安全地传输客户交易记录或其他重要数据，有效防止第三方的窃听或篡改。

2. **加速机器学习算法**

量子计算的并行处理能力使其在某些特定任务上超越传统计算机，特别是在解决复杂的优化问题方面。对于 AI 而言，这意味着更快的模型训练速度和更高的精度。IBM 研究院也在探索使用量子近似优化算法来改善深度学习模型的表现。

3. **量子模拟器助力 AI 研发**

量子模拟器允许科学家们在一个受控环境中模拟复杂的物理现象，这对于开发更先进的 AI 应用程序至关重要。例如，在自动驾驶汽车的研发过程中，研究人员可以借助量子模拟器更好地理解交通流量模式或者预测天气变化，进而优化车辆的行为决策逻辑。

4. **量子机器学习**

量子机器学习结合了量子计算的强大算力与传统机器学习的优势，为数据处理带来了前所未有的效率。微软 Azure Quantum 平台支持多种量子机器学习算法的研究与实现，包括但不限于量子支持向量机、量子主成分分析等。这些新技术有望在图像识别、自然语言处理等领域取得突破性的成果。

5. **量子传感器与感知增强型人工智能**

量子传感器因其极高的精度和灵敏度而受到广泛关注，它们能够在医疗影像诊断、环境监测等多个领域发挥重要作用。例如，高分辨率的量子 MRI 扫描仪可以帮助医生更准确地检测早期癌症；而在工业自动化方面，则能实现更为精确的产品质量检测。量子雷达也可能改变无人驾驶车辆的环境感知方式，使其能够在复杂环境中做出更快速、更可靠的决策。

6. 量子驱动的人工智能优化

量子计算还可以用来优化现有的人工智能相关算法，特别是在面对大规模数据集时。例如，量子计算能够加速矩阵运算和特征提取过程，这对于处理海量文本或图像数据尤为重要。此外，量子搜索算法可以显著提高搜索效率，这对于推荐系统等应用非常有价值。

量子网络与人工智能的结合预示着计算科学的一个新纪元，它不仅为解决当前的技术瓶颈提供了可能，而且开启了通往未知领域的探索之路。尽管这一领域仍处于发展初期，面临着诸如硬件稳定性、算法成熟度等方面的挑战，但随着研究的深入和技术的进步，我们可以期待更多激动人心的成果出现，这些成果可能会彻底改变我们对计算、通信乃至整个社会运作方式的理解。在未来，量子计算与 AI 的协同作用将成为推动科技进步和社会发展的关键力量。

二、下一代无线通信中的人工智能角色

下一代无线通信，尤其是 6G 技术，正积极地与人工智能融合，以实现更高效、更智能的网络性能，如图 3-14 所示。

人工智能在下一代无线通信中的角色主要体现在以下几个方面。

1. 信道估计与优化

人工智能通过机器学习和深度学习算法显著提升了信道估计的精确度，特别是在高移动性和超密集连接的环境下。

2. 智能解调制技术

深度神经网络被应用于信号解调，不仅提高了性能，还减少了计算复杂度。这使得系统能够迅速适应各种场景，提升了解调的准确性和效率。

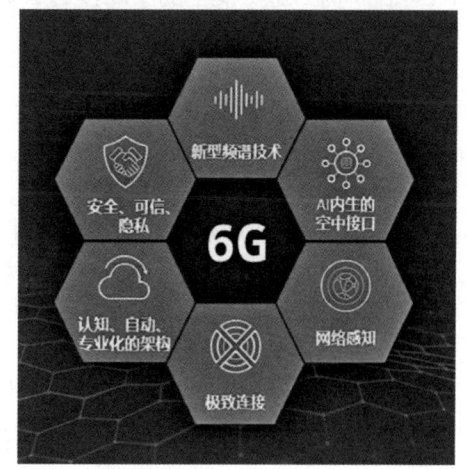

图 3-14　6G 技术应用

3. 智能收发机的发展

研究者们致力于开发端到端的通信系统设计,该设计融合了信道估计和信号检测模型,从而不仅增强了解调效果,还减少了系统的延迟和能耗。

4. 资源分配与管理

人工智能有助于预测网络流量,并根据实时需求优化资源分配,显著提升了通信效率并降低了运营成本。此外,它还促进了网络架构的创新,使其更加灵活智能,以满足对低延迟的严格要求。

5. 网络规划与运维

AI 原生无线系统能够学习和适应环境变化,提供更广泛的覆盖范围、更高的容量及可靠性。这些系统依赖于大量真实测量数据集或数字孪生来训练 AI 模型,确保其能够在不利条件下高效运行。

6. 安全性和隐私保护

人工智能技术也被应用于加强网络安全,包括智能生成、分配和更新通信密钥,以及实时监测和分析网络流量,识别潜在威胁,确保信息传输的安全性。

尽管人工智能与无线通信技术的结合开辟了诸多机遇,但同样伴随着若干挑战,诸如计算能力需求庞大、模型泛化能力与灵活性不足等问题。未来研究必须持续致力于探索人工智能与无线通信系统更深层次的整合,以克服当前的障碍,并为用户带来更卓越的通信体验。随着技术的不断演进,人工智能将成为构建智能化无线通信网络的关键推动力。

3.2 物联网与人工智能

物联网构成了新一代信息技术的核心组成部分,同时也是信息化时代深入发展的显著标志。我们日常生活的众多变化,在很大程度上得益于物联网技术的应用。例如,电子站牌能够精确地告知我们公共汽车距离还有几站,公交公司的监控中心可以清晰地掌握全市每辆公共汽车的位置、速度和行驶路线,而我们通过智能手机也能轻松地查询到公共汽车的到站信息。这些例子展示了物联网技术在公共交通领域的实际应用。

3.2.1 物联网概述

物联网这一概念由凯文·阿什顿（Kevin Ashton）于1999年提出。阿什顿所倡导的物联网理念，是通过将传感器与互联网相结合，达成物体间的互联互通以及智能化控制。他提出，计算机最终将能够独立地产生并收集数据，无须人工介入，从而推动物联网技术的进步。

一、物联网的定义

物联网（internet of things，IoT）是指各种物品通过互联网实现互联互通的网络体系，它包含两层核心意义：首先，物联网的基础和核心依然是互联网，它是互联网的拓展和深化；其次，物联网的终端可以是任何具备信息交换能力的物品。通过智能感知、射频识别等先进的通信技术，物联网实现了广泛的网络融合应用，因此被誉为继计算机、互联网之后，世界信息产业发展的第三次重大浪潮，如图3-15所示。

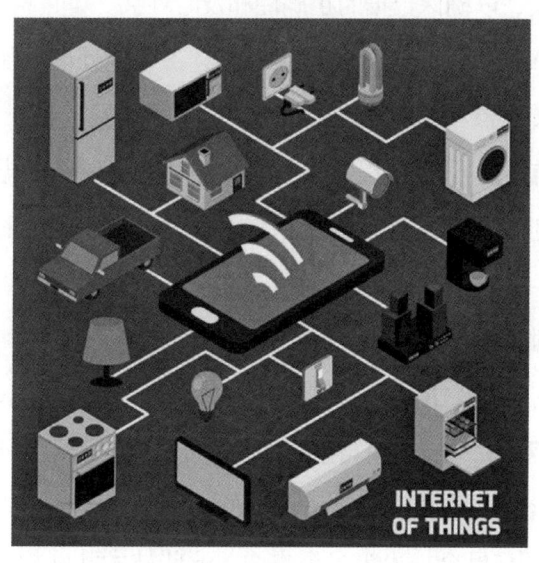

图3-15 物联网广泛应用

物联网体现了互联网应用的深化与拓展，超越了传统网络的界限，更多地体现为一种业务模式与应用场景的集合。因此，可以说物联网的本质并非单纯在于构建一个庞大的网络体系，而是侧重于如何通过这一网络实现具体的业务目标和提升用户体验。应用创新是推动物联网发展的核心动力，而以用户为中心的创新则是物联网持续发展的灵魂所在。

作为互联网的延伸，物联网不仅涵盖了互联网及其所有资源，还兼容了互联网的各种应用。然而，与互联网相比，物联网具有其独特的特征：它涉及的所有元素（包括设备、资源及通信方式等）都是高度个性化和私有化的。这些特征使得物联网在信息感知、信息传输和智能应用等方面展现出鲜明的特点。

首先，物联网通过广泛应用各种感知技术，实现了对物理世界的精准感知。在物联网系统中，部署了海量的多种传感器，每个传感器都作为一个独立的信息源，不断捕捉并记录着周围环境的变化。这些传感器涵盖了不同的类别，能够捕获多样化的信息内容，并以不同的格式进行呈现。由于传感器具有实时性的特点，它们能够按照一定的频率周期性地采集环境信息，确保数据的及时更新和准确性。

其次，互联网作为物联网的重要基础和核心，为物联网提供了强大的数据传输能力。物联网通过各种有线和无线网络与互联网相融合，实现了物体信息的实时准确传递。传感器定时采集的信息需要通过网络进行传输，但由于信息量极其庞大，传输过程必须适应各种异构网络和协议，以确保数据的正确性和及时性。

最后，物联网不仅提供了传感器的连接，还具备智能处理的能力，能够对物体实施智能控制。物联网将传感器和智能处理相结合，利用云计算、模式识别等各种智能技术，从传感器获得的海量信息中分析、提炼出有意义的数据。这些数据不仅能够满足不同用户的不同需求，还能够拓展新的应用领域和应用模式，为物联网的未来发展提供了无限的可能性。

二、物联网的关键技术

物联网通过配备二维码、RFID（射频识别）标签、传感器等设备，实现了物体身份的唯一标识及信息的采集。结合多样化的网络连接方式，物联网进一步促进了人与物、物与物之间的信息交流与共享。因此，物联网的关键技术涵盖了识别与感知技术、网络通信技术以及数据挖掘与融合技术等多个方面。这些技术共同构成了物联网的核心，推动了其在各个领域的广泛应用与发展。

1. 识别和感知技术

（1）作为物联网中不可或缺的自动识别技术，二维码的重要性不言而喻，它是对传统一维条码技术的显著拓展与增强。在众多类型的二维码中，矩阵式二维码尤为常见，它利用矩形区域内黑白像素的巧妙排列来编码信息。具体而言，这种编码方式通过在矩阵特定位置上设置点（这些点可以是方形、圆形或其他形状）的存在与否来代表二进制的"1"和"0"，从而形成独一无二的编码序列，用以传递特定的信息，如图3-16所示。

图 3-16　二维码技术

二维码之所以广泛应用于众多领域，主要归功于其诸多显著优势：首先，二维码具备庞大的信息存储能力，能够容纳比传统条形码更多的数据信息；其次，其编码范围极为广泛，几乎能够包含所有种类的信息；再者，二维码具有强大的纠错功能，即便部分区域受损或出现模糊，依然能够确保信息的准确译码；此外，二维码译码的可靠性极高，保障了信息传输的精确性；最后，二维码的制作成本低廉且易于生成，这进一步推动了其在各行各业的普及和应用。

（2）RFID（射频识别）技术作为一种先进的无接触自动识别技术，能够在物体静止或移动的状态下进行高效的识别。该技术因其能够全天候工作、无须直接接触以及能够同时识别多个物体的特性，在生产和日常生活中得到了广泛应用，显著推动了物联网的发展。我们日常生活中使用的公交卡、门禁卡、校园卡等均嵌入了 RFID 芯片，实现了便捷的数据交换功能。

从结构上分析，RFID 系统是一种简易的无线通信系统，主要由 RFID 读写器和 RFID 标签两大部分构成。RFID 标签是一个复杂的电子模块，由天线、耦合元件和芯片等组成，能够进行信息的传输和回复。而 RFID 读写器同样包含天线、耦合元件和芯片等，用于读取（有时亦可写入）RFID 标签中的信息。RFID 技术应用如图 3-17 所示。

在 RFID 系统中，通过 RFID 读写器与贴附于目标物品上的 RFID 标签之间的射频信号，实现了信息的传递。以公共交通卡为例，市民所持有的卡片即为 RFID 标签，而公共汽车上配备

图 3-17　RFID 技术应用

的刷卡设备则充当 RFID 读写器的角色。当市民进行刷卡操作时，便完成了一次 RFID 标签与 RFID 读写器之间的非接触式通信及数据交换，从而实现了快速、便捷的支付或身份验证等功能。

（3）传感器是一种设备或装置，其功能在于感知特定的物理量，并依据既定规律（如数学函数）将其转换为可用的信号。这些设备通常具备微型化、数字化、智能化以及网络化等显著特征。正如人类依赖耳朵、鼻子、眼睛等感官来感知外部世界，物联网也依赖传感器来实现对物理环境的感知。

在物联网领域，常见的传感器类型涵盖了光敏传感器、声敏传感器、气敏传感器、化学传感器、压敏传感器、温敏传感器以及流体传感器等。这些传感器能够模拟人类的视觉、听觉、嗅觉、味觉和触觉，进而协助物联网系统更精准地理解和应对周遭环境的变动。

2. 网络和通信技术

网络和通信技术承担着连接分散的设备与传感器的任务，确保数据传输的高效性与共享性。这些技术主要分为短距离无线通信技术和远程通信技术两大类别。

短距离无线通信技术是物联网设备间近距离通信的核心，涵盖了 ZigBee、NFC（近场通信）、蓝牙、WiFi 以及 RFID 等多种技术。这些技术各具特色，适用于不同的应用场景。例如，ZigBee 凭借其低功耗、低成本的优势，在智能家居和工业自动化领域得到广泛应用；NFC 则因其便捷性和安全性，在移动支付和门禁系统中占据重要地位。

远程通信技术构成了物联网设备跨地域、跨距离通信的基础。这类技术主要包括互联网、移动通信网络（如 4G/5G）以及卫星通信网络等。互联网作为全球性的计算机网络互联系统，为物联网提供了普遍的连接能力；移动通信网络则以其广泛的覆盖范围和较高的数据传输速率，支持了物联网设备在移动状态下的数据通信；卫星通信网络则能够覆盖地球表面的任何区域，为偏远地区或海上作业的物联网设备提供了关键的通信手段。

3. 数据挖掘和融合技术

鉴于物联网涉及众多数据源，包括各种异构网络和不同种类的系统，因此，如何高效地整合、处理和挖掘这些庞大且多样化的数据，已成为物联网处理层亟待解决的核心问题。

随着云计算和大数据技术的蓬勃发展，这一问题获得了强有力的技术支撑。云计算提供了庞大的数据存储能力，使得海量物联网数据得以以低成本的方式进行存储。与此同时，大数据技术赋予了我们迅速处理和分析这些数据的能力，以满足各种实际应用的需求。

具体而言，数据挖掘技术能够从海量的物联网数据中提取出有价值的信息和模式，有助于人们更深入地理解数据背后的趋势和规律。而数据融合技术则能够将源自不同来源、不同种类的数据进行整合，形成统一的数据视图，为后续的数据处理和分析提供便利。

在物联网领域，数据挖掘和融合技术发挥着至关重要的作用，它们不仅解决了处理庞大数据集的难题，还为人们提供了深入洞察和利用物联网数据的可能性。

3.2.2 物联网与人工智能应用案例

案例3-1：智能家居

智能家居通过应用物联网、人工智能以及其他尖端技术，将家庭中的各种设备与服务连接起来，实现居住环境的自动化、远程控制和智能化管理。其核心目标在于提高生活便利性、增强安全防护、节约能源消耗，并提升居住品质。智能家居致力于构建一个更为舒适、安全且节能的居家环境，智能家居系统示例如图3-18所示。

图3-18　智能家居系统示例

智能家居系统由以下8个核心部分组成：

1. 智能控制中心

智能控制中心作为智能家居系统的核心，负责协调所有连接的智能设备，并提供一个集中的界面用于管理和监控这些设备。它通常支持多种通信协议（如 WiFi、ZigBee、Bluetooth 等），确保与不同类型的设备兼容。

2. 智能照明系统

智能照明系统包括可调光 LED 灯泡、智能开关面板等，用户可以通过手机应用或语音助手轻松控制灯光的颜色、亮度和开关状态。系统支持定时任务和场景模式设置，例如，"观影"模式会自动调暗灯光，营造出舒适的观影氛围。

3. 智能温控系统

智能温控系统使用智能恒温器根据用户的习惯和天气预报自动调节室内温度，既确保了舒适度又节约了能源。一些高级型号还具备学习功能，能够逐渐适应用户的偏好，进一步提升节能效果。

4. 安全与监控

安全与监控通过安装智能摄像头、门窗传感器、烟雾报警器等安防设备，实时监测家中情况，并通过手机获取警报通知。视频门铃允许用户远程查看访客并进行双向通话，甚至可以与智能锁联动，实现无钥匙进入。

5. 娱乐与多媒体

娱乐与多媒体将音箱系统、电视、投影仪等多媒体设备接入网络，并通过统一的应用程序控制播放内容和音量大小。支持多房间音频同步播放，让音乐充满整个房子；还可以集成流媒体服务，轻松获取在线内容。

6. 家电互联

家电互联使冰箱、洗衣机、烤箱等传统家电变得智能化，用户不仅可以远程启动它们，还能接收维护提醒和能耗报告。某些智能家电还能与其他设备协同工作，例如，冰箱检测到食物即将过期时会建议用户尽快烹饪相关菜品。

7. 健康与辅助生活

对于老年人或有特殊需求的家庭成员，智能家居可以配备跌倒检测装置、紧急呼叫按钮等安全设施。智能药盒可以在规定时间提醒服药，并记录用药情况，确保按时按量服用药物。

8. 能源管理

能源管理通过智能插座、电力监控器等设备跟踪家用电器的用电情况，识别高耗电设备并提出改进建议。还可以结合太阳能板等可再生能源解决方案，构建更加环保的家庭能源体系。

智能家居不仅改变了我们的生活方式,也为未来智慧城市的建设奠定了坚实的基础。随着技术的不断进步,我们可以期待更多创新性的应用和服务涌现出来,持续丰富和完善这个生态系统。

案例 3-2:智慧农业

智慧农业也称为精准农业或数字农业,是一种先进的现代化农业模式,是指运用物联网、大数据、人工智能、地理信息系统等尖端技术,优化农业生产流程。其核心目标在于提升资源利用效率、降低环境影响、增强作物的产量与品质,进而提升农民的经济收益。智慧农业系统示例如图 3-19 所示。

图 3-19　智慧农业系统示例

智慧农业系统由如下 6 个核心部分组成:

1. 传感器网络

土壤传感器:负责监测土壤湿度、温度、pH 值、养分含量等关键参数,助力确定最佳灌溉时机与肥料施用量。

气象站:提供实时天气数据,包括温度、湿度、降雨量、风速等,以支持短期及长期的农事规划。

植物健康监测:运用光谱分析、红外成像等技术评估作物生长状况,早期发现病虫害迹象。

2. 自动化设备

无人驾驶农机具：例如，拖拉机、播种机、收割机等，能够通过预编程路径自动执行耕种、施肥、喷药、收割等作业。

无人机：用于空中巡查农田，迅速掌握大面积作物生长情况，并可执行精准喷洒作业。

3. 数据分析与决策支持系统

大数据平台：收集并整合来自各类传感器的数据，结合历史记录及其他外部数据源（如市场信息），为农民提供全面的决策依据。

机器学习模型：基于大量数据训练出的预测模型，有助于预测作物产量、市场需求、病虫害爆发风险等，从而找到更为科学的管理策略。

4. 精准灌溉

滴灌和微喷灌：依据作物需水特性和土壤条件，精确控制水量，以避免水资源的浪费。

智能阀门控制系统：根据各区域需求动态调节水流，确保每个地块均获得适量的水分供应。

5. 远程监控与管理

移动应用和 Web 界面：农民可随时通过智能手机或计算机查看田间状况，接收警报信息，并向自动化设备下达操作指令。

云服务平台：所有数据存储于云端，便于长期保存、共享和分析，同时便于技术支持人员进行远程诊断与服务。

6. 供应链管理

区块链技术：用于追踪农产品从生产到消费的全过程，确保食品安全和透明度，增强消费者信任。

物流优化：结合 GPS 定位和运输路线规划软件，实现货物配送的最佳路径选择，降低物流成本。

随着技术的持续进步和社会对可持续发展的日益重视，智能农业在未来将扮演愈发重要的角色，不仅革新了传统的农业生产方式，也为全球粮食安全提供了创新的解决方案。

案例 3-3：智能城市交通管理

智能城市交通管理系统（intelligent transportation systems，ITS）运用了先进的信息通信技术、数据处理与分析技术，旨在优化城市交通系统的性能。其宗旨在于提升运输效率、减少交通事故发生、降低环境污染程度，并改善居民的出行体验，智能城市交通管理系统示例如图 3-20 所示。

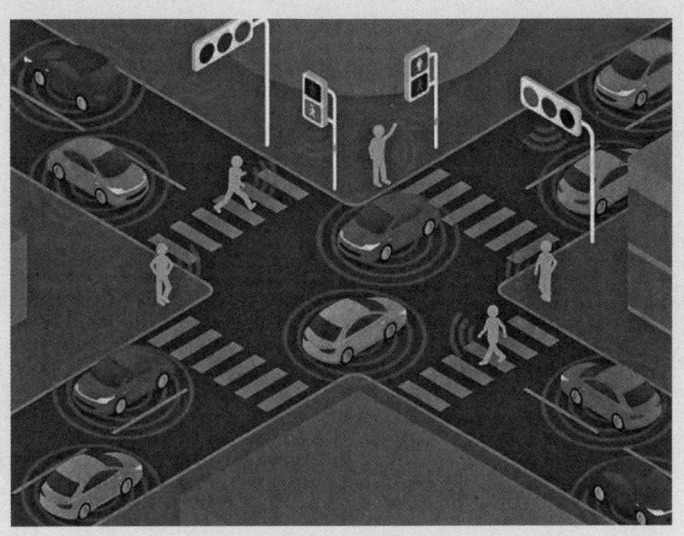

图 3-20　智能城市交通管理系统示例

智能城市交通管理系统由以下 5 个核心部分组成：

1. 智能信号灯控制系统

自适应信号控制：通过路口安装的传感器或摄像头实时监测车流量，动态调整红绿灯时长，以最小化车辆等待时间，最大化道路通行能力。

优先级调度：为公共交通车辆（如公交车、救护车）提供信号优先权，确保它们能够快速通过交叉路口。

2. 停车管理系统

停车位占用检测：运用地磁感应器、超声波传感器或视频分析技术监控停车位的占用情况，并将空闲车位信息实时传递至司机的应用程序。

在线预订与支付：允许用户预先预订停车位并通过移动支付完成缴费，减少寻找车位的时间和不必要的绕行。

3. 公共交通优化

实时跟踪与信息发布：借助 GPS 定位系统追踪公交车辆的位置，并通过电子站牌或手机应用程序向乘客提供准确的到站时间预报。

线路规划与调整：基于历史数据分析和实时客流统计，灵活调整公交线路和服务频率，确保服务覆盖率达到最优。

4. 交通事件管理

事故检测与响应：利用路边摄像头和传感器及时发现交通事故或其他异常情况，并通知相关部门迅速处理。

交通疏导与分流：当发生突发事件时，可以通过可变信息标志发布改道指示，引导车辆避开拥堵路段。

5. 多模式出行平台

整合多种交通方式：创建一站式出行服务平台，集成公交、地铁、共享单车、出租车等多种交通工具的信息和服务，帮助市民规划最佳出行方案。

鼓励绿色出行：推广步行、骑行等低碳出行方式，提供激励措施如积分奖励等，提升城市的吸引力和竞争力。

随着 5G 网络的普及、自动驾驶技术的发展以及人工智能算法的进步，未来的智能城市交通管理系统将更加高效、智能和人性化。例如，车联网将使汽车之间以及汽车与基础设施之间实现直接通信，进一步增强交通安全性和流畅度；而无人驾驶车辆则有望彻底变革城市的交通生态。

上述案例不仅展示了物联网技术在各个领域的广泛应用，还彰显了它所带来的经济利益和社会效益。随着 6G、边缘计算等前沿技术的不断进步，未来物联网的应用前景将更加广阔和多元。上述案例揭示了物联网技术如何深入我们日常生活的各个角落，从改善生活品质到推动产业革新。每个案例都凸显了物联网的核心价值——通过互联的智能设备收集数据，经过处理和分析，为用户提供更高效、便捷的服务。

3.3 云计算与人工智能

云计算是一种通过互联网以服务形式提供的动态、可扩展、虚拟化的资源计算模式。该概念最早于 20 世纪 60 年代由约翰·麦卡锡提出，其核心理念是将计算能力作为一种公用事业，与水、电、煤气等类似，向用户供应。美国国家标准与技术研究院（NIST）将云计算定义为一种模型，它允许用户在任何时间、任何地点便捷地按需访问和使用一组可配置的计算资源（包括网络、服务器、存储、应用程序和服务）。

3.3.1 云计算概述

一、云计算的特点

云计算作为信息技术领域的一个核心发展趋势，其特征可以从多个维度进行阐述。

1. 超大规模性

所谓的"云"具备庞大的规模，例如，谷歌云计算平台便配置了逾百万台的服务器。诸如亚马逊、IBM、微软、Yahoo、阿里巴巴、百度以及腾讯等公司的"云"服务也各自拥有数十万台服务器。这种规模为用户提供了前所未有的计算能力。

2. 虚拟化技术

云计算允许用户在任何地点，利用各种终端设备来获取服务，这些服务的资源源自"云"，而非任何固定的物理实体。应用在"云"中运行，用户无须了解其具体位置，仅需使用计算机、平板电脑或手机等设备，通过网络即可访问各种强大的服务。

3. 高可靠性

通过数据的多副本容错和计算节点的同构可互换等技术，"云"确保了服务的高可靠性，这使得云计算的使用比本地计算机更为可靠。

4. 通用性

云计算不局限于特定的应用，它能够支持构建出各种各样的应用。同一片"云"可以同时支持多种不同应用的运行。

5. 高可伸缩性

"云"的规模可以根据需求的变化动态调整，以满足应用和用户规模增长的需求。

6. 按需服务

"云"作为一个庞大的资源池，用户可以根据自己的需求进行购买，其计费方式就像使用自来水、电和煤气一样便捷。

7. 成本效益

由于"云"采用了特殊的容错措施，可以使用成本较低的节点来构建；同时，"云"的自动化管理大幅降低了数据中心的运营成本；"云"的公用性和通用性提高了资源的利用率;此外,"云"设施通常建在电力资源丰富的地区,从而进一步降低了能源成本。因此,"云"展现出了前所未有的性价比优势。

二、云计算的服务模式

云计算包含三种核心的服务模式:软件即服务(SaaS)、平台即服务(PaaS)以及基础架构即服务(IaaS)。

(1)基础架构即服务(infrastructure as a service,IaaS):通过网络向用户提供物理机和虚拟机、存储空间、网络连接、负载均衡、防火墙等基础计算资源。用户可在这些资源上部署和运行操作系统及应用程序。用户控制运行应用程序的环境(包括部分主机控制权),但不直接控制操作系统、硬件或网络基础架构。著名的 IaaS 提供商包括亚马逊 AWS、微软 Azure 和谷歌云平台等。例如,百度云提供的网盘、分享、手机备份等功能,允许用户存储文档、通信录、短信、相册等。用户通过电子邮件、手机号码等注册云账户后,就可以获得相应的存储空间。

(2)平台即服务(platform as a service,PaaS):将软件开发平台作为服务提供,采用 SaaS 模式交付给用户。因此,PaaS 也可以视为 SaaS 模式的一种应用。PaaS 为用户提供了一个用于开发、测试、部署和管理应用程序的平台环境,通常包括操作系统、编程语言运行环境、数据库和其他工具。用户可以在该平台上构建自己的应用程序,而无须关心底层硬件和操作系统。用户无法管理和控制底层基础设施,只能管理自己部署的应用。PaaS 的优势在于能够加速应用程序的开发和部署,提升开发效率。常见的 PaaS 平台有谷歌 App Engine、微软 Azure App Services 和 Heroku 等。

(3)软件即服务(software as a service,SaaS):一种通过互联网提供软件的模式。在这种模式下,软件应用被托管在云服务器上,用户可以通过浏览器或移动设备访问这些应用,无须购买软件,而是通过订阅方式向提供商租用。SaaS 的优势在于用户可以随时随地访问软件应用,无须自行安装和维护。此外,SaaS 还能够根据用户需求进行定制,提供个性化服务。常见的 SaaS 应用包括谷歌办公套件、微软 Office 365 和 360 云杀毒等。

三、云计算主要应用领域

云计算技术作为现代信息技术架构的关键部分,已在金融、制造、教育、医疗、交通、游戏、电商、政务、生物科学和媒体资源等多个行业领域广泛实施。在金融领域,它通过云网络增强了问题解决能力;制造业则实现了按需获取制造资源的能力;教育机构得以提供全面的教育信息化服务；交通行业整合了必要的资源以适应未来发展需求；游戏玩家能通过轻量级客户端享受高品质体验；电商企业利用弹性计算资源支持大量商品信息处理及订单管理；政府机构提升了工作效率并实现数据共享；生物科学研究加速了成果产出；媒体行业也获得了高效的内容管理与分发服务。

3.3.2 云计算与人工智能应用案例

云计算与人工智能的结合，标志着信息技术领域的一次重大飞跃，它不仅为数据处理和分析提供了前所未有的潜力，还为企业和社会带来了深远的变革。接下来，将通过一些具体案例详细阐述两者如何协同运作，以及它们在实际应用中的表现。

案例3-4：智能客服——提升客户服务质量

背景：

随着电子商务的迅猛发展，客户服务需求持续增长。传统的人工客服模式正面临响应速度缓慢、服务时间受限等挑战，特别是在业务高峰期，这些问题可能会导致客户体验的下降。为了应对这些难题，众多电商企业开始寻求技术解决方案，以提升客户服务的品质和效率。

解决方案：

众多电子商务企业采用了基于云计算的人工智能聊天机器人（如图3-21所示），作为客户服务的创新工具。这些聊天机器人部署于云端平台，能够实现全天候的工作模式，不受地理位置的限制。它们运用自然语言处理（NLP）技术，以理解和解析客户的查询，并借助预训练的语言模型，生成恰当的回答或建议。此外，聊天机器人还能依据用户的历史订单记录及其他行为数据，提供定制化的产品推荐。

实施效果：

（1）即时响应。无论何时何地，客户一旦提出问题，聊天机器人便能迅速做出反应，显著减少了等待时间。

（2）持续学习。每次对话结束后，系统自动更新其知识库，确保未来的交流更加精准。

（3）成本效益。通过减少对大量人工客服人员的依赖，有效降低了运营成本。

（4）数据分析。所有互动记录安全地存储于云端，供后续分析使用，助力企业更深入地理解客户需求，并优化其产品和服务。

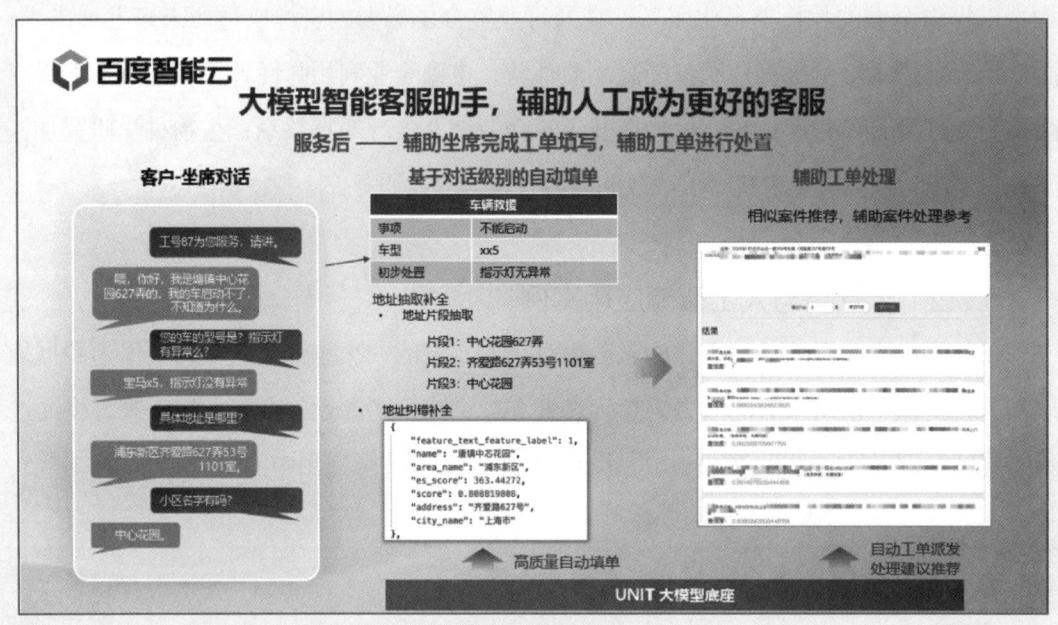

图 3-21 云智能客服示例

案例 3-5：AI 医疗影像诊断——加速疾病检测

背景：

医学影像诊断在疾病早期发现中扮演着至关重要的角色，然而，传统的手工阅片方法耗时且易产生误诊。特别是在偏远地区，专业医生的匮乏导致高质量诊断服务难以普及，这一问题亟需得到解决。

解决方案：

医疗机构通过采纳云计算平台，上传患者的医学影像资料（如 X 光片、CT 扫描等），并运用预先训练的深度学习模型进行自动化的图像识别与异常检测（如图 3-22 所示）。此举不仅提升了诊断的效率，还减少了人为错误的风险。借助云计算的卓越计算能力，即便在资源受限的情况下，医院也能获得先进的诊疗工具和技术支持，从而更有效地服务患者。

实施效果：

（1）快速诊断。AI 模型能够在短时间内完成复杂的图像分析任务，协助医生迅速做出诊断决策。

（2）提高准确性。通过学习大量历史病例，AI 系统能够辨识出微小的病变特征，辅助医生提升诊断的精确度。

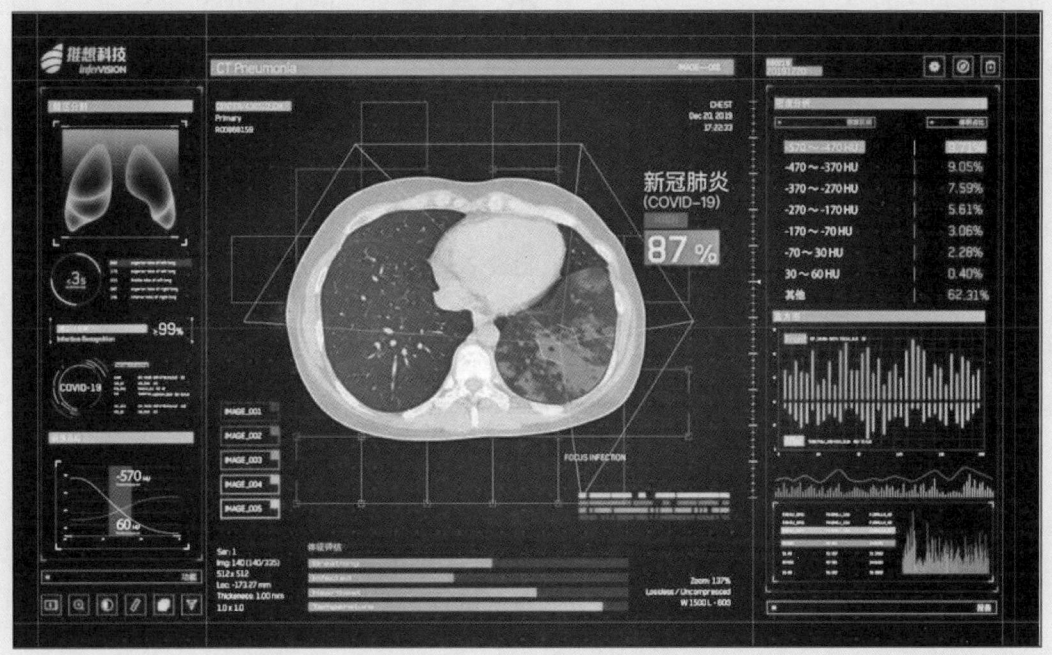

图 3-22　AI 医疗诊断系统示例

（3）远程协作。来自不同地区的专家能够通过互联网访问相同的资源，共同探讨复杂病例，这促进了医疗资源的共享。

（4）降低成本。减少了对昂贵硬件设备的依赖，同时提升了工作效率，从而间接降低了医疗服务的成本。

案例 3-6：个性化推荐系统——增强用户体验

背景：

很多在线平台所面临的重大挑战之一是如何从庞大的内容库中精选出最适宜于每位用户的节目或商品。若推荐系统不够精准，可能导致用户产生失望情绪，从而对平台的用户黏性和满意度产生负面影响。智能推荐系统示例如图 3-23 所示。

解决方案：

此类平台借助大规模并行计算技术和先进的机器学习模型，实现了精确的内容匹配。云计算技术的应用使得这些平台能够迅速处理庞大的用户数据，确保每位用户均能享受到定制化的服务体验。同时，随着新数据的不断涌入，推荐引擎会自动调整其参数，以保持推荐内容的时效性和相关性。

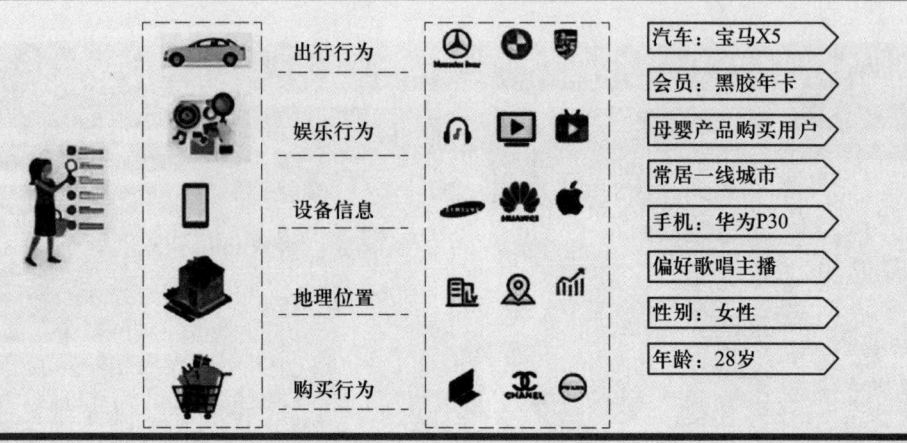

图 3-23 智能推荐系统示例

实施效果：

（1）个性化体验。通过分析用户的浏览历史、收听偏好等数据，构建个性化的推荐列表，使每位用户都能轻松找到自己感兴趣的内容。

（2）提升参与度。更符合个人兴趣的推荐内容延长了用户在平台上的停留时间，从而提升了平台的用户活跃度。

（3）推动消费。精准的推荐帮助用户发现更多优质内容，进而促进了订阅续费和增值服务的购买。

（4）持续优化。基于用户的反馈，不断改进推荐算法，以确保长期提供高质量的服务。

云计算与人工智能的结合不仅提升了企业的运营效率和服务质量，也为各行各业开辟了新的商业机遇和发展空间。随着这两项技术的持续进步和优化，我们有充分的理由期待更多创新应用场景的出现，进一步推动社会的发展和个人生活的便捷化。

3.4 网络安全与 AI 防护

信息安全是一个涉及众多领域的概念，它不仅涵盖了防止商业机密泄露的策略，还包括了保护青少年免受不良信息侵扰的措施，以及防止个人信息泄露等议题。在互联网时代，构建一个健全的信息安全体系是确保信息安全的关键。该体系囊括了计算机安全操作系统、多元化的安全协议，以及一系列安全机制（如数字签名、消息认证、数据加密等）。必须指出，体系中任何环节的安全漏洞均可能对整体安全造成威胁。

3.4.1 网络威胁检测与防御

一、信息泄露

在现代社会新形势下，计算机应用范围日益广泛，特别是互联网的普及，极大地满足了人们的多样化需求。然而，与此同时，它也引发了一系列问题，尤其是信息泄露问题。个人信息、政府信息、企业信息，乃至国家信息，均可能成为泄露的目标。

信息泄露主要包括以下途径：

1. 计算机电磁波辐射泄露

计算机处理器和显示器会产生较强的电磁辐射。在开阔地带，距离工作中的微机 100 m 外，使用监听设备便能接收到辐射信号。

2. 计算机网络化导致的泄密

计算机联网后，网络规模越大，线路通道分支越多。窃密者只需在网络中的任意一条分支信道上或某个节点、终端截取信息，便能获取整个网络传输的数据。

黑客利用网络安全漏洞发起网络攻击，侵入联网的信息系统进行窃密；在 Internet 上，利用特洛伊木马技术对网络进行控制；网络管理者安全保密意识薄弱，导致网络管理出现漏洞。

3. 计算机存储介质泄密

现在越来越多的秘密数据和档案资料被存储在计算机中，大量秘密文件和资料以磁性介质和光学介质形式保存。由于缺乏访问权限控制和加密措施，数据泄露风险显著加大。

二、信息安全技术

计算机安全技术主要致力于预防系统漏洞、抵御外部黑客攻击、防御病毒破坏，并对可疑访问进行有效监控。常见的计算机信息安全技术包括以下 5 种：

1. 防火墙技术

防火墙是一种部署于内部网络与外部网络交界处的过滤机制。它将内部网络视为安全且值得信赖的区域，而将外部网络视为潜在的不安全区域。防火墙负责监控网络间的流量，仅允许经过验证的安全信息通过，同时阻止可能对内部网络构成威胁的数据。防火墙技术主要包括数据包过滤、应用网关和代理服务等。

2. 加解密技术

加解密技术在信息安全领域扮演着至关重要的角色，通过编码和解码数据来确保信息的机密性和完整性。加密过程将明文转换为密文，只有持有正确密钥的接收者才能解码。解密则是将密文还原为明文的过程。这项技术广泛应用于数据传输、存储以及身份验证，是维护网络安全和个人隐私的关键。

3. 身份认证技术

身份认证涉及系统对用户身份证明的核查，目的是确认用户是否有权访问请求的资源。身份识别则是用户向系统展示身份证明的行为。身份认证至少应包含验证协议和授权协议。除了传统的静态密码认证，现代的身份认证技术还包括动态密码认证、IC 卡技术、数字证书和指纹识别认证等。

4. 安全协议

安全协议的建立和完善是安全保密系统走向规范化和标准化的关键。一个健全的内部网和安全保密系统应至少实现加密机制、验证机制和保护机制。目前应用的安全协议包括加密协议、密钥管理协议、数据验证协议和安全审计协议等。

5. 入侵检测系统

入侵检测系统是一种实时监控网络活动的系统。它通常位于防火墙之后，与防火墙和路由器协同工作，用于监测局域网段内的所有通信，记录并阻止异常网络活动。通过重新配置，入侵检测系统能够阻止来自防火墙外部的恶意活动。该系统能够迅速分析网络上的信息或对主机上的用户进行审计分析，并通过集中控制台进行管理和检测。

三、计算机病毒

1. 计算机病毒定义

计算机病毒是人为编制的程序，具有自我复制与传播的能力，能对计算机系统、网络及数据造成破坏。

2. 计算机病毒特性

计算机病毒一旦侵入系统，便开始搜寻其他程序与数据以进行自我复制与传播，扩大其影响范围。为规避杀毒软件的拦截及用户的察觉，病毒常巧妙隐藏，可能潜伏于系统引导扇区、其他应用程序或看似无害的文件中，从而有效实现隐蔽地存储与传播。诸多病毒在发作前会长期潜伏，可能持续数周、数月乃至数年而不被发现，直至适当时机突然爆发，造成严重破坏。它们通常具有寄生性，附着于其他程序体内，在宿主程序执行时得以繁衍与生存。计算机病毒会对系统造成从轻微性能下降至严重瘫痪、数据丢失等不同程度的负面影响，具体取决于病毒的设计目的与攻击目标。此外，这些病毒还具备可触发性，即它们设定了特定的条件，如特定的时间、日期或用户操作，一旦这些条件得到满足，便会激活并对系统造成破坏，这使得预防工作更为艰巨。计算机病毒以其传染性、隐蔽性、潜伏性、寄生性、破坏性及可触发性，构成了对信息安全的严重威胁。

3. 计算机病毒的传播途径

计算机病毒的传播途径主要包括以下 3 种：

（1）通过存储介质传播：例如，硬盘、U 盘及光盘等。这些设备在被不同用户共享或用于文件复制时，携带并传播病毒。

（2）通过网络传播：这是当前病毒传播的主要方式之一。网络传输与资源共享使得病毒能够迅速扩散。具体而言，病毒可通过服务器、电子邮件（E-mail）、网页浏览（Web 网站）、文件传输协议（FTP）下载以及共享的网络文件与文件夹进行传播。

（3）通过盗版软件与共享设备传播：使用未经授权的盗版软件或在公共计算机机房中使用设备，也可能成为病毒传播的途径。

4. 常见的病毒防控方法

（1）培养高度的防范意识，对外来的计算机、存储介质或软件进行病毒检测，确认无毒后再使用。

（2）对于文件系统、数据库系统、设备管理系统等，要设置访问控制权限来规避病毒传播。

（3）安装杀毒软件，定期进行病毒查杀，对于网络环境，应配置"病毒防火墙"。

（4）对于重要的系统盘、数据盘以及磁盘上的重要信息要定期备份。

（5）避免轻易下载和使用网上的软件，也不要打开来源不明的电子邮件。

3.4.2　网络安全领域的 AI 应用场景

在当今科技领域，信息安全与人工智能是两个紧密相连且相互促进的领域。随着信息技术的飞速进步和人工智能技术的广泛应用，信息安全问题日益凸显，而人工智能技术则为解决这些问题提供了新的视角和方法。

一、智能防御系统

智能防御系统融合了先进的技术，涵盖了机器学习与深度学习等尖端人工智能领域，实现了对网络流量和用户行为等关键数据的实时监控与深入分析。此类系统具备自动识别并阻断恶意攻击的能力,大幅提高了网络安全防护的效率与精确性。

案例 3-7:华为 HiSecEngine 系列 AI 防火墙,如图 3-24 所示。

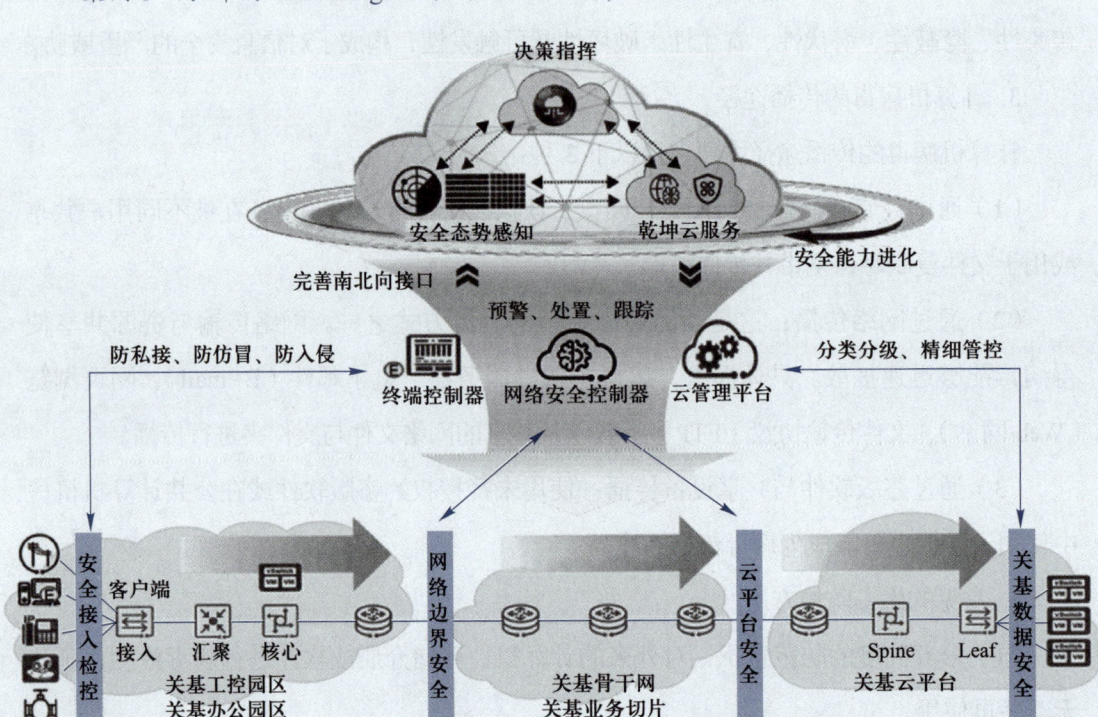

图 3-24　华为 AI 防火墙系统

1. 背景

随着云计算和大数据技术的广泛运用,企业数字化转型的步伐显著加快,业务智能化的提升促使企业网络架构发生变革,同时网络安全面临的挑战也日益严峻。未知威胁的快速变异和高度隐蔽性使得传统防火墙难以实现精确识别。华为研发的人工智能防火墙,融合了高级威胁检测技术,并与云端实现联动,构成了一种基于人工智能的入侵检测与预防系统。该系统旨在确保内部网络及客户网络的安全,有效抵御各类网络攻击,为企业提供智能化的网络边界防护。

2. 技术细节

智能防御:独创威胁检测引擎,未知威胁检测准确率高达 99% 以上。内置昇腾 AI 芯片,使未知威胁检测性能大幅度提升。

未知威胁防御:通过机器学习和深度学习构建威胁检测模型,华为 AI 防火墙能够自主检测未知威胁,提升威胁检测的准确性和及时性。

快速响应:一旦检测到异常活动或疑似攻击,防火墙会自动执行措施以阻止入侵尝试,例如,阻断可疑 IP 地址或限制特定类型的网络流量。

3. 成果展示

高效拦截率:得益于其高度敏感的异常检测能力和迅速的响应机制,华为 AI 防火墙在实际应用中表现出色,显著减少了成功入侵的案例。

最小误报率:通过精确的行为分析,华为 AI 防火墙将误报率降至最低,使得安全团队能够专注于处理真正的威胁,避免了在假阳性报警上浪费宝贵的时间。

智能防御系统通过融合先进的 AI 技术,不仅提升了检测的效率和准确性,还增强了自动化响应的能力,为保护企业和个人免受复杂多变的网络威胁提供了坚实的支持。该智能防御系统能够在多种应用场景中发挥效用,构建了一个智能化、灵活且高效的防护网络。

二、威胁预测与预警

人工智能技术具备通过分析历史数据预测未来网络攻击的潜力。例如,利用机器学习模型对众多历史攻击案例进行深入学习与训练,能够有效地辨识潜在的攻击模式与趋势,从而为网络安全团队提供有力的预警信息,协助他们预先做好准备,以应对可能的网络安全威胁。

案例 3-8:支付宝的智能反欺诈系统,如图 3-25 所示。

1. 背景介绍

随着移动支付的广泛普及,确保用户账户的安全性已成为支付平台共同面临的重大挑战。在这一领域,支付宝表现卓越,推出了名为"RiskShield"的智能反欺诈系统,致力于保障用户资金的安全性和服务的可靠性。该系统运用了人工智能、机器学习等尖端技术,实时监控和分析交易行为,自动识别并阻止潜在的欺诈行为。

2. 技术细节阐述

(1) 行为指纹识别。

多维度特征构建:系统综合分析用户操作习惯、设备特性、环境因素等信息,构建独特的"行为指纹",以区分正常用户与潜在欺诈者。

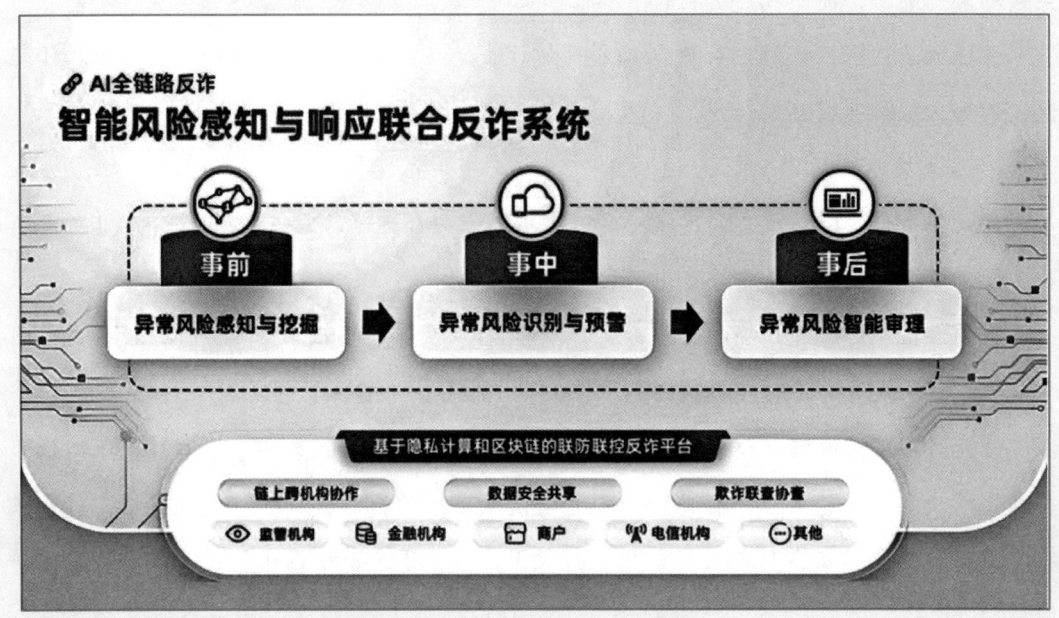

图 3-25 支付宝智能反诈系统

动态更新：随着用户行为的演变，系统持续更新行为指纹库，确保对最新威胁的有效防御。

（2）图谱分析。

社交网络建模：支付宝构建了庞大的用户关系图谱，通过图算法分析账户间的关联性，揭示异常资金流动路径或群体行为模式。

社区检测：利用社区发现算法，识别可能存在共谋的账户群组，提前预警潜在的大规模欺诈行为。

（3）无监督学习。

异常检测：对于未标记的新类型攻击，支付宝采用无监督学习方法，无须依赖已知攻击签名即可识别未知威胁。

自适应学习：系统具备自我学习能力，随着时间推移，它能从新出现的攻击中学习，不断优化检测逻辑。

3. 成果展示

支付宝的智能反欺诈系统在实际应用中表现出色，成功拦截了大量欺诈交易，有效保护了用户财产安全。例如，在双十一购物节期间，尽管交易量激增，系统依然保持了极高的准确性和响应速度。

通过精确的行为分析和上下文理解，支付宝将误报率降至最低，使安全团队能够专注于处理真正的威胁，避免了对假阳性报警的无谓排查。

在确保安全的同时，支付宝也致力于提升用户体验。例如，在检测到低风险但需进一步确认的交易时，系统会尽量简化验证流程，减少对用户的干扰。

威胁预测与预警是现代网络安全战略中的关键环节，它依赖于先进的 AI 技术和大数据分析能力，从而实现对潜在威胁的早期识别和快速响应。通过这种方式，不仅能够更好地保护自身免受攻击，还能在面对未知挑战时保持灵活性和适应性。

三、数据保护与隐私合规

借助先进的机器学习模型，人工智能技术得以深入训练和分析庞大的数据集，有效地识别潜在的数据泄露风险。一旦这些风险被识别，AI 系统便能自动执行一系列相应的防护措施，以预防数据泄露事件的发生。此外，人工智能技术还助力实现数据的分类和分级管理，确保敏感数据得到适当的保护，从而避免不必要的信息泄露风险。在隐私合规方面，AI 技术同样扮演着关键角色，它能够自动化地监测企业内部处理的个人数据，及时发现并处理可能违反隐私保护法规的行为，帮助企业确保其操作符合相关法律法规的要求。

案例 3-9：IBM Security Guardium——自动化数据分类与访问控制，如图 3-26 所示。

1. 背景

IBM Security Guardium 是一款先进的数据安全平台，专门用于数据库和文件系统。它借助人工智能技术实现自动化数据分类，并执行精确的访问控制策略。

2. 功能

智能数据发现：IBM Security Guardium 能够扫描企业内所有数据库，准确识别出包含个人身份信息（PII）、信用卡号、社会安全号码等敏感数据的位置。

自动分类分级：基于扫描结果，系统自动将数据划分为不同的安全等级，并施加相应的保护措施，例如，加密、脱敏或限制访问权限。

持续监控：IBM Security Guardium 还提供了实时数据活动监控功能，能够侦测并阻止未授权的访问尝试，确保数据始终处于受控状态。

简化管理：IBM Security Guardium 极大地简化了数据分类和保护流程，使安全团队能够将更多精力投入到其他关键任务中。

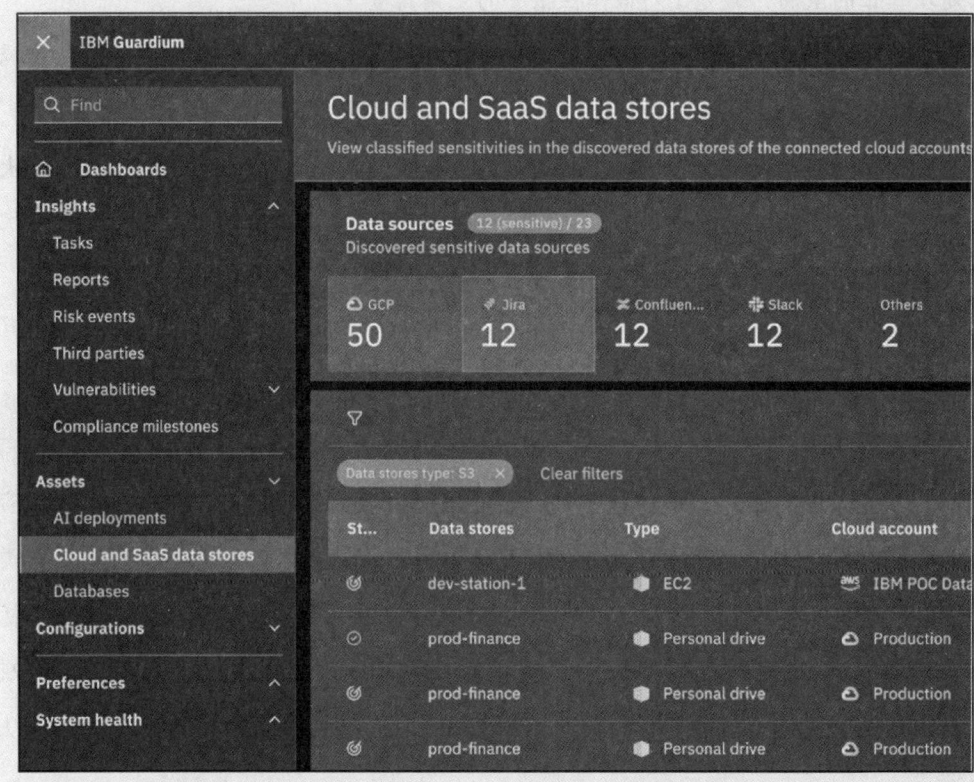

图 3-26　IBM Security Guardium 数据保护系统

强化防护：通过有效管理和保护敏感数据，IBM Security Guardium 降低了数据泄露的风险，提升了整体安全性。

数据保护与隐私合规不仅是法律上的要求，也是构建用户信任和维持业务连续性的基石。以上案例展示了不同企业如何利用 AI 技术加强数据保护措施，确保在遵守相关法规的同时，提升运营效率和服务质量。

网络信息安全与人工智能之间存在着紧密的联系和相互作用。随着技术的持续发展，人工智能在处理和分析海量数据方面显示出巨大的潜能，这使其成为强化网络信息安全的关键工具。通过充分利用人工智能技术的优势，如机器学习和深度学习，可以更高效地识别和预防网络攻击，提升系统的自我恢复能力，以及自动化地执行安全监控任务。同时，加强信息安全措施的实施，例如加密技术、访问控制和安全协议的更新，对于保护人工智能系统免受恶意软件和黑客攻击至关重要。只有将人工智能技术与全面的信息安全策略相结合，我们才能更好地应对当前复杂网络环境所带来的挑战，并推动社会的可持续发展。

习 题

1. 网络基础知识中包含了哪些核心概念？请简述网络结构与协议的重要性。

2. 量子网络和人工智能的结合可能带来什么样的技术突破？请举例说明这种结合的应用场景。

3. 下一代无线通信（如 5G 或 6G）中的人工智能扮演了什么角色？它如何改进网络性能？

4. 物联网的关键技术有哪些？这些技术是如何支持物联网设备之间的互连互通的？

5. 在智能家居案例中，物联网与人工智能是如何协同工作的？请描述至少两个具体应用实例。

6. 云计算的哪些特点使其成为人工智能发展的理想平台？请列举云计算的主要服务模式并简要解释。

7. 网络安全领域中的 AI 应用场景有哪些？请详细描述智能防御系统是如何利用 AI 来增强网络安全的。

第四章 算法设计与实践

算法是计算机程序的核心，体现了计算机科学的显著特征。算法是一种解决问题的思维模式，对其研究与学习能够促进我们以更快速、更高效的方式处理问题，并且能够锻炼我们的逻辑思维能力，使我们的思维过程更加清晰和有条理。本章将结合 Raptor 工具介绍算法的相关基础知识。

4.1 算法概述

在现实生活中，人们每天每时每刻都在面对问题、解决问题。在面对问题时，我们经常要思考：解决这个问题采用什么方法更好？具体需要经过哪些步骤？在以计算机为基础解决问题时，同样也要进行类似的思考。

一、计算机问题求解过程

在生活中，人们在解决所面对的问题时一般要经过以下过程：分析问题的本质或根源，选择解决办法，思考具体解决过程，然后实施，事后再进行总结反思。

经过前人总结，与生活中解决问题的过程类似，计算机求解问题的过程一般要经过以下几步：

（1）问题分析：首要任务是对问题进行全面剖析，明确其性质、范围及目标所在；同时，准确识别问题的输入与输出，以及一切限制条件或约束因素。

（2）数学建模：使用抽象思维将实际问题抽象为一个数学问题或计算问题，以便反映问题的本质，方便后续使用计算机进行处理。

（3）算法设计：基于数学建模的结果，根据问题的性质和目标，选择合适的算法或算法组合；设计算法的详细步骤，包括输入处理、计算过程、输出生成等。

（4）编写程序：根据算法的需求和计算机环境，选择合适的编程语言编写程序代码，实现算法的功能。

（5）运行和测试：对程序运行的输出结果进行验证，发现并修复代码中的错误和缺陷，确保其与预期结果一致。

由此可见，算法设计在计算机求解过程中扮演着至关重要的桥梁角色，它不仅决定问题能否被有效解决，还深刻影响着解决问题的效率与质量。优秀的算法设计能带来显著的成效提升，反之则可能事倍功半。那么到底什么是算法呢？该如何设计出好的算法呢？

二、算法基础知识

1. 算法概念

在日常生活中，从清晨起床的那一刻起，我们便开始在心中规划一天的活动，决定先做哪些事情再做哪些事情，以期最大程度地节省时间；当我们计划出门旅行时，我们会先查看地图，选择合适的交通方式，并规划出行的先后顺序，以期以更快的速度和更低的成本抵达目的地；在烹饪时，我们同样需要合理安排食材处理和烹饪的步骤，以确保能够高效地制作出美味佳肴……这些例子都体现了我们在生活中运用算法来解决实际问题的过程。同样地，在计算机领域，解决问题也涉及了类似的过程——算法设计，目的是更高效、更迅速地找到问题的解决方案。

鸡兔同笼是我国古代著名典型趣题之一，记载于《孙子算经》之中。书中是这样叙述的："今有雉兔同笼，上有三十五头，下有九十四足，问雉兔各几何？"

《孙子算经》中为本题提出了两种解法：

解法1："术曰：上置三十五头，下置九十四足。半其足，得四十七，以少减多，再命之，上三除下四，上五除下七，下有一除上三，下有二除上五，即得。"

所谓的"上置""下置"是指将数字按照上下两行摆在筹算盘上。在筹算盘第一行摆上数字三十五（头数），第二行摆上数字九十四（脚数），将脚数除以二，此时第一行是三十五，第二行是四十七。较大的半脚数减去较小的头数，即四十减去三十（上三除下四），七减去五（上五除下七）。此时第二行是十二，第一行的三十五减去十二（下一除上三，下二除上五）得二十三。此时第一行剩下的算筹（二十三）就是鸡的数目，第二行的算筹（十二）就是兔的数目。

解法2："又术曰：上置头，下置足，半其足，以头除足，以足除头，即得。"

在第一行摆好三十五（头数），第二行摆好九十四（脚数），将脚数除以二，第二行的半脚数（四十七）减去第一行的头数（三十五），第一行的头数减去第二行剩下的数

（十二）。这样第一行剩下的是鸡数（二十三），第二行剩下的是兔数（十二）。

上述鸡兔同笼问题的解决过程是古人对算法应用的一个经典案例，为我们提供了处理此类问题的具体方法和步骤。日常生活中算法与计算机世界中的算法存在的区别是：生活中的算法是由人类设计并亲自执行的，而计算机世界中的算法则是由人类设计，然后由计算机自动执行。本文后续提及的算法均指计算机算法。

算法就是解决问题的策略和步骤，它在实际应用中发挥着不可或缺的作用。以人工智能算法为例，它在图像识别、自然语言处理、推荐系统、智能交通、智能匹配以及风险控制预测等多个领域得到广泛应用。这些算法通过一系列明确的步骤和规则，将输入数据有效地转化为期望的输出结果。

2. 算法的基本特征

（1）有穷性：算法必须在有限的时间内完成，或者说，算法的执行步骤是有穷的。这意味着算法不能陷入无限循环，必须在某段时间后结束。

（2）确定性：算法的每一步都必须有明确的定义和规则，无歧义。即对于每一个输入，算法的执行过程和结果都是唯一的、确定的。

（3）可行性：算法中的每一步操作都是可行的，即在给定的计算资源（如时间、空间）下，这些操作是可以执行的。换句话说，算法的执行步骤不得突破系统现有的计算能力或资源的约束。

（4）输入：算法有 0 个或多个输入，这些输入是算法开始执行前需要提供的初始条件或数据。一般情况下，0 个输入意味着算法本身设定了初始条件。

（5）输出：算法至少有一个输出，该输出是算法执行结束后得到的结果。输出可以是数据、状态变化或某种形式的信息。

3. 算法的评价标准

解决一个问题或一类问题的算法可能有多种，有优有劣，如何选出更好或最好的算法呢？算法评价的主要标准有以下几个：

（1）正确性：算法是否能够实现预期的结果，这是评价算法优劣的最重要标准。一个错误的算法即使再高效、再节省内存，也无法被接受和使用。

（2）可读性：算法是否易于理解和修改，这关系到算法的可维护性。一个易于理解和修改的算法可以大大降低维护成本。一个复杂的算法可能会让后续的开发者难以理解和修改，导致维护成本增加。

（3）健壮性：算法处理异常数据的能力，也称为容错性。健壮的算法能够处理异常数据，避免产生错误的输出。这对于提高系统的稳定性和可靠性至关重要。

（4）时间复杂度：定性描述该算法的运行时间，通常以大 O 符号和问题规模 n 的函数来表示，如 $T(n)=O(n^2)$、$T(n)=O(\log_2 n)$。时间复杂度是衡量算法效率的重要指标。一个高效的算法应该能够在合理的时间内完成计算任务，避免因计算时间过长而影响用户体验。

（5）空间复杂度：定性描述算法执行所需的内存空间，通常以大 O 符号和问题规模 n 的函数来表示，如 $S(n)=O(n^2)$、$S(n)=O(1)$。空间复杂度是衡量算法内存使用情况的重要指标。在内存资源有限的系统中，一个内存使用高效的算法可以运行更多的任务，提高系统的整体性能。

例如，求 $1+2+3+\cdots+100=?$

当你看到这个题目时，会怎么想呢？其实你想的如何解决这个问题的方法，就是求解这道题的算法。

算法1：依次计算：1 加 2 的和，结果 3 加 3 的和，结果 6 加 4 的和……依次将求得的和进行累加。

算法2：通过将首尾数字配对相加，如 $1+100$、$2+99$、$3+98$ 等，每对数字的和均为 101。由于共有 50 对这样的数字，因此 1 到 100 的总和可以表示为 50 个 101 相加，即 $50\times101=5050$。

上面两个算法相比较，显然算法2要优秀，时间复杂度低于算法1。现在的数据量只有 100 个，如果数据量为一万甚至是一百万呢？效果会如何？很明显，数据量越大，越能体现出算法2更优秀。

针对待解决的复杂问题，选择哪个算法最为合适，主要取决于对上述算法评价的五个关键标准的评估结果，时间复杂度的评估结果显得尤为关键。

4.2 基于 Raptor 的算法描述

从算法的概念可以看出，算法体现了人对问题求解思路的思考，为下一步交给计算机自动执行奠定基础，算法常用于人与人之间对问题解决思路的交流。因此，算法的设计与描述既要便于人们理解和交流，也要易于转化为计算机可执行的代码。

4.2.1 算法描述

一、自然语言

自然语言，该方法利用日常使用的文字，如汉语、英语等，对算法进行描述。它易于理解，但缺乏精确性，特别是在阐述复杂算法时，容易导致理解上的歧义。因此，自然语言更适合描述简单算法或在需要对算法逻辑进行解释说明的场合。

二、流程图

流程图利用图形化手段清晰地描绘算法的步骤，通过不同的符号来代表各种操作和流程控制结构。它直观且易于理解，表述精确，能够明确地展示算法的执行顺序和流程，通常不会引起理解上的歧义。流程图特别适用于描述复杂的算法，尤其在需要将算法步骤可视化展示的场合，是计算机领域中广泛使用的一种专业图表工具。

1. 流程图元素

常用的标准流程图元素符号如表 4-1 所示。

表 4-1　常用的流程图元素符号

名称	符号	定义
开始框 / 结束框	⬭	算法步骤的开始或结束
流程线	↓ →	流程下一步的方向
处理框	▭	处理，表示一个大的步骤
判断框	◇	决策或判断，它表示流程需要进行判断和决策
输入框 / 输出框	▱	数据或资料输入（或输出），表示这个步骤需要输入（或输出）数据或资料
连接点	○	连接，表示与上一（或下一）流程图连接于此

2. 控制结构

算法通常需要以一定的结构组织在一起，无论多么复杂的算法，均可通过顺序、选择、循环这三种基本控制结构构造出来，这三种结构也是流程图中常用的结构。

（1）顺序结构。

顺序结构作为程序控制的基础，是默认的且最为直观的结构。在此结构下，程序会按照代码的排列顺序，一条接一条地顺序执行。也就是说，程序首先执行第一条语句，然后是第二条……以此类推，直到最后一条语句。顺序结构没有任何跳转或分支，会一直按照这种顺序执行。

（2）选择结构。

选择结构也称为分支结构，赋予程序根据特定条件来选择执行不同代码块的能力。这种结构常用于条件判断，根据条件差异执行不同的代码路径。选择结构包括单分支、双分支和多分支三种形式。多分支根据多个条件的不同，执行不同的代码块。选择结构可由若干个单分支结构或多分支结构组合而成。

（3）循环结构。

循环结构使程序能够重复执行某一代码块，直至满足特定条件。这一结构在需要重复操作的场合尤为重要，如遍历数组、计算总和等。

三、伪代码

伪代码是一种非正式的编程语言，它融合了自然语言的直观性和编程语言的严谨性，用于描述算法的步骤。其特点在于比自然语言更规范，同时比实际的编程语言更易于理解。伪代码结构清晰、代码简洁，不局限于具体实现细节，具有良好的可读性。然而，它不具备可执行性。伪代码非常适合用于算法的分析和实现，特别是在算法设计阶段，它能够清晰地表达算法的逻辑结构。

四、计算机语言

计算机语言描述法借助于特定的编程语言，如 C 语言、Java 语言、Python 语言等，对算法进行详尽的阐述。其显著特点是具备可执行性，使得算法可以直接在计算机上运行。然而，这要求使用者对相应的编程语言有一定的了解。计算机语言描述法在算法的实现阶段尤为适用，它利用编程语言来精确描述算法，从而确保算法的正确性和效率。

4.2.2　Raptor 算法设计

Raptor 是一个基于流程图的高级程序语言算法工具，它提供一种可视化的程序设计环境，将抽象问题具体化。通过 Raptor 设计的程序能够轻松转换为 C++、C、Java 等高级语言，从而为程序和算法的初学者提供了一个平缓、自然的学习途径。Raptor 为程序和算法设计的基础课程教学提供了实验环境，它专门用于解决非可视化环境在语法上的困难和缺点。其目标是缩短现实世界行动与程序设计概念之间的距离，从而降低学习上的认知负担。对于刚刚接触计算机的新生来说可以更好地理解程序设计，因为它没有复杂的语法，又提供了图形化界面，使我们可以在很短时间内迅速上手编写可以正常运行的程序。Raptor 具有以下特点：

（1）基于流程图的可视化编程软件，语言简洁灵活。

（2）语法限制较宽松，程序设计灵活性大。

（3）可以实现计算过程的图形表达及图形输出。

（4）对常量、变量及函数名中所涉及的英文字母大小写视为同一字母，但只支持英文字符。

（5）程序设计可移植性较好，可直接运行得出程序结果，也可将其转换为其他程序语言，如 C++、C#、Ada 及 Java 等。

一、Raptor 简介

1. Raptor 主界面

Raptor 主工作台分为 5 个主要部分，如图 4-1 所示。

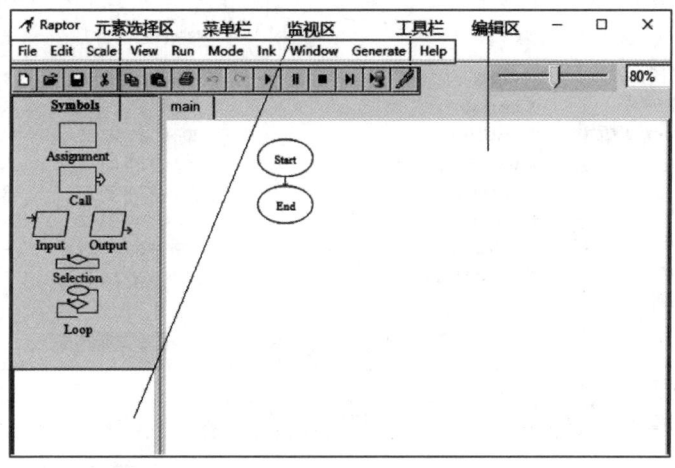

图 4-1 Raptor 主工作台

（1）菜单栏：包括文件操作、编辑操作、视图设置、运行调试以及生成代码等常用操作的菜单及选项。

（2）工具栏：包含有常用的文件操作和运行调试工具。

（3）元素选择区：元素选择区有 6 种常用的符号元素供选择。

（4）编辑区：在选择区选择目标元素后，可添加进编辑区，然后在编辑区双击该元素可完成相关设置。还可以删除元素、修改设置等。

（5）监视区：用于监视算法中每个变量在算法运行过程中的动态变化。

2. 常用操作

（1）新建文件。

单击菜单栏中的"File"选项，然后在弹出的菜单中选择"New"选项，即可新建一个已经初始化为包含有"开始"和"结束"元素的文件。

（2）保存文件。

单击菜单栏中的"File"选项，然后在弹出的菜单中选择"Save"选项，如果是新建的文件，此时会弹出"另存为"对话框，如图4-2所示，选择文件保存的路径、设置文件名，单击"保存"按钮即可完成文件的首次保存；如果文件已经存在，本次是打开文件，则单击"保存"按钮后该文件会原地保存。

图4-2 "另存为"对话框

（3）另存为。

单击菜单栏中的"File"选项，然后在弹出的菜单中选择"Save As"选项，随后在出现的对话框里选择文件的存放路径并给文件取名,单击"保存"按钮即可,如图 4-2 所示。

3. 编辑文件

新建文件或打开已经存在的文件后,即可在文件编辑区完成编辑工作,编辑时,先在元素选择区单击选中所需元素符号,随后将其添加到目标位置,添加方法是:选中某流程线,符号将自动添加至其下方。然后双击新添加进来的符号元素,在弹出窗口中完成相关的设置。文件完成编辑后需要最后再做一次保存,以保存完整文件。

4. 运行调试

(1)运行。

运行就是将流程图(程序)从头到尾运行一遍。单击菜单栏"Run"中的菜单项"Execute to Completion"或单击工具栏中的按钮 ▶,可将流程图(程序)运行一次。

(2)单步运行。

单击菜单栏"Run"中的菜单项"Step"或单击工具栏中的按钮 ▶ 可对流程图(程序)进行单步运行,通过单步运行可查看流程图(程序)每一步运行的效果,以及观察相关变化。

(3)重置。

单击菜单栏"Run"中的菜单项"Reset"或单击工具栏中的按钮 ■ 可对流程图(程序)重置,即回到运行前的初始状态。

(4)暂停。

工具栏中的 ‖ 为暂停按钮,单击后可使流程图(程序)暂停在当前位置。

5. 打开文件

单击菜单栏"File"中的菜单项"Open",即可打开已经存在的流程图文件,在弹出的对话框中选择文件路径,找到文件后直接双击打开目标文件,或者单击选中后单击"打开"按钮也可打开目标文件,如图 4-3 所示。

二、Raptor 基本操作

1. 输入

输入(▱)用于获取键盘输入的数据并将其传送给变量保存。

例如,通过键盘输入一个数值保存在变量 a 中,输入一个数值保存在变量 b 中。

用户需在元素选择区单击选中输入元素符号,接着在编辑区单击第一个流程线,系统便会在该流程线下方添加一个输入元素。然后双击该输入元素，在弹出对话框的"输入提示"处输入提示信息，该提示信息会在算法运行到该元素时原样提示给用户，注意要使用英文输入法下的双引号，在"输入变量"处需给出自定义的变量名a，单击"完成"按钮即可完成输入元素的设置。按照同样的操作步骤，用户可以完成变量b的输入设置，如图4-4所示。

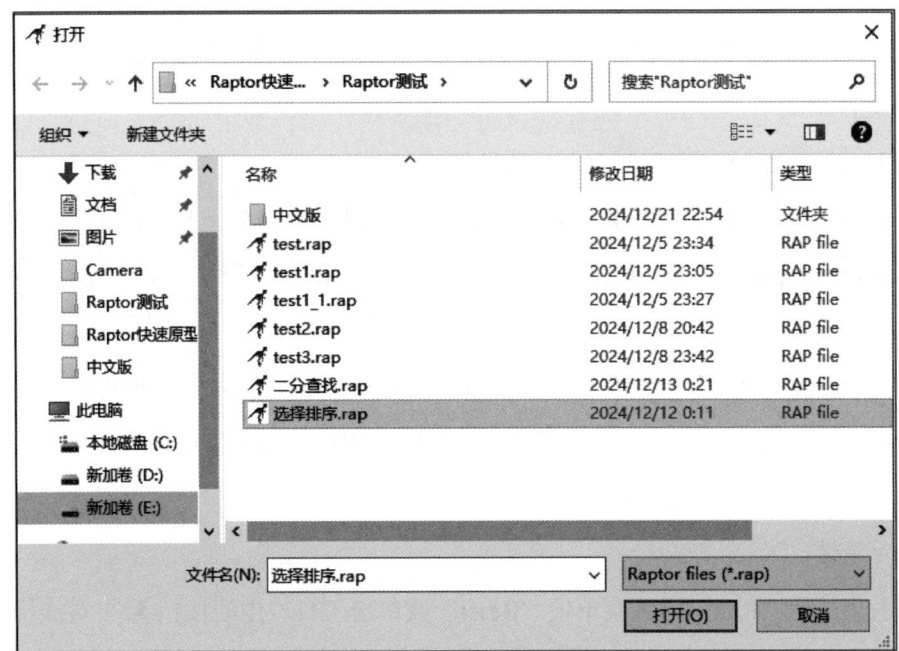

图4-3 "打开"文件对话框

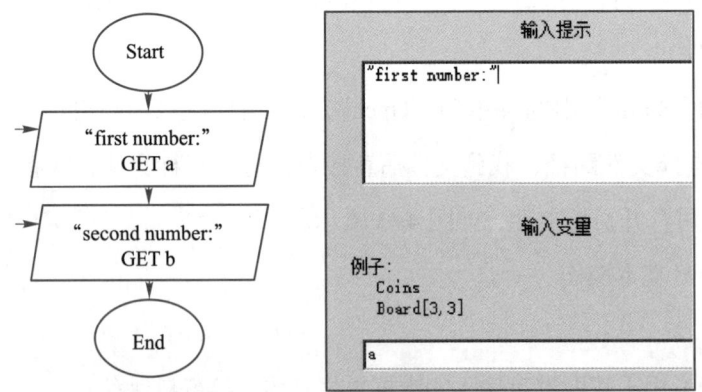

图4-4 输入元素及其设置

2. 赋值

▣ 赋值用于将数据保存在变量中。

例如，要完成上述变量 a 和 b 的求和运算，并将结果保存在变量 c 中。

首先在元素选择区单击选中赋值元素符号，然后在编辑区单击输入元素 b 下方的流程线，将赋值元素添加在该流程线下方，然后双击添加后的赋值元素，在弹出的对话框中完成设置，如图 4-5 所示，在 "Set" 处输入自定义的变量名 c，在 "to" 处输入待保存在变量中的数据，可以是具体数据，也可以是表达式。

如果 "to" 处是具体数据，需要注意：数值型数据不需要加双引号，如 10，20；文本数据，也称为字符串，需要加半角双引号，如 "hello" "123"。

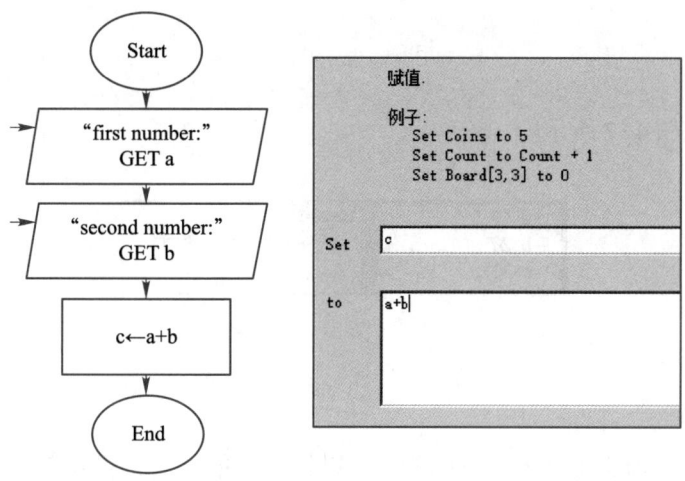

图 4-5 赋值元素及其设置

3. 输出

▢ 用于输出数据。

例如，要将上述变量 c 的值输出。

（1）首先在元素选择区单击选中输出元素符号，然后在编辑区单击赋值元素 c 下方的流程线，将输出元素添加在该流程线下方。

（2）双击添加后的输出元素，在弹出的对话框中完成设置，如图 4-6 所示，输入待输出的信息。

在运行输出时，未加双引号的变量会被替换为其实际值，而加有双引号的字符则会原样输出，加号（+）则用于字符串的连接操作，从而形成一个完整的字符串输出。

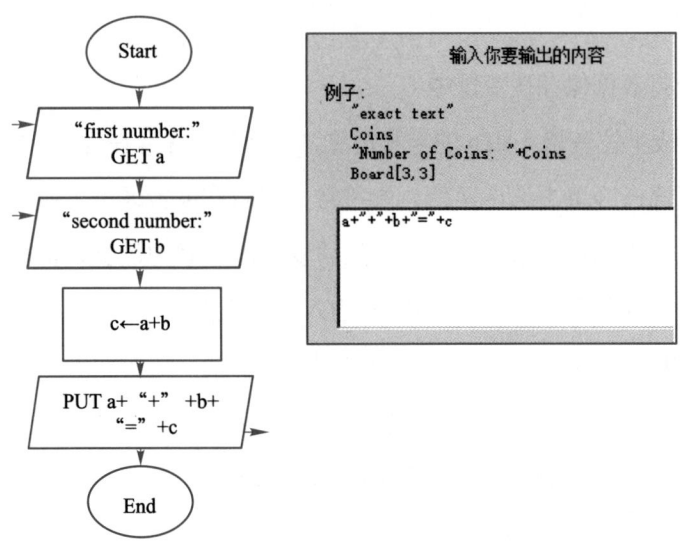

图 4-6 输出元素及其设置

运行效果如图 4-7 所示。

图 4-7 输出运行效果

4. 分支结构

对应于前文提到的分支结构，可以设置为单分支、双分支结构，或者通过多个该元素的组合来形成多分支结构。

例如，通过键盘输入一个学生的计算机成绩（0~100），判断并输出是否及格。

（1）添加一个输入元素，提示信息为"score"，变量为 sc。

（2）在元素选择区单击选中分支元素符号，然后在编辑区单击输入元素 sc 下方的流程线，将分支元素添加在该流程线下方。

（3）双击添加后的分支元素，在弹出的对话框中完成设置，如图 4-8 所示，输入判断条件：sc >= 60。

（4）最后在两个分支分别加入一个输出元素，输出判断结果。

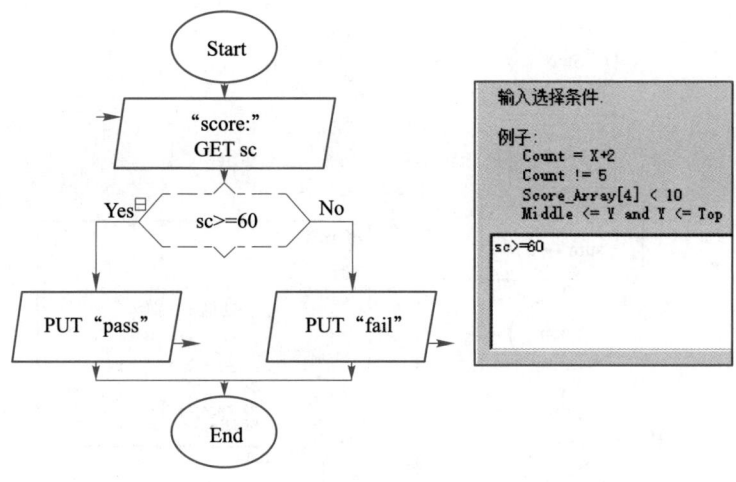

图 4-8 分支结构及其设置

运行效果如图 4-9 所示。

4-9 分支结构应用运行效果

在判断条件中，需要使用组合条件时，可以通过 and 或者 or 将多个条件连接在一起形成一个条件整体。

and 通常用于肯定句中，类似"和""与"的含义，表示只有两个条件都成立，整体形成的条件才成立。例如，x >= 10 and x <= 20，表示只有当 x 的值处于 10~20 之间时，整体条件才成立。

or 则常用于否定句或选择疑问句中，类似"或者""还是"的含义，表示只要其中有一个条件成立，整体条件就成立。例如，x = 2 or x = 5，表示当 x 的值为 2 或者为 5 时，整体条件就成立。

5. 循环结构

对应于前文提到的循环结构，用于重复执行相同或相似的功能（语句）。

例如，计算 1, 2, 3, …, 100 的累加求和。

（1）首先加入两个赋值元素，变量 i 用于存储 1~100 的变化，赋初始值为 1，变量 sum 用于存放每一步的求和，赋初始值为 0。

（2）在元素选择区选中循环结构元素，在编辑区单击赋值元素 sum 下方的流程线添加循环结构，双击循环结构并设置退出条件为 i>100，具体如图 4-10 所示。

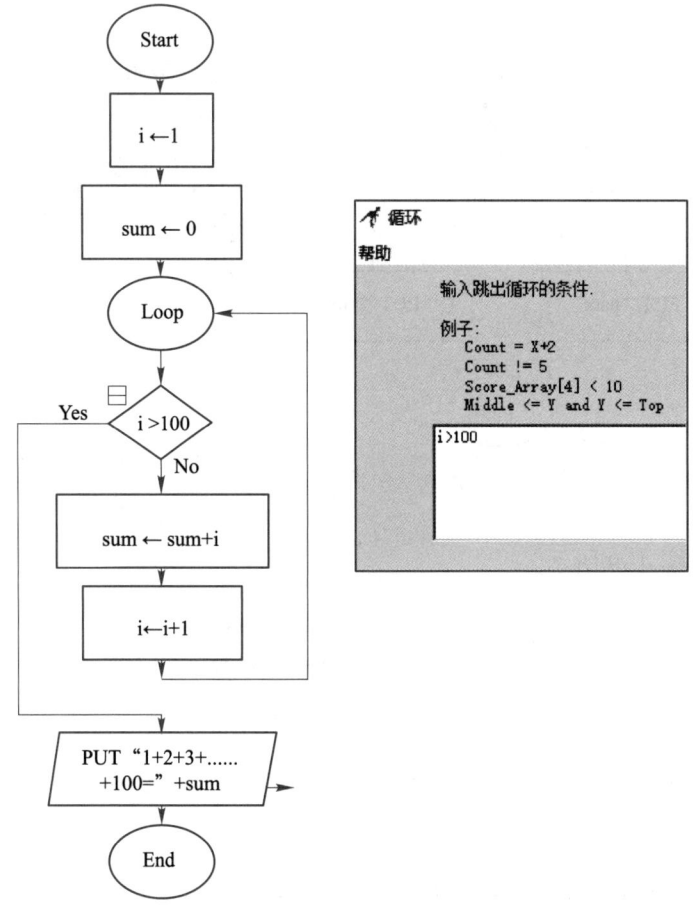

4-10 循环结构及其设置

（3）在循环结构中，一般需要加入需重复执行的功能语句。此处需要添加两个赋值元素，具体操作步骤为：首先，在元素选择区单击选中赋值元素，然后在编辑区单击循环结构中条件判断的"No"分支的流程线两次，依次插入两个赋值元素，第一个赋值元素将当前变量 i 的值累加到变量 sum 中，第二个赋值元素将变量 i 的值增加 1，为下一次循环累加下一个数做准备。

（4）在编辑区的循环结构后添加一个输出元素，将累加结果输出。

（5）运行效果如图 4-11 所示。

图 4-11 循环结构应用运行效果

122　　人工智能素养

4.3 算法实践

一、常用算法策略

（1）穷举策略，也称为枚举或暴力破解，是一种通过逐一列举所有可能情况来寻找解决方案的策略。其核心思想是依据问题的部分条件限定答案的潜在范围，随后在此范围内对所有可能的情况进行逐一检验，直至发现满足题目所有条件的解答或确认问题无解。穷举法常用于解答"是否存在"或"有多少种情况"等问题，尤其适用于解空间相对较小且能够通过有限次尝试找到答案的场合。

（2）分治策略，其核心思想是将一个庞大且复杂的问题拆解为若干个小而简单的子问题，通过递归的方式逐一求解这些子问题，并将它们的解答组合起来以获得原问题的答案。该方法能有效降低问题解决的复杂性，特别适用于处理大规模数据和解决复杂问题，例如，排序、查找、图形处理等场景。尽管如此，分治法有时也会导致不必要的大量计算，由于其依赖递归，可能会占用较多的内存和时间资源。

（3）贪心策略，它在每一步中都选取当前阶段的最佳选项。这种算法专注于当前步骤的最优决策，不考虑其对未来可能产生的影响，寄希望于通过一系列局部最优决策来实现全局最优解。贪心算法因其简单性和高效性而受到青睐，但其局限性在于可能会导致陷入局部最优解，从而无法确保总是获得全局最优解。它适用于那些具有最优子结构特性且不存在后效性问题的优化问题，例如，找零钱问题和简单选择排序。

（4）动态规划策略，通过将复杂问题分解为多个相互关联的子问题，并建立子问题之间的递推关系，有效避免了重复计算，从而能够高效地求解出全局最优解。这种方法特别适用于那些具有最优子结构和重叠子问题特征的问题。其优点在于效率高且适用范围广，缺点是空间复杂度较高和设计难度大。

（5）回溯策略，其核心思想是尝试所有潜在的选项。若当前选择未能达到预期目标，则撤销该选择，并返回至前一步骤，继续探索其他可能性。这就好比在迷宫中寻找出口，从入口出发，逐一尝试每条路径。若某条路径因障碍（如遇到墙壁）而无法前行，便退回到上一个分叉点，选择另一条路径继续探索。通过不断尝试、回溯，直至成功找到出口，或确认迷宫无解。尽管此方法可能效率较低，显得有些笨拙，但它确保了能够找到所有可行的解决方案，或确认问题无解。回溯算法适用于树状结构问题，其优点在于通用性高，易于掌握，缺点在于较高的时间复杂度和空间复杂度。

二、排序算法

在日常生活中，我们经常需要对事物进行排序。例如，期末考试的成绩需要根据分数高低进行排列；学术论文和研究成果可以通过发表时间、引用次数等标准进行排序，以评估其学术影响力；电商平台则会依据价格、销量、用户评价等因素对商品进行排序，以便消费者更容易做出购买选择。在计算机领域，排序同样是数据处理中不可或缺的一环，常见的排序算法包括：冒泡排序、选择排序、插入排序、希尔排序、归并排序、快速排序、堆排序、基数排序等。

排序分为增序排序和降序排序两种，两者的思想和原理是大致相同的，本节中后续如无特别说明，均以升序排序为例。

下面主要介绍冒泡排序和选择排序。假设有 n 个待排序数据为整型数，存放在数组 a 中，假定 $n=10$，如图 4-12 所示。

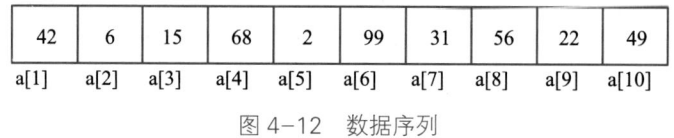

图 4-12 数据序列

1. 冒泡排序

（1）排序思想：通过反复遍历待排序的数据序列，对相邻元素进行值比较，若它们的顺序与目标顺序不符则进行位置交换，确保值较小的元素向前移动，值较大的元素向后移动，直至整个数列完全有序。

（2）排序步骤。

第 1 轮：待排序的数据为 n 个。

第 1 步：a[1] 与 a[2] 比较，如果 a[1]>a[2]，则交换 a[1] 和 a[2]，否则不动，如图 4-13 所示。

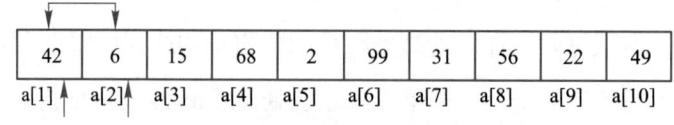

图 4-13 冒泡排序的第 1 轮第 1 步

第 2 步：a[2] 与 a[3] 比较，如果 a[2]>a[3]，则交换 a[2] 和 a[3]，否则不动，如图 4-14 所示。

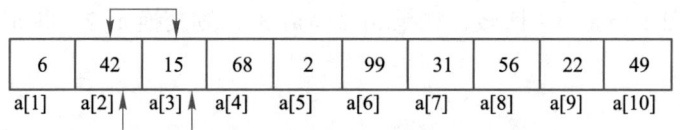

图 4-14 冒泡排序的第 1 轮第 2 步

第 3 步：a[3] 与 a[4] 比较，如果 a[3]>a[4]，则交换 a[3] 和 a[4]，否则不动，如图 4-15 所示。

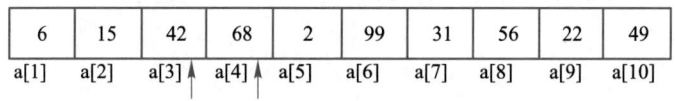

图 4-15 冒泡排序的第 1 轮第 3 步

……

第 $n-1$ 步：a[$n-1$] 与 a[n] 比较，如果 a[$n-1$]>a[n]，则交换 a[$n-1$] 和 a[n]，否则不动。第 1 趟排序完毕，此时将最大的数排到序号为 n 的位置，即最后一个元素，如图 4-16 所示。

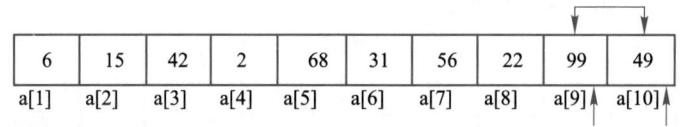

图 4-16 冒泡排序的第 1 轮第 $n-1$ 步

第 1 轮排序的结果如图 4-17 所示。

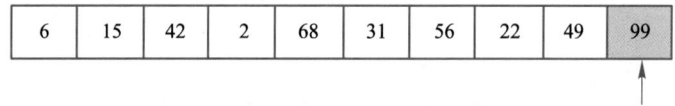

图 4-17 冒泡排序的第 1 轮结果

第 2 轮：待排序的数据为前 $n-1$ 个数。

第 1 步：a[1] 与 a[2] 比较，如果 a[1]>a[2]，则交换 a[1] 和 a[2]，否则不动，如图 4-18 所示。

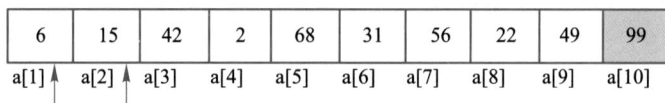

图 4-18 冒泡排序的第 2 轮第 1 步

第 2 步：a[2]与a[3]比较，如果a[2]>a[3]，则交换a[2]和a[3]，否则不动，如图4-19所示。

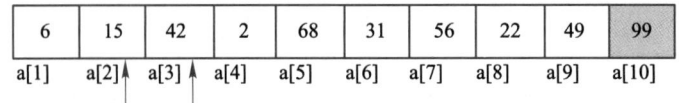

图4-19　冒泡排序的第2轮第2步

第 3 步：a[3]与a[4]比较，如果a[3]>a[4]，则交换a[3]和a[4]，否则不动，如图4-20所示。

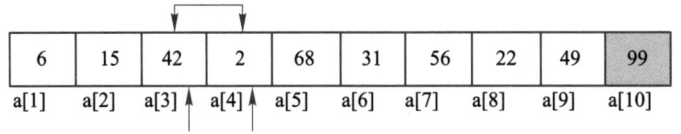

图4-20　冒泡排序的第2轮第3步

……

第 $n-2$ 步：a[$n-2$]与a[$n-1$]比较，如果a[$n-2$]>a[$n-1$]，则交换a[$n-2$]和a[$n-1$]，否则不动，如图4-21所示。

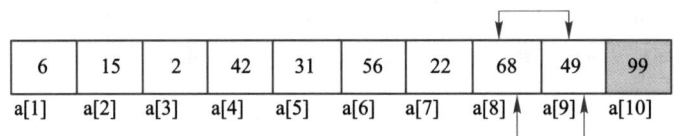

图4-21　冒泡排序的第2轮第$n-2$步

第 2 轮排序完毕，此时将第二大的数排到序号为$n-1$的位置，即倒数第2个元素，如图4-22所示。

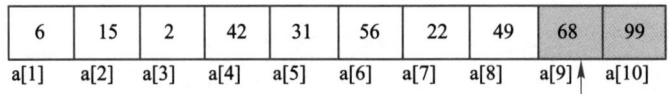

图4-22　冒泡排序的第2轮结果

第 3 轮：待排序的数据为前$n-2$个数。

第 1 步：a[1]与a[2]比较，如果a[1]>a[2]，则交换a[1]和a[2]，否则不动，如图4-23所示。

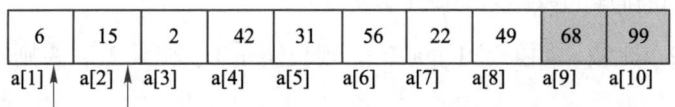

图 4-23　冒泡排序的第 3 轮第 1 步

第 2 步：a[2]与 a[3]比较，如果 a[2]>a[3]，则交换 a[2]和 a[3]，否则不动，如图 4-24 所示。

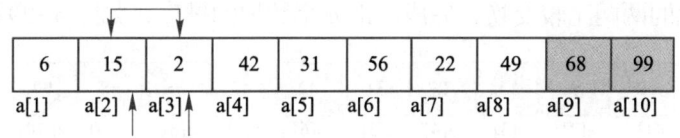

图 4-24　冒泡排序的第 3 轮第 2 步

第 3 步：a[3]与 a[4]比较，如果 a[3]>a[4]，则交换 a[3]和 a[4]，否则不动，如图 4-25 所示。

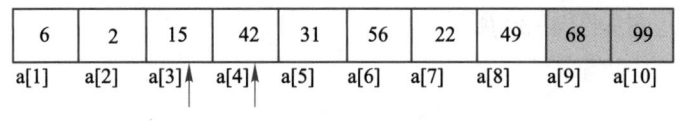

图 4-25　冒泡排序的第 3 轮第 3 步

……

第 n-3 步：a[n-3]与 a[n-2]比较，如果 a[n-3]>a[n-2]，则交换 a[n-3]和 a[n-2]，否则不动，如图 4-26 所示。

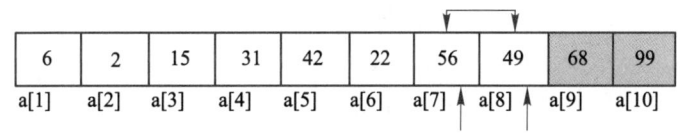

图 4-26　冒泡排序的第 3 轮第 n-3 步

第 3 轮排序完毕，此时将第三大的数排列到序号为 n-2 的位置，即倒数第 3 个元素，如图 4-27 所示。

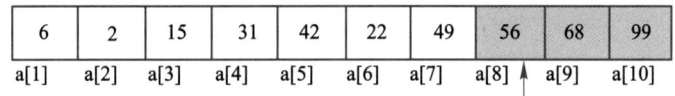

图 4-27　冒泡排序的第 3 轮结果

……

第 $n-1$ 轮：待排序的数据为前 2 个数。

a[1] 与 a[2] 比较，如果 a[1]>a[2]，则交换 a[1] 和 a[2]，否则不动，如图 4-28 所示。

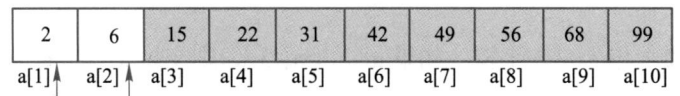

图 4-28　冒泡排序的第 $n-1$ 轮

经过 $n-1$ 轮的两两比较交换，完成全部 n 个数据的排序，如图 4-29 所示。

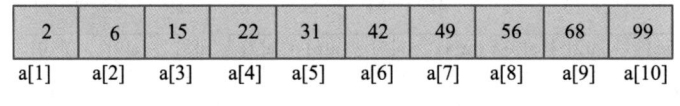

图 4-29　冒泡排序结果

冒泡排序在最好（完全符合目标排序）情况下只需要进行 $n-1$ 次比较、0 次交换即可完成排序；在最坏（完全与目标排序相反）情况下需要进行 $n(n-1)/2$ 次比较和交换。所以，冒泡排序的时间复杂度为 $O(n^2)$。

冒泡排序流程图如图 4-30 所示。

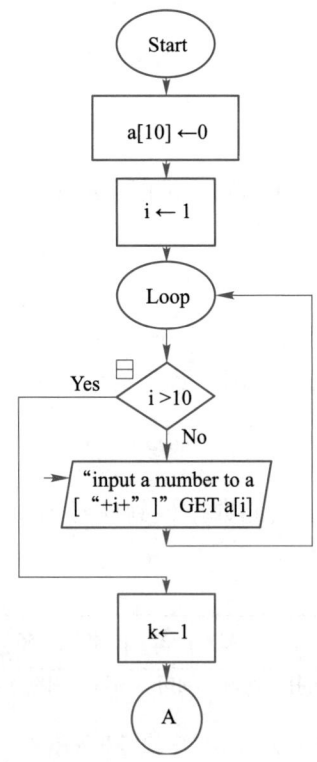

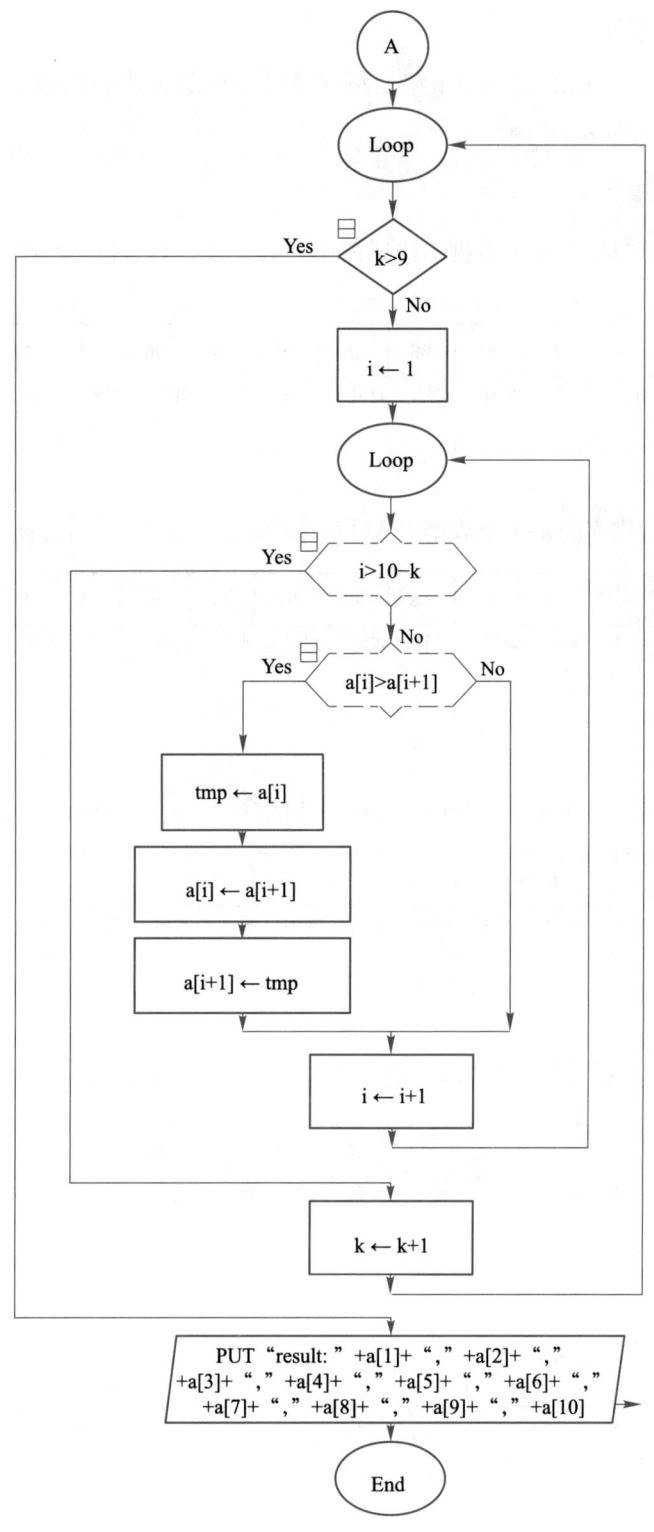

图 4-30 冒泡排序流程图

2. 简单选择排序

（1）排序思想：基于贪心法策略，每次从待排序数据中找出最小（最大）的数据，将其安排进已排序数据的尾部。

（2）排序步骤。

第1轮：从待排序的 n 个数据中选择最小的数，与 a[1] 进行交换，如图 4-31 所示。

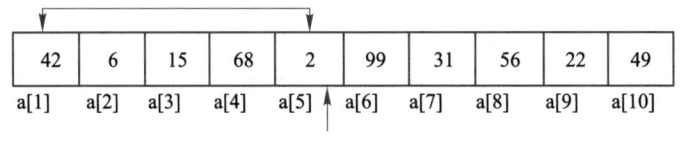

图 4-31　选择排序第 1 轮

第2轮：从待排序的 $n-1$ 个数据中选择最小的数，与 a[2] 进行交换，如图 4-32 所示。

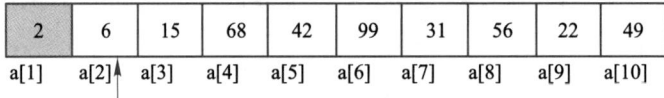

图 4-32　选择排序第 2 轮

第3轮：从待排序的 $n-2$ 个数据中选择最小的数，与 a[3] 进行交换，如图 4-33 所示。

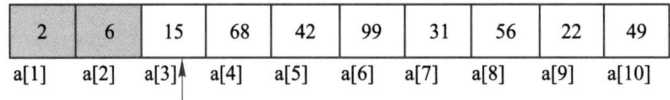

图 4-33　选择排序第 3 轮

……

第 $n-1$ 轮：从待排序的 2 个数据中选择最小的数，与 a[$n-1$] 进行交换，如图 4-34 所示。

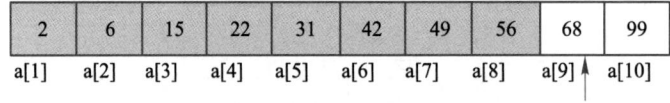

图 4-34　选择排序第 $n-1$ 轮

排序完成，排序结果如图 4-35 所示。

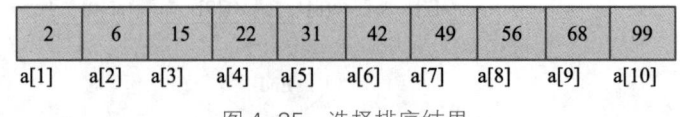

图 4-35　选择排序结果

选择排序流程图如图 4-36 所示。

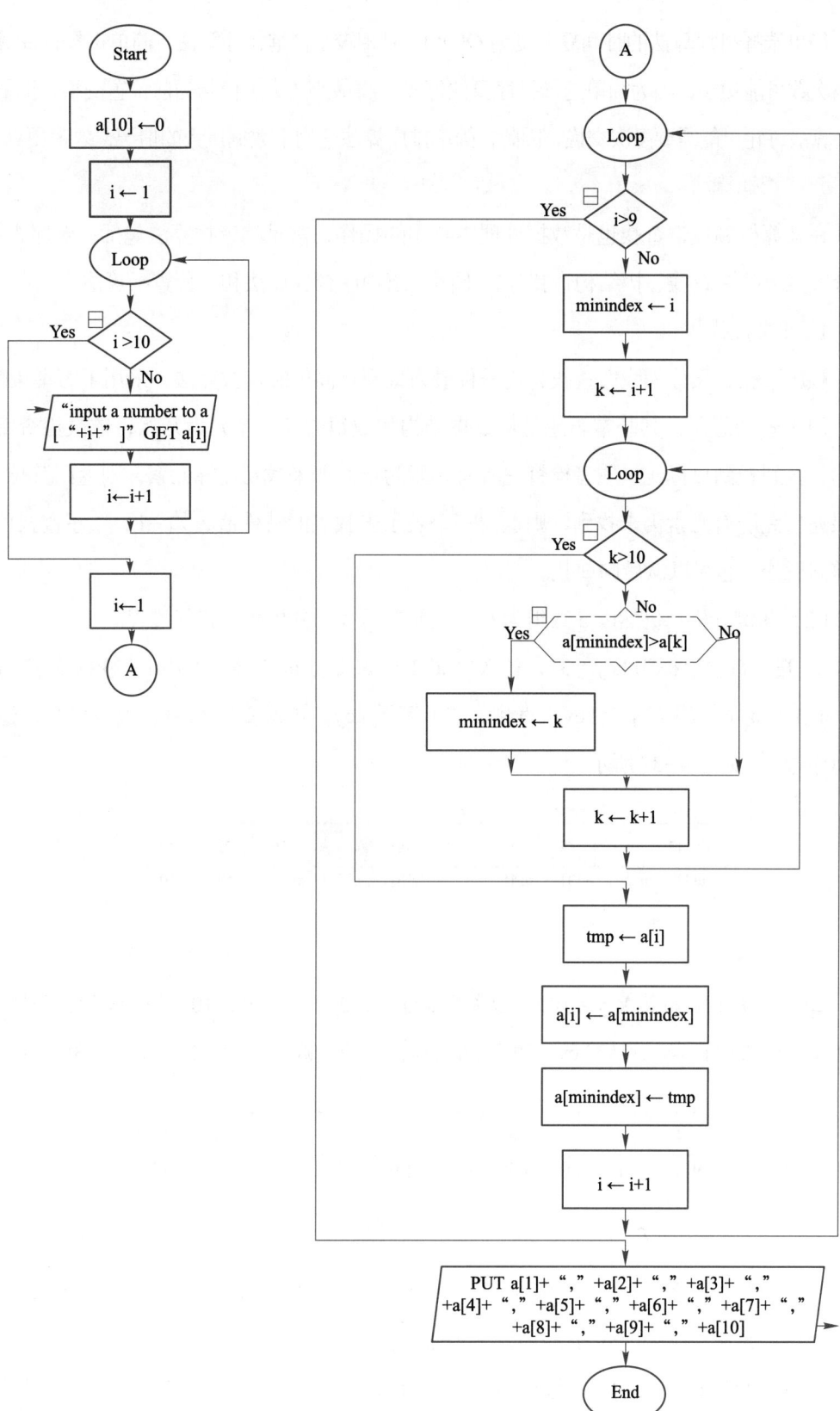

图 4-36 选择排序流程图

简单选择排序算法的时间复杂度为 $O(n^2)$。但相较于冒泡排序算法，简单选择排序算法交换次数可能更少，因为简单选择排序算法每轮只将最小（大）值与当前位置交换，而冒泡排序算法每轮可能需要多次交换，因此，简单排序算法适用于数据量大的情况，效率更高。

三、查找算法

在计算机领域，查找也是数据处理中常用的操作，常见的查找算法包括：顺序查找、二分查找、哈希查找、树结构查找等，下面介绍顺序查找算法和二分查找算法。

1. 顺序查找

顺序查找，又称为线性查找，是一种最为直观且简单的查找算法，采用了穷举策略。

（1）查找思想：其基本思想是从数据结构如数组的第一个元素开始，依次检查每个元素，直到找到目标元素或者检查完所有元素为止。如果找到目标元素，则返回其位置；如果遍历完所有元素仍未找到，则返回一个表示未找到的特殊值，如 –1。顺序查找可以从前向后找，也可以从后向前找。

（2）案例分析：仍然以 a 数组为例，从前向后找，分析顺序查找过程。

① 假设查找目标为 key = 31，依次将 a[1]、a[2]、a[3]…a[10] 与 key 值进行比较，a[1]~a[6] 都不等于 key，直到 a[7] 等于 key，本次查找结束，查找成功，返回当前序号 7，如图 4-37 所示。

图 4-37 顺序查找成功

② 假设查找目标为 key = 100，依次将 a[1]、a[2]、a[3]…a[10] 与 key 值进行比较，直到全部比较完，未找到与 key 值相等的元素，查找失败，返回 –1，如图 4-38 所示。

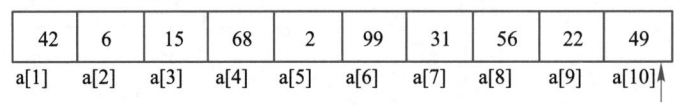

图 4-38 顺序查找失败

顺序查找的时间复杂度为 $O(n)$，这是因为顺序查找需要遍历整个数据结构，逐个比对数据项，平均需要比较 $n/2$ 次（当数据项不在数据结构中时，需要比较 n 次），因此其时间复杂度为 $O(n)$。这是因为无论目标元素是否存在，最坏情况下都需要检查所有元素。虽然顺序查找效率不高，但其实现简单，对于小规模数据或数据无序的情况下，仍然是一种可行的查找方法。

顺序查找算法流程如图4-39所示。

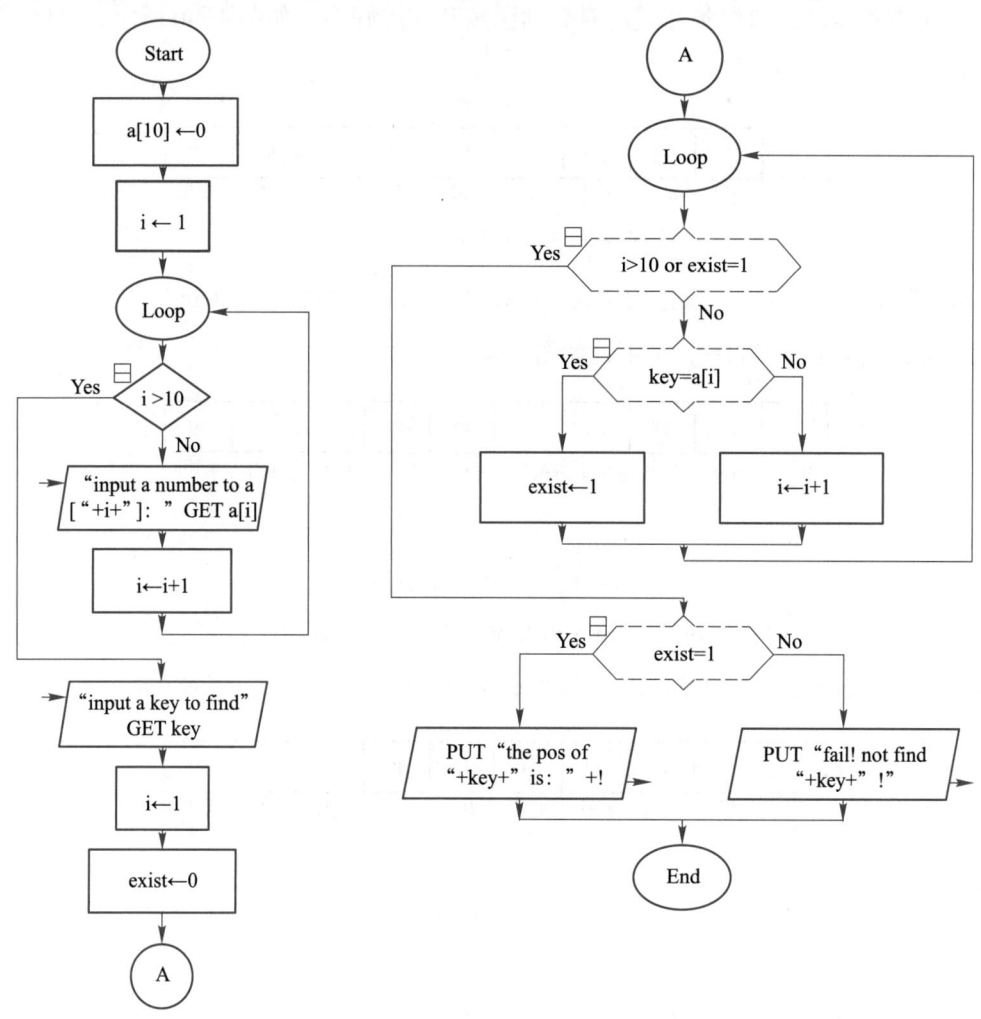

图4-39 顺序查找算法流程图

2. 二分查找

二分查找，也称为折半查找，是一种高效的搜索算法，适用于有序数组。其核心思想是将搜索区间不断对半分，逐步缩小范围，直至找到目标元素或确认其不存在。二分查找通过不断地将问题规模缩小一半，体现了分治法的思想，从而高效地实现了在有序数组中的查找操作。

（1）查找思想：二分查找的核心思想是利用数据的有序性，每次将目标值与数组中间位置的元素进行比较，如果相等，则表示查找成功；如果不相等，根据大小关系确定下一步到左侧或右侧继续查找，将查找区间缩小一半。如此重复，直到查找成功或查找区间为空表示查找失败。

（2）查找步骤：前提条件是所有数据已按升序排好序，如图4-40所示，降序排序后查找方法类同。

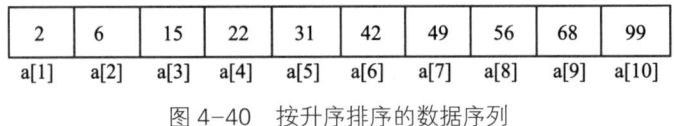

图4-40　按升序排序的数据序列

① 初始化查找范围：将起始位置（low）设为1，结束位置（high）设为数组长度。这两个位置定义了当前的查找范围，如图4-41所示。

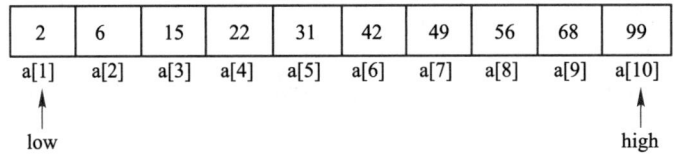

图4-41　二分查找初始化设置

② 计算中间位置：通过公式mid=(low+high)/2计算中间位置的索引，如果计算结果为小数，则mid值取整数部分，如图4-42所示。

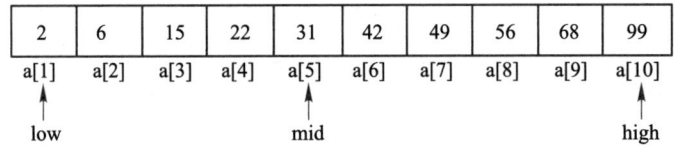

图4-42　二分查找的中间位置

③ 比较目标值与中间元素。

如果目标值等于中间元素，则查找成功，返回中间位置的索引序号。

如果目标值小于中间元素，说明目标值可能存在于左半部分，将结束位置（high）更新为mid-1，缩小查找范围为左半部分。

如果目标值大于中间元素，说明目标值可能存在于右半部分，将起始位置（low）更新为mid+1，缩小查找范围为右半部分。

④ 重复执行：在新的查找范围内重复执行步骤2至步骤3，直到找到目标值或确定目标值不存在（条件为high<low）为止。

（3）案例分析：在升序数据序列a中分别查找key1=31，key2=68，key3=17的位置。

① 查找 key1 = 31。

此时 low = 1，high = 10，则 mid 为（low + high）/2 = 5.5，取整数部分为 5。

此时，mid 位置的值与目标 key1 的值相等，查找结束，具体如图 4-43 所示。

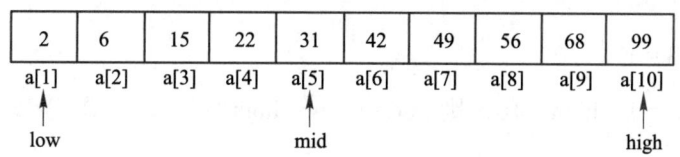

图 4-43　二分查找法一次查找成功

② 查找 key2 = 68。

第 1 轮：low = 1，high = 10，则 mid 为（low + high）/2 = 5.5，取整数部分为 5，如图 4-44 所示。

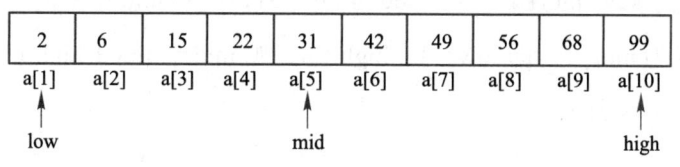

图 4-44　查找值 68 的第 1 轮

第 2 轮：由于目标 key2 的值 68 大于 mid 位置的 31，因此需要在 mid 位置的右侧继续查找。此时，low 变为 mid + 1（即 6），high 保持不变（为 10），新的 mid 值为（low + high）/2 = 8，具体如图 4-45 所示。

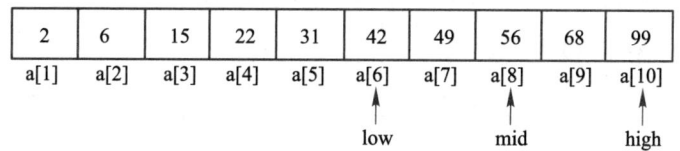

图 4-45　查找值 68 的第 2 轮

第 3 轮：由于目标 key2 的值 68 大于 mid 位置的 56，因此需要继续在 mid 位置的右侧查找。此时，low 变为 mid + 1（即 9），high 保持不变（为 10），新的 mid 值为（low + high）/2 = 9.5，取整数部分得 9，具体如图 4-46 所示。

此时 mid 位置的值等于 key2 的值 68，查找成功，结束查找。

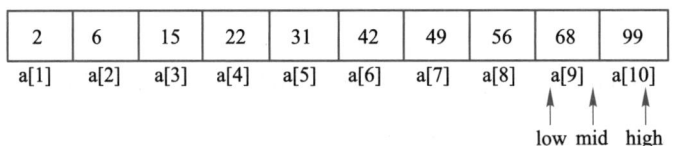

图 4-46　查找值 68 的第 3 轮

③ 查找 key3 = 17。

第 1 轮：low = 1，high = 10，则 mid =（low + high）/2 = 5.5，取整数部分为 5，如图 4-47 所示。

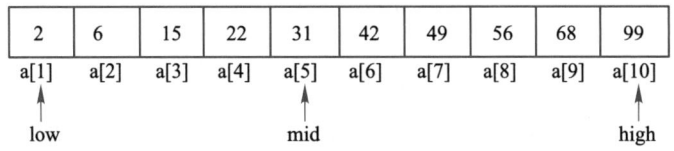

图 4-47　查找值 17 的第 1 轮

第 2 轮：目标 key3 的值 17 小于 mid 位置的 31，则到 mid 位置的左侧查找，low 不变，high 的值变为 mid−1，即 low = 1，high = 4，则 mid =（low + high）/2 = 2.5，取整数部分为 2，如图 4-48 所示。

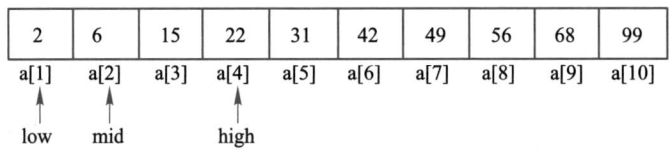

图 4-48　查找值 17 的第 2 轮

第 3 轮：由于目标 key3 的值 17 大于 mid 位置的 6，则在 mid 右侧继续查找，low 调整为 mid + 1，high 保持不变，即 low 变为 3，high 仍为 4，重新计算 mid =（low + high）/2 = 3.5，取整为 3，如图 4-49 所示。

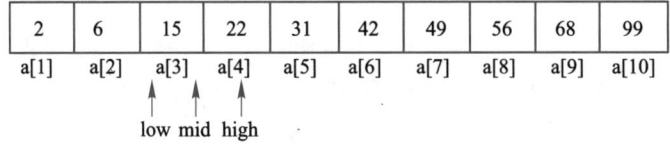

图 4-49　查找值 17 的第 3 轮

第 4 轮：由于目标 key3 的值 17 大于 mid 位置的 15，继续在 mid 右侧查找，low 更新为 mid + 1，high 维持不变，即 low 变为 4，high 仍为 4，此时 mid 计算为（low + high）/2 = 4，如图 4-50 所示。

第 5 轮：目标 key3 的值 17 小于 mid 位置的 22，则到 mid 位置的左侧继续查找，此时 low 的值不变，high 的值变为 mid-1，即 low = 4，high = 3，此时 high 的值小于 low 的值，可以确定查无此数，查找结束，如图 4-51 所示。

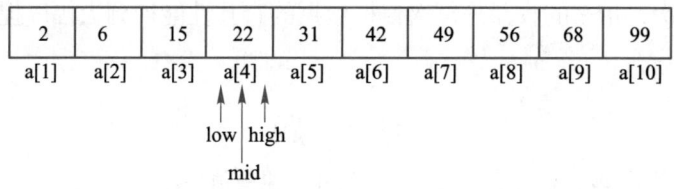

图 4-50　查找值 17 的第 4 轮

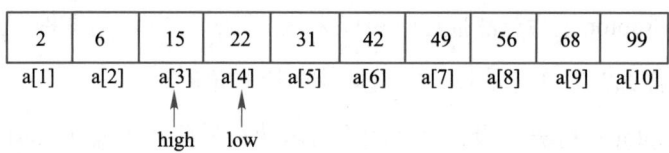

图 4-51　查找值 17 的第 5 轮

二分查找流程图如图 4-52 所示。

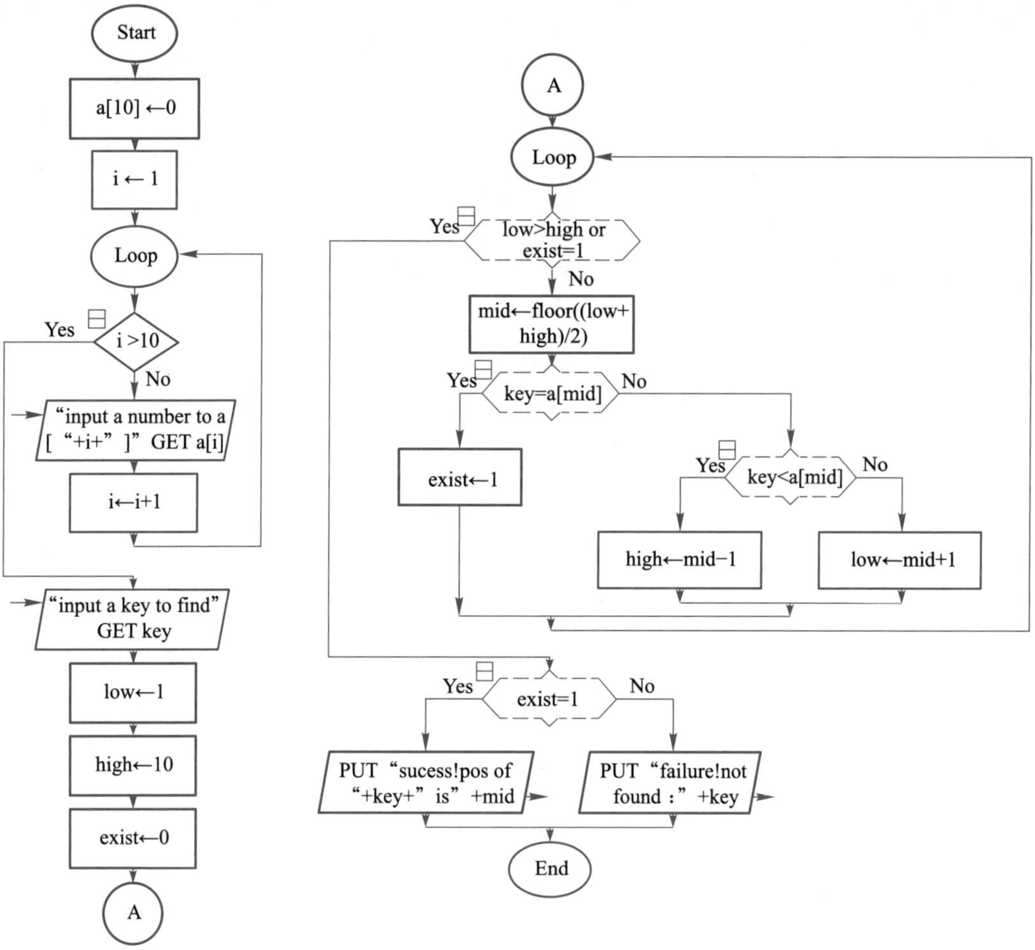

图 4-52　二分查找流程图

二分查找算法是比较优秀的查找算法，其时间复杂度是 $O(\log_2 n)$。二分查找算法应用的前提是数据是有序的，增序或降序均可。虽然对数据排序需要耗费一定的时间，但排序只需进行一次，带来的收益是每次目标数据的查找性能得到大幅度提升。

习 题

1. 简述计算机问题求解过程中通常包含的步骤有哪些。
2. 什么是算法？请列举并解释至少 3 种算法的要点。
3. 描述基于 Raptor 进行算法描述时可以采用的方式，并说明每种方式的特点。
4. Raptor 是什么？它在算法设计中扮演什么样的角色？
5. 在使用 Raptor 进行算法设计时，用户可以执行哪些基本操作来构建算法流程？
6. 举例说明常用的算法策略，并简述这些策略是如何帮助解决复杂问题的。
7. 排序和查找是两种常见的算法类型，请分别描述一种典型的排序算法和一种查找算法的工作原理。

第五章 机器学习基础

机器学习是人工智能的一个重要分支，通过赋予计算机从数据中自主"学习"的能力，使其能够解析复杂模式、揭示隐藏规律，为预测未来趋势和优化决策过程提供强大工具。它广泛应用于医疗诊断、金融风控、自然语言处理、自动驾驶等多个领域，成为推动社会进步的重要力量。本章将介绍机器学习相关的基础知识。

5.1 机器学习概述

作为人工智能的核心支柱，机器学习致力于使计算机能够从数据中自动识别规律和模式，以便在面对新数据时能够做出精确的预测和决策。

5.1.1 什么是机器学习

机器学习是一种使计算机得以通过经验（即数据）自动提升其性能的技术，而无须借助明确的编程指令。简而言之，其目的是赋予计算机系统从数据中学习的能力，使其能够通过识别数据中的规律，自主学会执行任务。作为一种实现人工智能的手段，它通过算法和模型赋予计算机自动识别模式、做出决策以及预测未来趋势的能力。尽管这听起来可能略显抽象，但事实上我们日常生活中无时无刻不在接触其成果。例如，当打开音乐应用时，它会播放我们可能偏好的曲目；在网络购物时，电商平台会向我们推荐商品；我们的电子邮件应用能够智能地筛选出垃圾邮件。这些智能化的应用场景背后，其核心技术正是机器学习。

在 1998 年，美国卡内基梅隆大学教授 Tom Mitchell 指出机器学习是一种使机器能够基于历史经验自动优化其学习算法的技术，中国台湾大学的李宏毅则以更为通俗的方式概括了机器学习的概念：机器学习旨在发现一个函数，以实现特定的功能。基于上述观点，机器学习可以被理解为一段能够处理数据输入与输出的计算机程序，该程序通过大量数据的训练,能够学习并掌握输入数据（X）与输出数据（Y）之间的映射关系。接下来,将通过通俗易懂的例子,阐释什么是机器学习。

设想一个场景,你和同伴参与一项猜水果的游戏。你的同伴在心中构思一种水果,并向你提供若干线索（X）,例如,其色泽、大小或风味等,而你则需推断出这个水果的具体种类（Y）。

学习阶段：在开始猜测之前,你可能会回顾以往参与的类似游戏,调用以往的经验和知识以提高猜测的准确性。例如,若线索为"黄色且长条形",则可能会联想到"香蕉"。此过程类似于机器学习中的"训练"阶段,即利用过往经验与知识辅助决策。

实践阶段：你与同伴反复进行游戏,每一轮结束后,都会得知猜测的正确与否。若猜测错误,同伴将告知正确答案,从而你能吸收新知识,以便在面对类似线索时做出正确判断。这与机器学习中的"测试"和"优化"过程相似,通过反复实践和纠正错误来实现知识的积累与优化。

推断阶段：经过多次实践,你已积累了丰富的水果知识。此时,当同伴提供新的线索时,你能迅速且准确地识别出对应的水果。这类似于机器学习模型在实际应用中的表现,它能够基于先前的学习和实践,对新数据进行准确预测。

持续优化：即便你目前在猜测水果方面已颇为精通,每次参与游戏时仍有可能获得新的知识,因为游戏可能会引入新的水果种类或提示方式。这与机器学习的过程相似,它会不断地进行更新和优化,以适应新的数据和环境。

通过这一简单的"猜水果"游戏,不难发现机器学习就是编写一段具备学习能力的程序,使其能从经验（数据）中汲取知识,通过实践检验进行改进,最终使这段程序得到某种智能（实现对新情况的预测）。

5.1.2　机器学习的基本过程

机器学习的基本过程通常为：数据收集与处理、创建模型、训练模型、测试模型、优化模型、应用模型,以下结合案例"依据妈妈身高预测女儿成年后身高",以最简化的方式来解释机器学习的基本过程。

一、数据收集与处理

首先,可以通过问卷、书籍、网络等渠道,收集如表 5-1 所示的信息,其中,"妈妈的身高数据"被称为特征,这个过程就是机器学习中的"数据收集",需要大量的数据来帮助模型学习。

表 5-1 身 高 数 据

序号	妈妈身高 /cm	女儿成年后身高 /cm
1	160	161
2	155	154
3	150	151
4	170	165
5	165	162
6	157	160
7	163	165
8	152	151
…	…	…
100	165	168

二、创建模型

在机器学习中，模型通常被描述为一种数学函数。针对本案例创建的模型用数学函数描述，如式（5-1）。

$$y = mx + c \tag{5-1}$$

其中，x 代表特征（妈妈的身高），y 代表预测结果（女儿成年后的身高），这个模型就是用来做出预测的工具。在机器学习中也被称为"建模"，即创建一个能够根据输入数据（如妈妈的身高特征值）来输出预测（如女儿成年后的身高）的模型。

三、训练模型

现在需要用已收集的数据来训练模型，例如，使用表 5-1 中 1~80 号数据配合线性回归算法对案例中的模型进行训练，最终求解出参数 m 和 c 的最优值为 0.790 1、32.995，从而完成模型的构建，如图 5-1 所示。

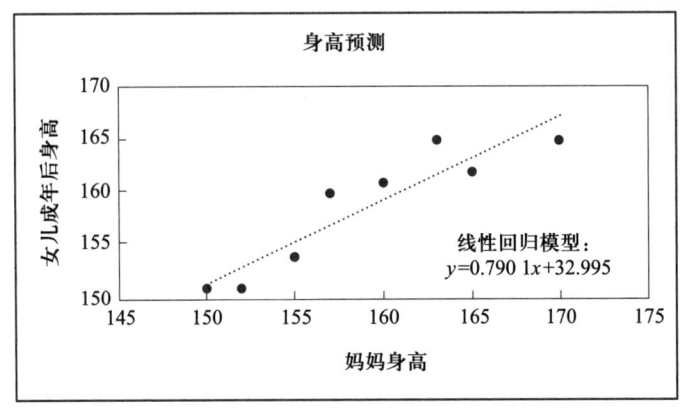

图 5-1 身高预测模型构建

四、测试模型

通过训练已得到模型，例如，用表 5-1 中 81~100 号数据对模型进行检验。具体来说就是：输入测试集中妈妈的身高值作为 x，用模型 $y = 0.7901x + 32.995$ 计算出结果 y，将结果和测试数据中的女儿成年后的身高比对。这个过程就像在考试中遇到新题目一样，需要应用所学的知识来解决问题。在机器学习中，这个过程叫"测试"，即用未在训练中出现过的数据来评估模型的性能。

五、优化模型

若在测试阶段，模型所预测的结果（即女儿成年后的身高）与测试数据中的实际值存在显著差异，则必须返回至模型训练阶段，利用更丰富的数据重新进行训练或对模型进行调整，以期提升其性能。此过程类似于在考试中遇到不理解的题目后，回过头来复习相关知识点。在机器学习领域，这一过程被称为"优化"，即持续改进模型以增强其精确度。

六、应用模型

最终，当模型在测试数据上展现出优异的性能时，即可启动模型对新数据集进行预测，此过程类似于将所学知识应用于现实情境。

通过这个"预测年龄"的例子，可以看到机器学习的整个过程：从数据的收集、处理和模型的建立，到模型的训练和测试，再到模型的优化和应用。在实际使用中，上述"数据收集与处理"过程根据应用场景和问题的不同，需要收集的特征不止一个，且收集到的特征数据还可能是结构化的（如表格数据）或非结构化的（如文本、图像）。若是非结构数据，还需要进行数字化处理。除此之外数据也要进行预处理，也就是在收集到原始数据后，通常需要进行数据清洗，包括处理缺失值、重复值、异常值等。另外，还可能需要进行数据特征提取和选择，以减少数据的维度，提高模型的效率。同样，在"创建模型""训练模型""测试模型"以及"优化模型"的各个阶段中，根据不同的应用需求，可能会采用更为复杂的模型和算法，以确保模型最佳的性能表现。

5.1.3 数据、模型与算法

在机器学习中，数据、模型和算法是三个基本概念，它们共同作用以实现数据的智能处理。

一、数据

数据构成了机器学习的根基，为模型提供了学习与预测的基础。它是训练、验证以及评估模型性能的核心要素。数据品质直接关系到模型的精确度与泛化能力。优质的数据能够提升模型对未知数据的预测精确度，而品质低劣或存在偏差的数据则可能导致模型出现过拟合或欠拟合现象。过拟合（overfitting）是指模型在训练数据集上表现优异，但在新数据集上表现不佳。此现象可类比为学生仅记忆了题库中的答案，却无法应对新问题。相反，欠拟合（underfitting）则指模型未能充分拟合训练数据，未能捕捉数据中的真实模式与关系。这可类比为学生未能掌握基础知识，导致无法解答旧题或新题。在欠拟合的情况下，通常是因为模型过于简单或缺乏足够的复杂度，无法充分学习数据中的特征与模式。

在实际应用中，数据通常需经过预处理，涵盖数据清洗、标准化以及特征选择等环节。这些预处理环节对于提升数据品质、降低噪声（即数据集中不精确、不相关或具有误导性的信息，这些信息可能对数据分析结果产生干扰、误导或错误）和异常值的影响至关重要，进而使得模型训练过程更为高效和精确。

数据在机器学习领域扮演着至关重要的角色，它既是模型训练的基础，也是衡量模型效能的关键指标。因此，在开展机器学习项目的过程中，投入充足的时间与精力在数据的搜集、处理及分析工作上是至关重要的。

二、模型

1. 什么是模型

模型是机器学习的核心组成要素，通常被描述为一种数学函数，也就是一映射，可以将其看作是在给定输入情况（x）下、输出一定结果的函数 $f(x)$，如图 5-2 所示。

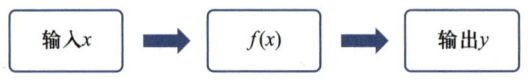

图 5-2 机器学习模型

机器学习模型本质上是一种接收数据作为输入并产生输出的函数。通过学习训练数据中的模式和关系，模型能够自动识别数据中的规律和趋势，并据此对新的、未出现过的数据进行预测或做出决策。在利用已知数据预测未知数据的过程中，机器学习模型不仅需要在已知样本上表现出色，而且在未知样本上也应展现出相似的性能。

在实际应用中，选取适当的机器学习模型需综合考量数据特征、问题类别以及模型泛化性能等多重因素。同时，数据预处理和特征选择也是应用机器学习模型时必须重视的关键步骤。另外，针对可能出现的过拟合问题，可采取多种策略进行调控，如正则化、降低模型复杂度、增加训练数据等。

2. 模型评价指标。

机器学习领域有很多评估指标，有了这些指标我们就可以比较哪些模型的表现更好。针对机器学习的两大核心任务——分类和回归，分类问题通常采用准确率、精确率、召回率和 F1 分数这 4 个主要指标进行评价；而回归问题则常用平均绝对误差（MAE）、均方根误差（RMSE）和均方误差（MSE）作为评价标准。

（1）分类问题对应的模型评价指标。以电子邮件过滤系统为例，该系统用来区分垃圾邮件和正常邮件。假设邮件过滤系统每天处理 100 封邮件，其中：

实际垃圾邮件（正类）：30 封。

实际正常邮件（负类）：70 封。

经过一天的运行后，模型给出了以下的结果：

正确识别为垃圾邮件（真正类 TP）：25 封。

错误识别为垃圾邮件（假正类 FP）：5 封（实际上是正常邮件）。

正确识别为正常邮件（真负类 TN）：65 封。

错误识别为正常邮件（假负类 FN）：5 封（实际上是垃圾邮件）。

基于上述信息，可得分类问题的常用评价指标如下：

① 准确率（accuracy）：准确率表示预测正确的样本数占总样本数的比例，如式（5-2）。

$$\text{Accuracy} = \frac{TP + TN}{TP + FP + FN + TN} = \frac{25 + 65}{25 + 5 + 5 + 65} = 90\% \qquad (5-2)$$

这意味着在所有的预测中,90% 是正确的。

② 精确率(precision):精确率关注的是当你预测某封邮件是垃圾邮件时,这封邮件确实是垃圾邮件的概率,如式(5-3)。

$$\text{Precision} = \frac{TP}{TP + FP} = \frac{25}{25 + 5} \approx 83.33\% \qquad (5-3)$$

这表示在所有被预测为垃圾邮件的邮件中,大约 83.33% 确实为垃圾邮件。

③ 召回率(recall):召回率衡量的是所有实际垃圾邮件中,有多少被正确识别出来,如式(5-4)。

$$\text{Recall} = \frac{TP}{TP + FN} = \frac{25}{25 + 5} \approx 83.33\% \qquad (5-4)$$

这意味着,对于那些实际上为垃圾邮件的邮件来说,83.33% 被正确地识别了出来。

④ F1 分数(F1 score):F1 分数是精确率和召回率综合考量指标。它在精确率和召回率之间寻找平衡点,特别适用于类别不平衡的情况,如式(5-5)。

$$\text{F1 Score} = \frac{2 \times \text{Precision} \times \text{Recall}}{\text{Precision} + \text{Recall}} = \frac{2 \times 0.833\ 3 \times 0.833\ 3}{0.833\ 3 + 0.833\ 3} \approx 83.33\% \qquad (5-5)$$

这个数值可以帮助我们了解模型在精确率和召回率之间的平衡情况。

通过上述指标,可以全面了解邮件过滤系统在区分垃圾邮件和正常邮件方面的表现。准确率从整体上反映模型预测的准确性;精确率和召回率分别关注预测为垃圾邮件的准确性和发现所有垃圾邮件的能力;F1 分数则提供了这两个方面的平衡。每个指标都有其独特的重要性,选择哪个取决于你最关心什么类型的错误,比如,你是更在意不要错过任何垃圾邮件(高召回率),还是确保标记为垃圾邮件的邮件确实是垃圾邮件(高精确率)。

(2)回归问题

回归问题的评价指标用于衡量模型预测连续值(如房价、温度等)的准确性,接下来通过一个具体的例子来解读这些指标。

假设有一个预测房屋价格的机器学习模型,其中,数据集包含 10 所房子,每所房子都有其真实的售价和模型预测的价格,如表 5-2 所示。

表 5-2　房价预测结果

房屋编号	真实售价 y/ 万元	预测售价 z/ 万元
1	300	295
2	280	275
3	310	315
4	260	250
5	320	330
6	270	275
7	330	320
8	290	290
9	340	350
10	250	260

① 均方误差（mean squared error，MSE）：MSE 是预测值与真实值之间差异平方的平均值，它对较大的误差惩罚较大，如式（5-6）。

$$\text{MSE} = \frac{1}{n}\sum_{i=1}^{n}(y_i - z_i)^2 = \frac{(300-295)^2 + (280-275)^2 + \cdots + (250-260)^2}{10} = 60 \quad (5\text{-}6)$$

② 均方根误差（root mean squared error，RMSE）：RMSE 是 MSE 的平方根，也常用于评价预测结果与真实值的差异，如式（5-7）。

$$\text{RMSE} = \sqrt{\text{MSE}} = \sqrt{60} \approx 7.75 \quad (5\text{-}7)$$

③ 平均绝对误差（mean absolute error，MAE）：MAE 是预测值与真实值之间绝对差的平均值。相比于 MSE，它对异常值不太敏感，如式（5-8）。

$$\text{MAE} = \frac{1}{n}\sum_{i=1}^{n}|y_i - z_i| = \frac{|300-295| + |280-275| + \cdots + |250-260|}{10} = 7 \quad (5\text{-}8)$$

在实践中，通常会综合考虑多个评价指标来全面评估模型的性能。选择哪个指标取决于具体的应用场景以及你最关心哪些类型的误差。例如，在某些情况下，你可能更在意大的预测错误（此时 MSE 或 RMSE 更重要），而在其他情况下，你可能希望避免过度关注极端值（此时 MAE 可能更适合）。

三、算法

在机器学习领域,"算法"一词是指在数据集上执行的一系列操作,旨在构建模型,并对模型参数进行优化,最小化模型输出与实际结果之间的误差,从而指导模型从数据中提取特征和关系。算法构成了机器学习的核心,它决定了模型如何识别数据中的模式,并调整模型参数以提升预测的精确度。因此,算法的选择对于机器学习项目的成效具有决定性的影响。

四、算法、数据与模型的关系

在机器学习领域,"模型"是指通过在数据集上执行特定算法而产生的输出结果。具体而言,模型是通过在数据集上应用算法而构建的,如图 5-3 所示。

图 5-3 数据、算法、模型间的关系

5.2 基于学习范式的机器学习分类

在机器学习领域,监督学习、无监督学习和强化学习是三种核心的范式(实现机器学习过程的基本框架或方法),它们定义了模型如何从数据中学习以及如何应用所学知识来解决问题,每种范式都有其特定的应用场景和技术方法,下面将详细阐述这三种学习范式的概念及其相互间的区别。

5.2.1 监督学习

监督学习作为机器学习领域的一个核心分支,其核心机制在于利用已标注的样本数据对模型进行训练,使模型能够对新的未标注样本进行准确的输出预测。在该学习范式下,数据集由输入特征及其相应的标签组成,模型通过掌握这些标签与输入特征之间的映射关系,实现对未知数据的预测或分类任务。监督学习在多个领域展现了其强大的应用价值,例如,在图像分类中,用于 X 光片、CT 扫描或 MRI 图像的分类,以判断是否存在某种疾病;在文本处理中,用于情感分析、垃圾邮件过滤和新闻分类;在推荐系统中,则根据用户行为提供个性化服务等。

一、什么是监督学习

监督学习就像是给机器提供了一个"导师"的角色，该角色由训练数据中的标签或输出值所扮演。可以将其理解为向机器提供了一组样本数据，这些数据在某种程度上类似于教师在试卷上所做的标记，向机器指明了每道题目回答的正确与否以及题目相应的正确答案。

如图5-4所示，我们旨在训练机器识别猫和狗的图像。通过向机器展示多张猫和狗的图片，并明确指出哪些属于猫类，哪些属于狗类，机器得以学习。在机器做出错误判断时，我们向其反馈"否"，而在做出正确判断时，则反馈"是"。机器就像是一个聪明的学生，通过大量实例的学习，逐渐掌握了如何在未来遇到新的图像时，准确地识别出是猫还是狗。

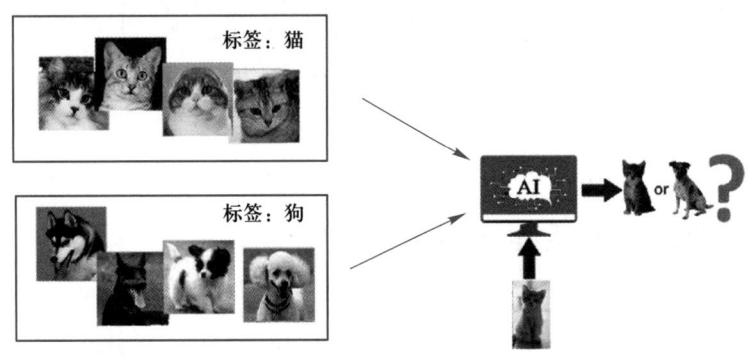

图5-4　监督学习中猫狗分类问题

由此可见，监督学习的目标是从已知数据中学到一种通用的规律，并将其应用于新的、未见过的数据上，从而做出准确的预测。这种学习方式类似于学生在考试中运用所学知识解答新问题，通过不断的学习和反馈，机器能够逐渐提高其预测的准确性。

监督学习涉及的基本概念如下：

1. 数据划分

在监督学习中，训练集、验证集和测试集的划分是构建机器学习模型过程中不可或缺的一部分。这三者各自扮演着不同的角色，对于确保模型的有效性、泛化能力和最终性能至关重要。

（1）训练集（training set）：训练集是模型学习的主要数据来源，它包含了特征与相应的标签或目标值。通过这些已知的数据点，模型能够调整内部参数以最小化预测误差，从而更好地拟合数据中的模式。在这个阶段，模型会经历多次迭代，每一次都会根据计算出的损失函数来更新权重和其他可调参数。

（2）验证集（validation set）：验证集是一组独立于训练集的数据，主要用于评估模型在训练过程中的性能，并用于调整模型的超参数。超参数是指那些在模型训练前预先设定、不随训练数据驱动而更新的参数，如学习率、正则化系数等。验证集可以帮助识别模型是否出现了过拟合现象，即模型在训练数据上表现很好但在新数据上的表现却较差。此外，验证集还可以用来比较不同架构下的模型效果，帮助选择最优模型结构。值得注意的是，虽然验证集没有直接参与到梯度下降的过程当中，但它确实参与了一个广义上的"训练"过程，因为我们根据验证集的表现来手动调节模型的超参数，使结果在验证集上达到最佳。

（3）测试集（test set）：测试集是用来评估经过训练和验证后最终选定模型的真实泛化能力。这意味着一旦模型完成训练并且所有的超参数都已经确定下来之后，我们就不再对模型做任何改动，而是用完全未见过的数据来检验模型的表现。测试集应当保持绝对的独立性，既不参与梯度下降也不用于控制超参数的选择。只有当所有其他步骤都完成后才会使用测试集进行一次性的评估，以获得一个无偏见的估计，表明模型在未来遇到的新数据上的预期表现如何。

2. 特征与标签

在监督学习中，所使用的数据通常由特征和标签两部分组成。

（1）特征（features）：是每个样本的数据属性，它们描述了样本的详细信息。以猫狗分类问题为例，可能包括如下特征：鼻子的尺寸、鼻子相对于头部的大小比例、耳朵的形状（从圆形到尖形）等。

（2）标签（labels）：是指每个样本对应的正确答案或期望输出。通常，这些标签是由人工标注的。在监督学习的训练和测试过程中，数据集包含输入数据及其对应的输出标签（也称为"标记"或"答案"）。以猫狗分类为例，"猫"或"狗"就是相应数据样本的标签。

3. 学习过程

监督学习的过程通常包含两个核心阶段：训练和预测，如图5-5所示。在训练阶段，提供大量带有标签的数据，每条数据都包括特征和相应的标签。例如，特征可能包括鼻子大小、鼻子相对于头部的比例、耳朵的形状等，而标签则是动物的种类，如"猫"或"狗"。模型通过分析这些特征与标签之间的关联来学习。在预测阶段，模型接收新的输入数据,并运用之前学到的知识进行预测。以猫狗分类模型为例,训练完成后,模型能够对新的图像进行分类,并输出准确的结果,如图 5-6 所示。

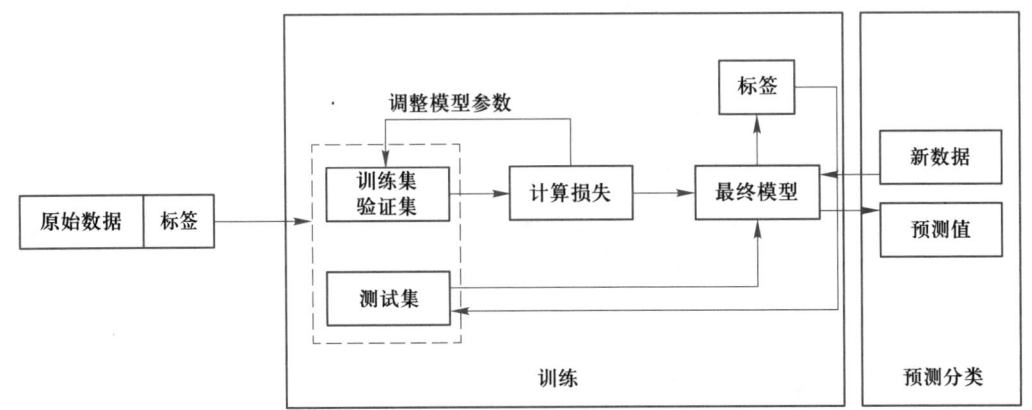

图 5-5　监督学习工作流程

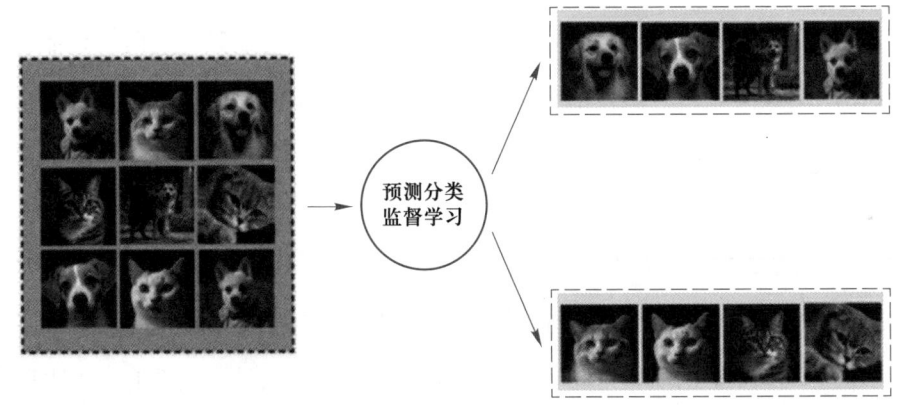

图 5-6　监督学习进行分类

二、监督学习基本任务

微视频 5-1: 什么是监督学习和监督学习基本任务

监督学习的核心目标是从历史数据中提取规则,并利用这些规则对未来数据进行预测或分类。根据预测目标的不同,监督学习任务大致可以分为以下两大类:

1. 回归

回归分析旨在预测数值型目标值,其核心在于揭示自变量与因变量之间的关联,以便预测新数据点的输出值,即预测数值。根据自变量的数量,回归分析可分为一元回归(涉及单一自变量与因变量)和多元回归(涉及两个或更多自变量与单一因变量)。按照自变量与因变量之间的关系,又可分为线性回归(因变量是自变量的线性组合）和非线性回归（自变量与因变量的关系呈现非线性）。在监督学习中，回归分析常用于预测连续性结果，如房价、股票价格、芝麻信用分等。例如，之前提到的"根据母亲的身高预测女儿成年后的身高"可视为一个基础的线性回归案例，如图5-1所示。

2. 分类

分类是将数据分配到预先设定的类别中的过程，即预测类别。想象一下，这就像在超市中对商品进行分类一样。例如，有一篮子水果，需要将它们分别放入标记为"苹果""香蕉"和"橘子"的篮子中。这正是分类问题的本质：依据水果的特征（如颜色、形状、大小）来判断它们各自属于哪个类别。

在处理分类问题时，我们经常利用离散特征，这些特征可以被视为精确的计数值，它们不存在中间值。以人数为例：一个班级的学生人数可以是20人或21人，但绝不可能是20.5人。

监督学习的"分类"可被广泛应用于多种文本分类任务，包括垃圾邮件过滤、情感分析、文档分类等。通过训练带有标记的文本数据集，模型能够自动将新的文本数据归入不同的类别或进行情感倾向分析。此外，监督学习同样适用于图像识别和分类任务，例如人脸识别、物体检测、图像分类等。通过标记不同类别的图像数据集，模型得以训练，以自动识别和分类图像中的目标物体。正如前文所述的"猫狗分类"任务，模型的分类效果如图5-7所示。

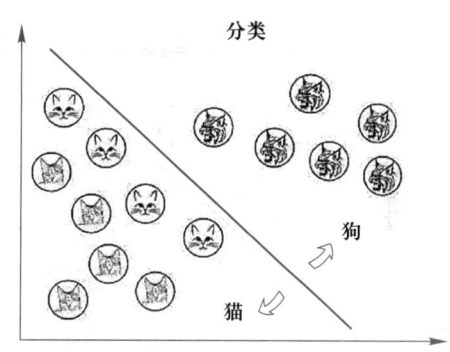

图5-7 猫狗分类效果

三、监督学习基本算法与原理

监督学习基本算法有朴素贝叶斯、决策树、K近邻、逻辑回归、支持向量机等。下面介绍几种经典算法及其原理。

1. 朴素贝叶斯算法

朴素贝叶斯算法是一种广泛应用于分类任务的简单而强大的机器学习技术，它通过计算给定数据属于特定类别的概率来进行分类。

为了更直观地理解，以图书管理员的工作为例，他们需要将新到的书籍正确归类。

微视频5-2：监督学习基本算法原理

假设我们已经了解图书馆中现有书籍的一些信息：科幻小说通常包含大量关于宇宙、外星人和未来科技的词汇；烹饪书籍则充斥着食材名称、烹饪技巧和食谱；历史书籍则经常提及过去的事件、人物和地点。当新书到来时，图书管理员可以通过阅读简介或内容片段，识别出其中的关键字。随后，依据这些关键字，图书管理员可以估计这本书可能属于哪个类别。例如，如果书中频繁出现"宇宙""飞船"等词汇，那么它很可能是一本科幻小说；如果书中含有大量"食谱""烘焙"等词汇，则可能是一本烹饪书。

朴素贝叶斯算法正是通过计算在不同类别下每个特征（此处指关键字）出现的概率，来预测新数据（新书）最可能属于哪个类别。该算法基于一个关键假设，即所有特征之间是相互独立的（具体指一个词的出现不会影响另一个词出现的概率）。虽然这一假设在现实中可能并不总是成立，但它简化了算法，使其既简单又高效。

再以垃圾邮件过滤为例，朴素贝叶斯算法可以根据单词出现的频率（即特征）来判断一封电子邮件是否为垃圾邮件（即类别）。如果某些"侮辱性"词汇在垃圾邮件中出现得非常频繁，那么含有这些词汇的邮件被判定为垃圾邮件的概率就会很高。如图5-8所示，展示了使用朴素贝叶斯算法，依据侮辱性词汇出现概率来判断邮件是否为垃圾邮件的流程。

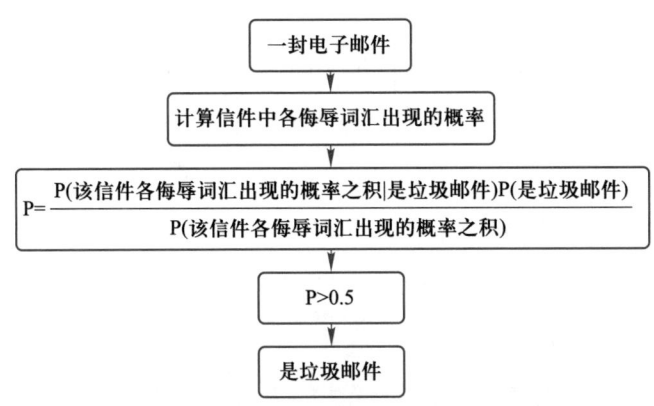

图 5-8　朴素贝叶斯算法对垃圾邮件分类流程

2. 决策树算法

决策树是一种基于已知特征取值的分析方法，它通过构建树状结构来进行决策，是常用的监督学习算法之一，可用于解决分类或回归问题。其核心理念在于将数据集细分为更小的子集，形成树状结构，从而使得数据分析和预测过程更为直观和易于理解。

以西瓜分类问题为例，我们通常有一套标准来判断西瓜的品质，比如观察西瓜纹理是否清晰，检查西瓜的根蒂是否完整，观察西瓜的色泽是否鲜亮等。我们将每个判断标准视为树的一个节点，而判断结果则连接到两个子节点，指向下一个判断条件，直至达到叶节点，从而得出西瓜是好是坏的结论。这样构建树状结构并依据它来做出决策的过程，即为决策树算法，如图5-9所示。

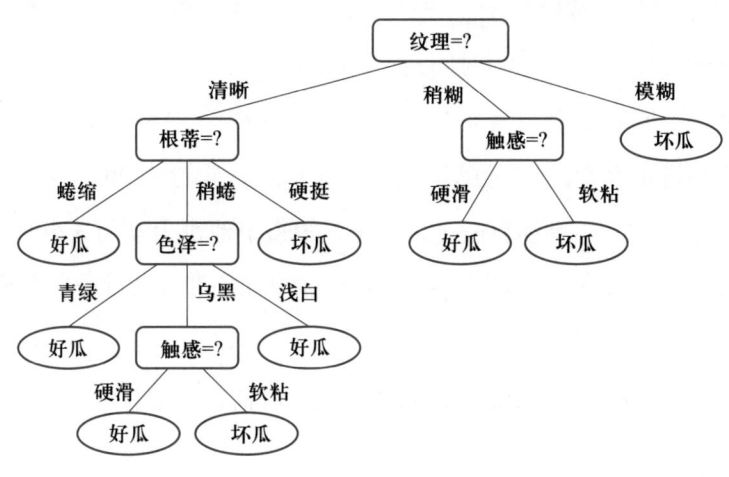

图 5-9 决策树算法对西瓜分类

除了上述案例将决策树算法应用于分类问题外，决策树算法同样适用于回归问题，假设有一个简单的表格记录了每个学生的信息（如表5-3所示），表中记录了每个学生的学习习惯，如每天的学习时间、完成的家庭作业数量等信息，目标是学习这些数据后能根据"每天学习时间"和"完成家庭作业数量"两个特征来预测"期末考试成绩。

表 5-3 学 生 信 息

学生姓名	每天的学习时间 / 小时	完成的家庭作业数量 / 个	期末考试成绩 / 分
小明	1	5	60
小红	2	10	70
小华	3	15	80
小刚	4	20	90

步骤1：选择第一个划分点，决定用哪个特征来进行第一次划分。简单情况下，可以先尝试使用"每天学习时间"特征进行划分。例如，如果我们将"每天学习时间"划分为小于或等于2小时和大于2小时两组，则会发现：

- 小于或等于2小时的学生（小明和小红）的平均分数为65分。
- 大于2小时的学生（小华和小刚）的平均分数为85分。

步骤2：进一步细分（对每组再进行细分）。对于上述每天学习时间大于2小时的学生，根据"完成家庭作业数量"来进一步划分。如果我们再次选择一个合理的分割点，比如，15个家庭作业，那么在学习时间大于两小时组内：

- 对于完成小于或等于15个家庭作业的学生（小华），预测得分为80分。
- 对于完成超过15个家庭作业的学生（小刚），预测得分为90分。

步骤3：做出预测，如果你有一个新学生，知道了他每天学习3小时，并且完成了16个家庭作业，根据我们的决策树模型，则可以预测他的期末考试成绩大约是90分。

3. K 近邻算法

K 近邻算法（K-nearest neighbors，KNN）是一种监督学习算法，常用于分类和回归任务。

它通过计算样本之间的距离来进行预测，特别适合小规模数据集和对计算速度要求不高的场景。KNN是一种基于实例的算法，因为它在做出预测时不需要预先训练模型，而是直接根据训练数据进行决策。

所谓 K 近邻，是指对于每一个待分类样本，都可以依据与其最近的 K 个样本点的多数分类来进行划分。举个例子，假设办公室来了一位新同事，他的位置边上坐着的10位（$K=10$）同事大多是Python程序员，我们可能会猜测这位新同事也是Python程序员；如果将判断依据扩大到整个办公室，假设办公室有50个人（$K=50$），其中，Java程序员占35位，那么我们可能会认为这位新同事是Java程序员。

KNN预测一个新的值 x 时，会根据它距离最近的 K 个点的类别来判断 x 属于哪个类别。结合图5-10，可对算法原理作如下解释：图中方块代表要预测的点 x，假设 $K=3$。那么KNN算法会找到与它距离最近的3个点（这里用圆圈圈起来），看看哪种类别占多数，比如图中三角形占多数，那么方块代表的点 x 就归类为三角形。但是，当 $K=5$ 时，判定结果就不同了。这次圆圈占多数，因此方块代表的点 x 被归类为圆形。

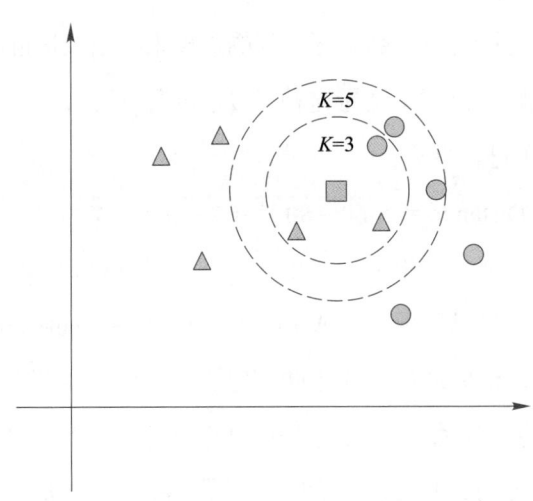

图 5-10　KNN 原理

KNN 算法同样适用于回归问题，假设有一个简单的表格记录了不同电影的信息（如表 5-4 所示），表中记录了一些电影的基本信息，如 "预算" "导演的人气指数" "主演受欢迎程度" 等，目标是学习这些数据后能根据 "预算"、"导演人气指数" 和 "主演受欢迎程度" 3 个特征来预测 "票房" 收入。

表 5-4　电 影 信 息

电影名称	预算 / 万元	导演的人气指数	主演受欢迎程度	票房 / 万
电影 A	50	7	6	200
电影 B	30	5	4	150
电影 C	80	9	8	300
电影 D	40	5	3	180

步骤 1：选择 K 值，决定要查看多少个最邻近的邻居（即 K 值）。对于这个简单的例子，可以选择 $K=2$，这意味着将使用两个最相似的电影作为参考点来进行预测。

步骤 2：计算距离，找到与新电影最接近的两部电影。假设要预测的一部新电影的数据如下：

- 预算：60
- 导演人气指数：7
- 主演受欢迎程度：7

通过计算每部已有电影与这部新电影之间的距离来找出最接近的两部电影。在这里，可以用简单的欧几里得距离公式来衡量这种"接近度"。例如，对于电影 A，其与新电影的距离可以用式（5-9）进行计算：

$$\text{Distance} = \sqrt{(60-50)^2 + (7-7)^2 + (7-6)^2} \tag{5-9}$$

步骤 3：找到最近的邻居，根据计算出的距离，可以确定哪两部电影是最接近的新电影。经过上述计算后，可以发现电影 A 和电影 C 是最接近的两部电影。

步骤 4：做出预测，根据最接近的这两部电影的实际票房来预测新电影的票房。可以取这两部电影票房的平均值作为新电影的预测票房。因此，如电影 A 的票房是 200 万，电影 C 的票房是 300 万，那么新电影的预测票房将是 250 万。

5.2.2 无监督学习

微视频 5-3：无监督学习

无监督学习作为机器学习的一个重要分支，专注于处理未标记的数据集。在这种情况下，算法不会接收到关于每个输入数据应产生何种正确输出的指示，而是必须自主地从数据中识别出潜在的模式、结构或分布规律。其核心目标在于深入挖掘和解析数据的固有特性，而无须依赖于明确的指导性目标或目标变量。无监督学习在多个领域展现了其强大的应用潜力，例如，在文本挖掘中，无监督学习助力文档聚类和主题模型构建，便于快速信息检索；在生物信息学中，无监督学习用于基因表达数据分析和蛋白质结构预测，助力疾病相关基因的发现；在社交网络分析中，它帮助揭示社区结构和影响力分布等。

一、什么是无监督学习

无监督学习致力于在未使用标记数据的条件下，挖掘数据内部的模式与结构。此类学习在人工智能与机器学习领域扮演着至关重要的角色，因为它赋予算法无须人工介入即可自主学习和适应新数据的能力。这使得机器能够从数据中揭示潜在的信息，对于异常检测、推荐系统以及自然语言处理等多种应用领域具有极高的价值。

无监督学习与人类的自学过程极为相似，我们通过观察、感知和互动来构建对世界的认知和理解。人类的学习方式包括分类、归纳和推理等，我们从大量信息中提取规则、规律、结构和关系等模式以完成学习，这与无监督学习有着相似之处。与监督学习不同，无监督学习并非被"送入学校"接受全面训练，而是通过向 AI 提供数据，让 AI 自行学习如何理解这些数据。正是由于这一特点，无监督学习常用于数据挖掘领域，通过构建模型为业务决策提供支持。它也用于揭示数据中隐藏的重要变量或特征，甚至能够教会AI一套行为策略，实现自我监督。

为了更深入地理解无监督学习，我们以"猫狗分类"问题为例进行阐释。假设这次的原始数据非常特殊，它没有"猫"和"狗"的分类标签，也没有任何指示告诉AI哪些动物应该被归为一类。AI的任务是识别训练数据中动物之间的潜在联系，并据此进行分组。如图5-11所示，在这个场景中，寻找原始数据图中动物之间潜在联系的过程即为无监督学习。在这个过程中，没有明确的指导，AI必须通过观察图片中动物的外形、眼睛、鼻子、耳朵等特征，推断它们可能的关联，并据此进行分类。

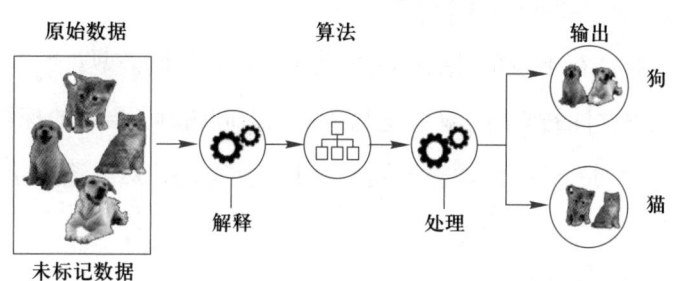

图 5-11　无监督学习

无监督学习的主要目标是发现数据中隐藏的关系，使算法能够自主做出预测或生成见解，它本质上是一个统计手段，在没有标签的数据里可以发现潜在的一些结构。它主要具有以下特点：

1. 无标签指导

无监督学习的核心特征在于其训练阶段缺少标签或类别信息的引导，AI无法借助既定的"答案"来完成学习任务。它必须从海量的未标记数据中，自行识别出潜在的模式和关联。

正是由于这一特征，在处理大量、复杂、高维的数据时，无监督学习能够发挥显著的作用。在现实世界中，绝大多数数据都是未标记的，例如，互联网上的文本、图片、视频等。如果我们仅依赖监督学习，那么这些数据的潜在价值将无法得到充分的挖掘。

2. 发现数据内在结构

无监督学习通过构建数据模型，揭示数据内部的结构和关联性。这一过程通常借助多种算法实现，包括但不限于聚类、降维和异常检测等。

聚类算法的作用是将相似的数据点归入同一类别，揭示数据的潜在结构。降维算法旨在降低数据的维度，同时保留关键信息，以便我们能够识别数据中的隐含模式。异常检测则专注于识别数据中的异常值或离群点，从而增进我们对数据分布的理解。

在众多实际应用场合中，获取带有标注的数据往往耗时且成本高昂。无监督学习能够在未标注的数据集中发现规律和模式，有助于显著减少标注成本。

3. 自主学习

无监督学习技术在不依赖于数据标签的前提下，具备从大量数据中辨识模式与关联的能力，这反映了其"自主学习"的本质特征。该技术赋予了机器探索未知领域并进行学习的能力，面对广阔无边的复杂世界，无监督学习展现了其在处理无标签数据方面的灵活性与适应性，能够实现对各类数据的学习。

无监督学习的核心在于模型对数据的主动探索，它强调模型对数据内在联系的深入学习，以及对数据整体性的全面理解。这与人类面对问题时所展现的探索精神不谋而合，人类会深入研究、学习并分析规律，先从宏观上把握全局，然后逐步深入解决问题，这种模式与自主学习的理念高度一致。

二、无监督学习基本任务

1. 聚类

在无监督学习领域中，聚类技术的目标是将相似的数据点聚集在一起，形成具有区分性的组或"簇"，使得同一组内的数据点相似度高，不同组间的数据点相似度低。例如，你是班上的生活委员，老师给你一个任务：根据同学们的兴趣爱好将他们分成几个小组，但老师并没有告诉你具体的标准。于是你开始观察并得到一些信息，一些同学总是围在一起讨论动漫和游戏，另一些同学喜欢在课间谈论体育比赛，还有一些同学经常一起做手工或者画画，基于这些信息你可以把这些同学分为动漫游戏、体育爱好、艺术创作几个兴趣小组。这就是聚类的实际应用！你根据同学们的行为模式发现了不同类型的群体，而不需要具体的标签告诉你谁喜欢什么。

聚类技术通过根据数据点的相似特征进行分组，揭示数据中的自然结构，这对于众多应用领域极为有益。例如，它在客户细分、图像分割、医学成像、构建推荐引擎、社交网络分析以及异常检测等方面发挥着重要作用。常见的聚类算法有 K 均值、层次聚类等。

2. 降维

降维涉及将一个包含众多特征的数据集转换成特征数量更少的新数据集，同时尽可能保留原始数据的关键特性。这一过程不仅有助于提升数据的可理解性和可视化效果，还能加速后续分析流程，从而提高整体效率，常见的降维算法包括主成分分析（PCA）等。

例如，拥有一张详尽的地图，上面精确标注了每个城市的每个角落。尽管这张地图信息丰富，但当你试图迅速找到两个城市之间的主要道路时，过多的细节反而可能造成混淆。此时，如果你手头有一张简化版的地图，仅展示主要道路和城市，是否会更容易找到所需信息呢？再比如，我们有一个记录了每个学生在多个科目上成绩的表格。若要分析学生的整体学业表现，直接处理如此多科目的数据可能会相当复杂。通过降维技术，我们可以将多科目的成绩简化为几个综合指标（如"数学能力""语言表达"等），从而减少数据中的特征数量，更直观地理解学生的表现。这正是降维的核心理念：通过减少数据中的特征数量，使我们能够更清晰地识别关键信息。降维有如下优点：

（1）简化数据：数据中若包含过多特征，会使得理解和分析变得困难。降维有助于剔除冗余信息，保留最关键的部分。

（2）加速计算：处理高维数据通常需要更多的计算资源和时间。降维可以显著减少计算量，使算法运行得更加迅速。

（3）提升模型性能：在某些情况下，过多的特征可能导致模型过拟合（即模型在训练数据上表现优异，但在新数据上的预测效果欠佳）。降维有助于避免这种状况，增强模型的泛化能力。

3. 关联规则挖掘

关联规则挖掘旨在揭示数据项之间的关联性和模式，其核心在于识别数据中的频繁项集和关联规则。频繁项集指的是在数据集中反复出现的项目组合，而关联规则则描述了这些项目之间的相互关系。借助这些规则，企业能够更深入地理解消费者的购买行为和偏好。例如，超市能够通过分析顾客的购物车数据，识别出面包和黄油常常被一同购买，进而将这两种商品并排陈列，以方便顾客选购。再例如，将关联规则挖掘应用于推荐系统，通过分析用户的浏览和购买历史，可以向用户推荐他们可能感兴趣的商品或服务，从而增强用户体验和满意度。

关联规则挖掘技术在金融、医疗、电信等多个行业得到了广泛应用。以金融行业为例，该技术能够分析客户的交易模式，帮助识别潜在的欺诈行为；在医疗领域，它有助于揭示不同疾病之间的关联性，为疾病的预防和治疗提供科学依据；而在电信行业，它能够分析用户的通话和上网习惯,进而优化网络资源的分配。

此外,关联规则挖掘技术能够与聚类分析、分类算法等其他数据挖掘技术相结合,以增强数据分析的深度和广度。通过这些技术的综合运用,企业能够更深入地洞察市场趋势和客户需求,从而制定出更为精准的商业策略,提升自身的市场竞争力。

4. 异常检测

异常检测专注于识别数据集中的异常点或离群点,这些异常点或离群点可能指示着潜在的异常情况或错误数据。这种技术在多个领域都发挥着至关重要的作用,尤其是在金融欺诈检测、网络安全、故障诊断等领域。例如,在金融行业中,银行可以利用异常检测技术来识别信用卡交易中的异常行为,这有助于及时发现并防止潜在的欺诈活动,从而保护客户的财产安全。在网络安全方面,可以通过分析网络流量中的异常模式,检测并阻止恶意攻击,确保网络环境的安全稳定。

在制造业中,异常检测技术同样扮演着不可或缺的角色。它被用于监测生产设备的运行状态,通过实时监控和分析设备的性能数据,可以及时发现设备故障的征兆,从而避免生产中断和减少经济损失。通过对这些异常点的深入分析,企业不仅能够迅速响应并解决问题,还能够采取预防措施,优化生产流程,提高整个系统的安全性和可靠性。此外,异常检测技术的应用还能够帮助企业更好地理解其业务流程,发现改进的机会,从而在竞争激烈的市场中保持领先地位。

三、无监督学习基本算法原理

无监督学习基本的算法有 K 均值聚类、主成分分析、层次聚类、高斯混合等,以下介绍几种经典算法原理。

1. K 均值聚类

K 均值聚类也称为 K-means 算法,是无监督学习领域中一种基础且广泛使用的聚类方法。该算法旨在将数据点自然地划分为若干个簇,并通过不断迭代调整簇中心位置、重新分配数据点,以寻找最优的分组方案。聚类的概念是基于"物以类聚,人以群分"的原则,即将样本依据其特征划分为不同的类别;K 均值聚类的应用领域十分广泛,涵盖了客户细分、推荐系统、文本聚类、用户画像构建以及商业选址等多个方面。

K 均值聚类算法的基本原理可以通过一个简单案例来阐述。假设你是学校篮球队的队长,教练要求你依据球员的身高和投篮命中率(如表 5-5 所示)将他们分成两组进行针对性训练。K 均值聚类算法执行这一任务的常用步骤如下(如图 5-12 所示):

表 5-5 待聚类处理的数据

队员	身高 /cm	投篮命中率 /%
A	189	63
B	188	80
C	182	60
D	165	70
E	170	90

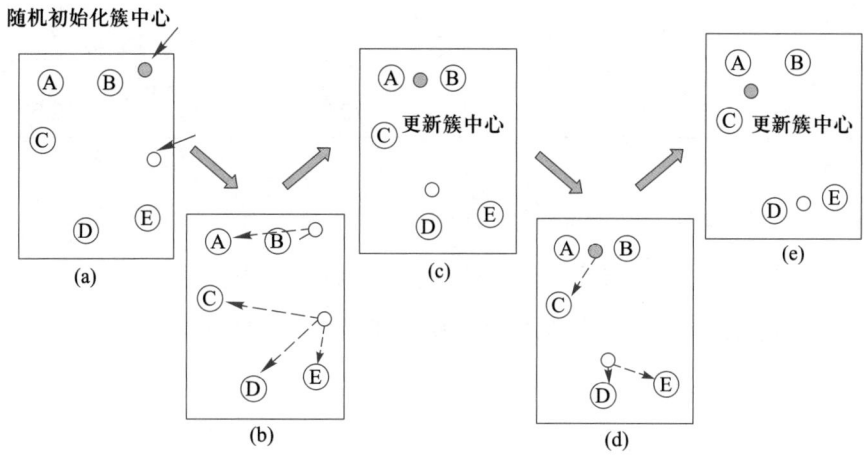

图 5-12 K 均值聚类算法

步骤 1：决定分多少组。选择 $K=2$，因为题目要求分成两个组。

步骤 2：随机初始化簇中心（为了便于理解，随机生成初始簇心），如图 5-12（a）箭头所示。

步骤 3：分配队员到最近的簇中心。根据每个队员的成绩与这两个簇中心的距离，将队员分配到最接近的簇中心对应的组，如图 5-12（b）所示。

步骤 4：更新簇中心位置。计算每个组内所有队员的平均值，作为新的簇中心，如图 5-12（c）所示。

步骤 5：重复步骤 3 和 4，继续调整分组，直到簇中心稳定不再变化。

2. 主成分分析法

主成分分析（PCA）是一种有效的降维技术，它允许我们在尽量保留关键信息的前提下，减少数据集的维度。具体而言，PCA 旨在识别数据中的主要趋势方向，并将数据点投影到这些方向上，进而实现将高维数据压缩至低维空间。

以下通过一个简单的例子来阐释 PCA 的原理，假设我们有一张表格（如表 5-6 所示），记录了每个学生在数学、语文、英语三科的成绩。应用 PCA，我们可以科学地简化这张表格，从而用更少的数据来描述每个学生的学习状况，同时保留最关键的信息。具体步骤如下：

表 5-6 待降维处理的数据

学生	数学（百分制）/分	语文（百分制）/分	英语（百分制）/分
A	86.7	79.2	70.8
B	73.3	83.3	75
C	93.3	70.8	62.5

步骤 1：数据标准化，统一成绩的"尺子"。可能是因为数学题目简单，表 5-6 中数学的平均分比英语平均分高 15 分，直接使用表中数据会让数学成绩主导结果。为了描述方便，以下对 A、B、C 的各科成绩用中心化方法——"原始分 – 平均分"，进行标准化处理，消除数据偏差（如表 5-7 所示。）

表 5-7 标准化处理后的数据

学生	数学（标准化后）	语文（标准化后）	英语（标准化后）
A	2.266 7	1.433 3	1.366 7
B	−11.133 3	5.533 3	5.566 7
C	8.866 7	−6.966 7	−6.933 3

步骤 2：利用协方差来揭示各科目成绩之间的关系。协方差能够揭示不同科目成绩之间是否存在相关性。（协方差是一种统计量，它指示了两个变量是否倾向于共同变化）

步骤 3：确定主导因素（主成分），假设本例中运用了复杂的数学方法得出一个综合指标（"总体表现"），以及该指标的计算规则：

总体表现 = 标准化的数学成绩 ×（−0.75）+ 标准化的语文成绩 × 0.46

+ 标准化的英语成绩 × 0.46

步骤 4：根据上一步骤确定的新指标进行数据投影。即依据新指标重新计算每位学生的评价表（如表 5-8 所示）。通过这一步骤，我们成功地将每位学生的成绩数据特征从"数学、语文、英语"转换为"总体表现"，有效地实现了数据特征的科学减少（降维）。

表 5-8　降维处理后的数据

学生	总体表现
A	−0.41
B	13.46
C	−13.04

在本例中，"总体表现"代表了表 5-6 中数据通过主成分分析（PCA）提取出的关键特征，它们可以反映出每位学生的成绩状况。通过应用主成分分析，我们不仅简化了数据集，还识别出了能够最佳代表原始数据的新指标，这些新指标（如"总体表现"）是通过一系列复杂的数学运算得出的，旨在更精准地保留和呈现数据中的核心信息。这种分析方法不仅让数据变得更加易于解读和分析，而且有助于揭示潜在的模式和趋势。

5.2.3　强化学习

强化学习作为机器学习的一个重要分支，在 2016 年 AlphaGO 击败当时的围棋世界冠军后，开始进入公众视野。随后，随着强化学习在众多游戏（如星际争霸、王者荣耀等）中的应用，它逐渐被更多人所了解。星际争霸 AI 团队通过强化学习训练游戏角色的论文 "*Grandmaster level in StarCraft II using multi-agent reinforcement learning*"，因其创新性设计（如图 5-13 所示），在 2019 年发表于顶级期刊 *Nature*，成为该领域的经典之作。

微视频 5-4: 强化学习

一、什么是强化学习

设想一下，你正沉浸于一款电子游戏的世界。起初，游戏规则对你而言颇为陌生，每一次按键操作、每一个决策都充满了不确定性和新奇感。屏幕上的角色似乎在嘲笑你的生疏，而你只能不断重启，努力寻找正确的道路。然而，随着不断的尝试和错误，你逐渐掌握了游戏的技巧，最终成为了一名游戏高手。在这个过程中，你通过反复的实验、观察结果并调整策略，逐步提升了自身技能。

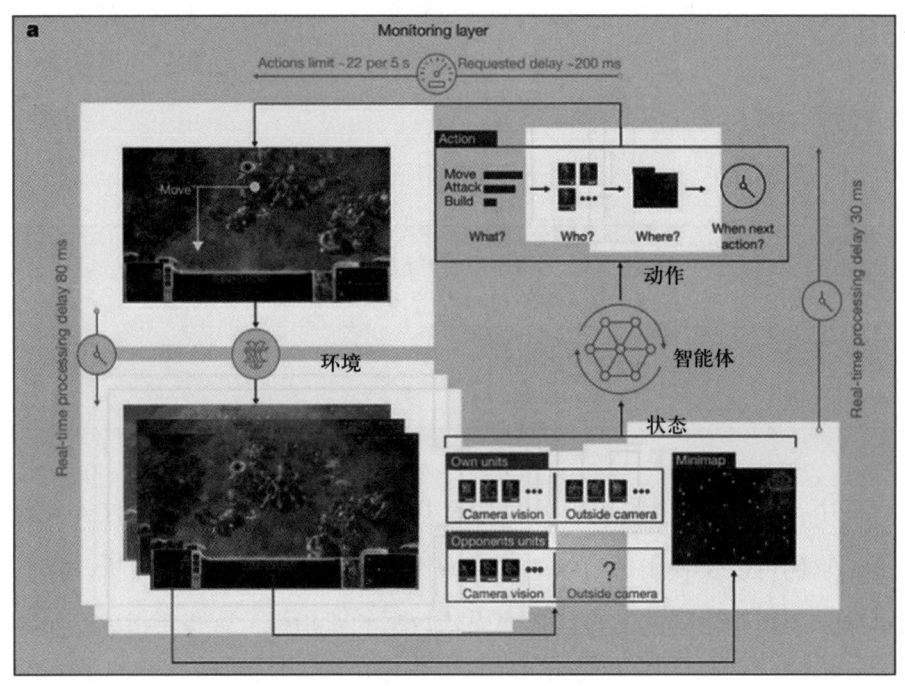

图 5-13　强化学习在星际争霸游戏中的运用（论文图）

强化学习（reinforcement learning，RL）正是计算机模拟这种学习方式的一种技术。它使机器能够通过与环境的互动，根据获得的奖励或惩罚来学习最佳的行为策略。简而言之，就是让计算机仿照我们玩游戏的方式，通过试错来学会做出正确的决策。

在强化学习的典型场景中，存在一个智能体（agent），它可以是一个简单的机器人或是一个复杂的算法。这个智能体在一个虚拟环境中执行动作，例如，在一个迷宫中寻找出口。每次动作之后，环境会提供一个反馈信号——可能是正面的奖励，也可能是负面的惩罚（如撞上墙壁）。智能体会记录这些经历，并依据这些信息来调整后续的行动。如果某次行动带来了积极的结果，智能体就更有可能重复该行动，反之亦然。

随着时间的推移，智能体变得越来越聪明，能够更快地达成目标，甚至在复杂多变的环境中做出最优决策。这种自我提升的能力正是强化学习的迷人之处，它不仅适用于简单的游戏，还广泛应用于自动驾驶汽车、金融交易系统等众多领域。通过持续的学习和适应，机器能够变得更加智能，为人类社会带来更多的便利。

由此可以看出，无论是人类还是机器，都可以通过不断的实践和反思来实现自我提升。强化学习为我们打开了一扇窗,让我们得以窥见人工智能的工作原理,同时也促使我们反思人类自身的学习过程。

二、强化学习基本概念

在强化学习领域中,如下几个概念构成了其核心框架,它们共同作用,推动智能体在复杂多变的环境中不断学习和进化。

1. 智能体(agent)

智能体在强化学习领域扮演着核心角色,是一个具备感知环境并做出决策能力的实体。它可以是一台精细的机器人,在现实世界中穿行,执行各类任务;也可以是一个复杂的软件程序,在虚拟网络空间中进行探索与学习。正如你在游戏世界中所操控的角色一样,智能体拥有其特定的目标与使命,通过持续的尝试与犯错,逐步学会实现目标的最佳策略。

2. 环境(environment)

环境作为智能体的活动舞台,涵盖了所有智能体能够感知的信息以及它们能够施加影响的所有事物。这个环境可能是高度仿真的现实世界,例如,自动驾驶汽车所面临的复杂城市交通网络;也可能是完全虚构的游戏世界,其中充斥着地图、敌人、障碍物以及其他玩家等元素。环境的复杂性和动态性为智能体带来了无尽的挑战与机遇。

3. 状态(state)

状态是对环境当前状况的精确描述,它涵盖了智能体所处的位置、面临的条件以及持有的资源等信息。在游戏世界中,这可能包括你的具体坐标、剩余的生命值、背包里的物品清单等。状态的变化反映了智能体行动的结果,也是智能体制定下一步策略的重要依据。

4. 动作(action)

动作代表了智能体在特定情境下可执行的行为选项。这些行为的目的是改变当前状态,帮助智能体更接近其终极目标。以游戏为例,玩家可以选择向前移动、发起攻击或使用手中的道具来提升自身能力。每个动作都蕴含着风险与收益,因此智能体必须仔细权衡。

5. 奖励(reward)

奖励是智能体在执行动作后获得的即时反馈,用以评估该动作的优劣。正奖励激励智能体重复那些有益的行为,而负奖励则引导它避开不利的选择。例如,成功击败一个强大的敌人可能会带来丰富的经验值和装备奖励,激励智能体继续提升实力;反之,不慎掉入陷阱则会导致生命值下降,甚至游戏失败,从而教会智能体更加谨慎地规划行动路线。

三、强化学习主要特点

1. 试错学习

在强化学习的领域中,学习主体仿佛一位勇敢的探险家,不断地与环境进行着深刻的互动。每一次尝试,都是一次对未知领域的勇敢探索,通过不断的试错,它试图归纳出每一步的最佳行为决策。这个过程充满了挑战与不确定性,没有任何明确的指导,只有来自环境的冷酷反馈作为引导。所有的学习都基于这些反馈,学习主体需要不断地调整自己的行为策略,以更好地适应环境的变迁。

2. 延迟反馈

在强化学习的训练过程中,训练主体的"试错"行为往往不会立即获得环境的反馈。有时它可能需要等到整个训练周期结束之后,才能得到一个明确的反馈,例如,围棋中只有到了最后才能知道胜负。

四、强化学习过程

强化学习的过程类似于一个循环,如图5-14所示。

图 5-14 强化学习过程

步骤1:感知状态,智能体首先观察环境的状态。

步骤2:选择动作,根据当前状态和已有的策略,智能体选择一个动作。

步骤3:执行动作,智能体执行选定的动作,并观察环境的变化。

步骤4:接收反馈,环境根据智能体的动作给出相应的奖励或惩罚。

步骤5:更新策略,智能体根据收到的奖励调整自己的策略,以便在未来做得更好。不断重复这个过程,直到找到最优的策略。

在强化学习中,智能体做决策主要依靠:策略和价值函数。

1. 策略(policy)

策略是指导智能体根据当前状态选择最优动作的规则或算法。一个优秀的策略能够最大化长期累积的奖励,协助智能体在不断变化的环境中寻找到生存和发展的最佳路径。随着经验的积累和学习的深入,智能体会持续调整和完善其策略,以应对更加复杂和未知的挑战。在迷宫游戏中,策略不仅会告诉智能体"如果你在迷宫的这个位置,那就往右走",还会考虑诸如"如果前方是死胡同,则返回并尝试其他路径"这样的复杂情况。策略的目标是通过不断优化,使智能体能够在各种情境下都能做出最有利于其长期奖励累积的决策。

我们可以将策略比作一本详尽的探险手册,里面记录了智能体在每一个可能遇到的场景下的最佳行动方案。这本手册不是一成不变的,而是随着智能体经验的积累而不断更新和完善。智能体依据这本手册,在复杂多变的环境中游刃有余,逐步接近目标。

2. 价值函数（value function）

价值函数作为智能体的"评分系统",其功能远不止于简单的评分。它是一个动态的评价机制,能够实时反映每个状态或动作的相对优劣。价值函数不仅基于当前的即时奖励,还考虑了未来可能获得的奖励,即所谓的"未来回报的折现值"。这种前瞻性使得价值函数成为智能体评估决策质量的关键工具。

以象棋游戏为例,设定胜利得分为1分,其余操作得分为0分,游戏状态则由棋盘上棋子的位置所决定。单从1分与0分这两个数值,我们无法得知智能体在游戏进程中的具体表现,然而借助价值函数,我们能够获得更深层次的洞察。

价值函数使用期望对未来的收益进行预测,一方面不必等待未来的收益实际发生就可以获知当前状态的好坏,另一方面通过期望汇总了未来各种可能的收益情况。使用价值函数可以很方便地评价不同策略的好坏。价值函数可以分为如下两种:

① 状态价值函数:用来度量给定策略的情况下,当前状态的好坏程度。

② 动作价值函数:用来度量给定状态和策略的情况下,采用动作的好坏程度。

在强化学习的过程中,策略与价值函数之间形成了一种微妙的共生关系。策略依据价值函数提供的评分来调整自己的行动,以期获得更高的长期奖励;而价值函数则根据策略执行的结果来更新自己的评分体系,以便更准确地反映每个状态或动作的真实价值。这种双向互动构成了强化学习的核心机制,推动了智能体不断进化,最终达到甚至超越人类的决策水平。

五、强化学习算法类型

强化学习算法可以根据不同的标准进行分类,这些标准包括但不限于是否依赖环境模型、优化目标的不同以及策略更新的方式等。下面将介绍主要的分类方式。

1. "基于模型"与"无模型"

（1）基于模型的强化学习。

基于模型的方法假设智能体能够获取或学习到环境的状态转移概率和奖励函数，即环境模型。这类方法允许智能体在不与真实环境直接交互的情况下进行规划。例如，在 AlphaGo 中，围棋规则是已知且固定的，因此可以构建精确的环境模型。此外，还有其他一些算法如 World Models、I2A 等，它们通过与环境交互收集数据，然后使用这些数据来学习一个近似的环境模型，从而实现对未来的预测。

（2）无模型的强化学习。

无模型的方法不需要任何关于环境动态特性的先验知识，而是直接从与环境的交互中学习。这种方法通常更容易实现，但可能需要更多的样本才能达到相同的效果。典型的无模型算法包括 Q-Learning、SARSA、DQN 等。

2. "基于价值"与"基于策略"

（1）基于价值。

基于价值的方法旨在估计相应的价值函数，并通过选择具有最高期望回报的动作来推断出最优行为规则（即策略）。这类方法的一个显著特点是它们倾向于产生确定性的策略，即对于给定的状态总是会选择相同的动作。然而，当面对连续动作空间时，基于价值的方法可能会遇到困难，因为难以有效地表示所有可能的动作值。例如，Q-learning 算法通过定义一个 Q 动作价值函数来估计每个"状态 – 动作"的价值，并不断迭代更新 Q 函数的估计值，使其逼近最优 Q 函数。SARSA 算法则在更新 Q 函数时使用了当前状态和动作的估计值，更适用于需要考虑探索与利用平衡的问题。深度 Q 网络（DQN）是将深度学习方法与 Q-learning 结合的一种算法，通过使用神经网络来近似 Q 函数，从而可以处理高维状态空间的问题。

（2）基于策略。

基于策略的方法是一类直接优化智能体行为策略的方法，这类算法不依赖于显式的值函数估计，而是通过参数化策略函数并调整这些参数以找到最优的行为规则（即策略）。与基于价值的方法不同，基于策略的方法可以直接处理连续动作空间的问题，并且能够学习到随机策略，这对于探索环境和应对不确定性具有重要意义。代表性的基于策略的算法如 REINFORCE 等。

这些算法之间并不是互斥的，如 Q-Learning 既属于基于价值类算法，也属于无模型类算法。许多现代的强化学习算法结合了多种方法的特点，以适应不同的应用场景和提高学习效率。随着研究的深入，新的算法和变种不断涌现，使强化学习领域保持着活跃的发展态势。

5.3 深度学习

深度学习是机器学习的一个子领域，本质上是一种机器学习技术，它使用多层神经网络（通常称为深度神经网络）来模拟人脑的决策能力，实现特征自动学习。深度学习的具体实现依赖于深度神经网络模型（如 CNN、RNN、Transformer 等），使其能够自动从大量数据中提取复杂的特征表示，而无须手动设计这些特征。深度学习可以支持监督学习、无监督学习以及强化学习等多种学习范式，特别适用于处理非结构化数据，如图像、声音和文本等。

5.3.1 了解人工神经网络

设想一下，如果我们可以构建一台机器，它不仅具备人类般的思考能力，还能从错误中汲取教训，持续自我完善。这听起来是否有些像科幻电影中的情节？然而，这样的技术已经融入我们的现实生活，它们就是人工神经网络（artificial neural network，ANN）。作为机器学习领域中一种模拟大脑运作机制的技术，人工神经网络被广泛应用于监督学习、无监督学习、强化学习以及深度学习，以应对图像识别、语言翻译、天气预测等复杂问题。

为了深入理解人工神经网络，我们首先需要探究人脑的运作机制。人脑内包含数十亿个神经元（neurons），这些神经元彼此相连，构成了一个庞大的神经网络系统。当我们观察、聆听或思考某些事物时，神经元之间会传递信息，协助我们做出相应的反应。具体来说，一个神经元能够接收多个刺激信号作为输入，并据此产生一个输出信号。同一个神经元，在面对不同组合的刺激输入时，会产生不同的输出信号，并将这些信号进一步传递给其他多个神经元（如图 5-15 所示）。

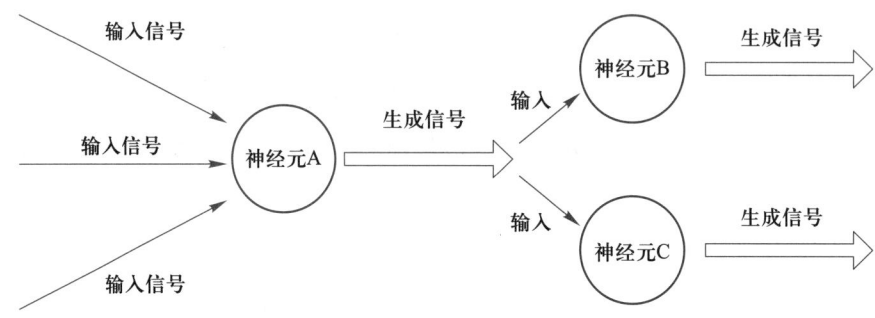

图 5-15 神经元信号传递

随着对外界刺激（信息）的不断接收，神经网络通过学习能够形成多种多样的模型，这些模型构成了人类行为的"原动力"。为了更直观地解释学习过程，我们可以借助一个简化的例子：一个新生儿的大脑初始仅包含一个基础模型——啼哭，用以表达饥饿、寒冷或疼痛等基本需求。随着成长，大脑开始构建更为复杂的神经网络，并随之产生更精细的模型。例如，婴儿可能通过简单的发音来表达饥饿（语音指令模型），或者在看到奶瓶时展现出吮吸动作（条件反射模型）。这些模型的形成通常是在反复接受外界刺激的过程中逐步实现的。尽管起初，大脑中的神经网络对于特定刺激可能产生多种反应，但一旦找到一种反应与该刺激产生有意义的关联，就会形成初步模型。随后，在遇到相似刺激时，这个模型会不断被优化，直至变得相对成熟并稳定下来，最终被固化并存储。这类成熟的模型，我们称之为经验。图 5-16 大致描述了神经网络学习过程的这一机制。

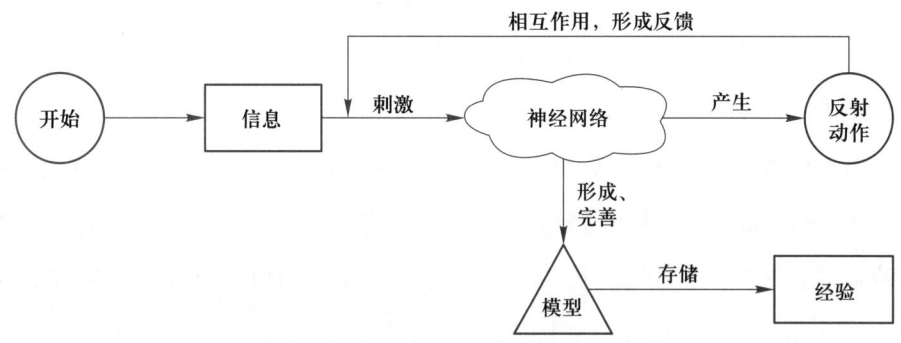

图 5-16 神经网络学习过程

正是受人脑神经网络原理的启发，现代计算机凭借强大的计算能力，也正在尝试像人类一样自主地对信息做出行为反应，这就是人工神经网络。

一、人工神经网络构造

1. 神经元

人工神经网络由众多高度互联的处理单元（即神经元）组成，它们协同作用以解决特定问题。神经元是构成神经网络架构的最基本单元，同时也是最小的可训练元素。一个基础的神经元可抽象为接收多个输入信号，每个信号都对应一个权重值，最终产生一个输出结果，具体如图5-17所示。

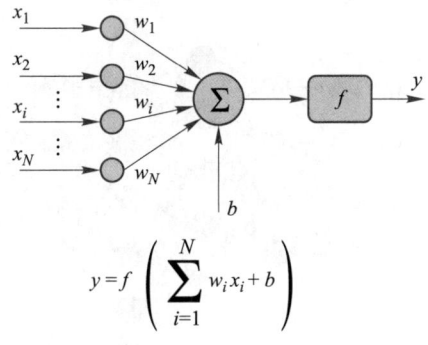

图 5-17 人工神经网络神经元

图 5-17 相比图 5-15 的神经元，图 5-17 在输出前多了一个非线性函数 f（也称激活函数），这使得神经网络能够拟合非线性的复杂函数，从而提高其性能和准确度，所以从本质上讲一个人工神经元就是一个 n 元线性函数加一个非线性处理。其中，线性函数是用直线可以描述的关系，如 $y = mx + c$。而非线性函数就是那些无法用直线描述的关系。比如，二次函数 $y = x^2$、指数函数 $y = e^x$ 以及三角函数都是典型的非线性函数。在现实生活中，很多现象和数据都不是简单的线性关系。例如，股票价格的变化、天气的变化、疾病的传播等都受到多种因素的影响，都需要用非线性函数来描述。

2. 人工神经网络结构

虽然单个神经元的功能相对有限，但当大量神经元相互连接时，它们便能构建起功能强大的神经网络。这些网络通常由多层组成，每层包含众多神经元。网络的起始层称为输入层，负责接收外部数据；而最终层则为输出层，负责输出处理结果；位于中间的层则被称为隐藏层，因为它们既不直接接收输入也不直接输出结果。每个节点会接收来自前一层的信息进行处理，并将处理后的结果传递至下一层。节点之间的连接强度各异，这种强度被称为"权重"，它决定了信息的重要性以及其对最终结果的影响。如图 5-18 所示，展示了人工神经网络的结构。

人工神经元通过连接构成了人工神经网络，信号从网络的最左侧流向最右侧，即从输入层输入，经过隐藏层（中间层），最终达到输出层。

如前所述，每个神经元相当于一个 n 元线性函数与一个非线性处理的结合，因此人工神经网络实质上是多层多个 n 元线性函数与非线性处理的复合叠加。这种结构使得人工神经网络在数学上极为复杂，难以理解，然而它在众多人工智能应用中却扮演了至关重要的角色。

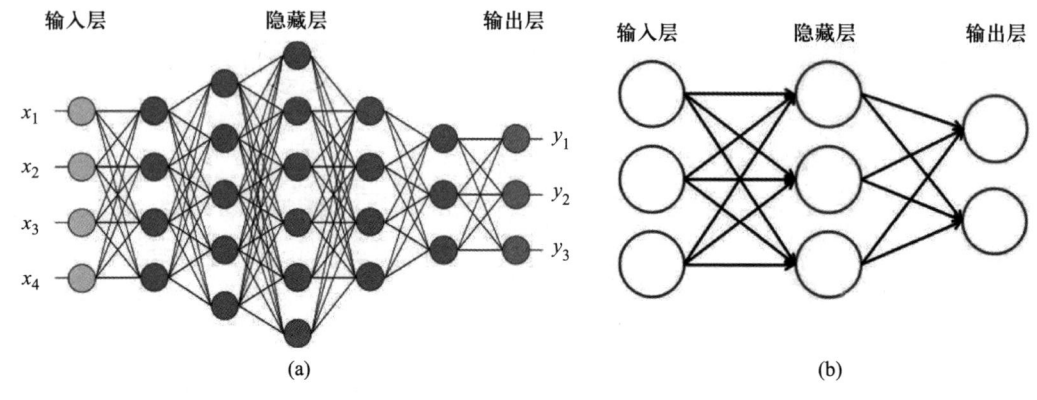

图 5-18 人工神经网络结构

二、人工神经网络训练原理

人工神经网络是一种模拟人脑神经元连接方式的计算模型，它通过大量数据的训练来学习并执行特定任务。训练的过程实质上是人工神经网络从数据中学习，不断调整每个连接的权重，以减少网络犯错的频率。为了便于理解，以下用识别水果为例，简化描述人工神经网络训练原理。

1. 输入层

假设有一个装满香蕉、苹果、橙子的篮子，每个水果都有不同的特征，比如，颜色、形状、大小等。现在要教一个人工神经网络模型来识别这些水果。首先，需要将这些水果的特征转化为数字信息，作为神经网络的输入。比如，苹果可以是红色（用数字 1 表示）、圆形（用数字 1 表示）、中等大小（用数字 0.5 表示）、硬度（用数字 1 表示），以 {1，1，0.5，1} 表示；香蕉可以是黄色（用数字 2 表示）、长条形（用数字 2 表示）、较大（用数字 0.8 表示）、硬度（用数字 0.2 表示），以 {2，2，0.8，0.2} 表示；橙子可以是橙色（用数字 3 表示）、圆形（用数字 1 表示）、中等大小（用数字 0.5 表示）、硬度（用数字 0.4 表示），以 {3，1，0.5，0.4} 表示。这些数字信息就构成了神经网络的输入层，参考图 5-18（a），输入层的 x_1，x_2，x_3，x_4 可以看作分别对应颜色、形状、大小、硬度值。

2. 隐藏层

接下来，神经网络会通过一些"计算"来处理这些输入信息。这些计算就像是在给每个水果的特征进行加权求和。例如，对于上述苹果属性 {1，1，0.5，1}，神经网络可能会计算颜色的权重乘以颜色的数字表示（假设颜色权重为 0.6），再加上形状的权重乘以形状的数字表示（假设形状权重为 0.4），以及大小的权重乘以大小的数字表示（假设大小权重为 0.3）和硬度的权重乘以硬度的数字表示权重（假设硬度权重为 0.5），得到一个综合的分数（$1 \times 0.6 + 1 \times 0.4 + 0.5 \times 0.3 + 1 \times 0.5 = 1.65$）。这个分数就像是神经网络对苹果的一个初步判断。然后，这个分数会通过一个激活函数，来决定这个初步判断是否有效。即：如果分数大于某个阈值，就会输出一个 1，表示可能是苹果；如果小于阈值，就输出一个 0，表示可能不是苹果。这个过程可能会在多个隐藏层中反复进行，每一层都会对上一层的输出进行进一步的计算，逐渐提高判断的准确性。

3. 输出层

最后，经过多个隐藏层的处理，神经网络会在输出层给出最终的判断结果。输出层的神经元数量通常与要分类的类别数相同。比如，在这个例子中，如果要识别苹果、香蕉、橙子三种水果，输出层就有 3 个神经元，每个神经元对应一种水果，输出的值表示输入的水果属于该种类的概率。参考图 5-18（a），输出层的 y_1，y_2，y_3 可以看作分别对应苹果、香蕉、橙子的概率。例如，如果输入的是一个苹果，那么对应苹果的神经元可能会输出一个接近 1 的概率值，而对应香蕉的神经元则会输出接近 0 的概率值。

总的来说，通过不断反复地调整神经网络中的权重和阈值、增加更多的隐藏层和神经元、采用"反向传播算法"（一旦网络的输出出现误差，这个误差会逆向传播至网络，并据此调整权重，以优化模型）调整网络的权重或参数，以最小化神经网络的预测值与期望值之间的差异，可以进一步提高神经网络的准确性和可靠性。

5.3.2 基于人工神经网络的深度学习

深度学习源自对人工神经网络的深入研究，可以视作一种包含更多隐藏层的神经网络架构。相较于传统神经网络可能仅包含几层结构，深度学习模型能够扩展至十几层乃至更多层次，其中"深度"一词恰如其分地描述了这些网络中隐藏层的丰富层次。

一、深度学习工作原理

以人脸识别为例子，用传统的机器学习方法（如监督学习等），首先要确定人脸的"面部特征"（眼睛、鼻子等），然后机器根据输入的数据学习这些"面部特征"，最后依据这些"面部特征"来识别是不是人脸。

而深度学习是直接学习识别判断"是不是人脸"，并不需要提前告诉机器去学习哪些"面部特征"，只需要将数据"喂"给机器，深度学习程序就可以自动找出问题所需的

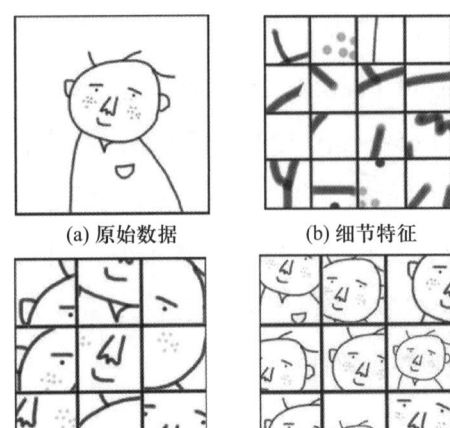

(a) 原始数据　　(b) 细节特征
(c) 局部特征　　(d) 整体特征

图 5-19　深度学习人脸识别步骤

重要特征，自动学会识别判断是不是人脸。本例中机器通过深度学习识别人脸，为了便于理解，可以简化为如下三个步骤（如图 5-19 所示）：

步骤 1：根据原始输入数据，确定出哪些边和角跟识别出人脸关系最大（细节特征）。

步骤 2：根据上一步找出的很多小元素（边、角等）构建层级网络，找出它们之间的各种组合（局部特征），这时可以看到鼻子、眼睛、耳朵等。

步骤 3：在构建层级网络之后，对鼻子、眼睛等局部特征进行组合就可以组成各种各样的头像，就可以确定哪些组合可以识别人脸（整体特征）。这个时候，它就可以识别出各种人的头像了。

二、深度学习 VS 传统机器学习

1. 传统机器学习

传统机器学习是指在深度学习技术普及之前，广泛研究与应用的一系列算法和技术体系，如决策树、K 近邻、朴素贝叶斯等。这些方法通常依赖于明确的规则和统计特征，并且往往需要通过人工设计特征来辅助模型更有效地理解和处理数据。这种手工特征工程的过程不仅耗时，而且高度依赖领域专家的知识和经验，以确保所提取的特征能够准确反映数据的本质特性。

2. 数据量的影响

随着数据规模的增加，传统机器学习与深度学习的表现呈现出显著差异。深度学习模型因其强大的表征能力和复杂的结构，特别适合于大数据环境下的任务处理。相反，在数据量相对较小的情况下，传统机器学习方法可能更为适用，因为它们能够在有限的数据集上提供稳健的性能表现。

3. 硬件需求的不同

深度学习对硬件资源的需求较高，尤其是对于计算能力的要求。由于深度神经网络包含大量的参数，训练过程涉及复杂的矩阵运算，这使得 GPU 等专用硬件成为加速训练的关键因素。普通 CPU 仅配备少量核心，每个核心拥有较大的缓存，适用于执行少数软件线程的任务；而 GPU 则由成百上千个核心构成，能够并行处理数千个线程，极大地提升了计算效率。相比之下，传统机器学习算法对硬件配置的要求较低，更适合在标准计算平台上运行。

4. 特征工程的重要性

在传统机器学习框架内，特征工程占据着至关重要的位置。几乎所有的特征都需要经过人工识别、定义及编码，以便为模型提供有效的输入信息。这一过程要求工程师具备深厚的领域知识，以确保所选特征的有效性和相关性。然而，深度学习则试图绕过这一烦琐步骤，通过多层神经网络架构自动从原始数据中学习高层次特征，从而降低了对人工干预的需求。

5. 训练与推理效率

深度学习模型的训练周期较长，主要是由于其庞大的参数集需要精细调整以捕捉数据中的复杂模式。尽管如此，一旦训练完成，深度学习模型在推理阶段表现出色，能够快速响应实时应用场景，如物体检测（如图 5-20 所示）或语音识别等。相较之下，传统机器学习算法虽然在训练阶段所需时间较短，但在某些场景下可能无法达到同等水平的实时性能。

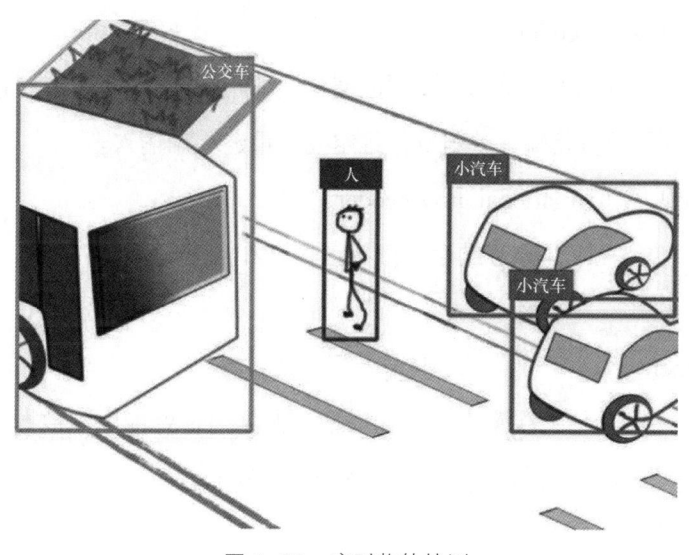

图 5-20　实时物体检测

三、深度学习典型模型

深度学习的典型模型涵盖了多种不同的架构，这些架构根据其设计目的和应用场景各有特色。以下是一些常见的深度学习模型及其特点：

1. 前馈神经网络（feedforward neural network）

这是最简单的深度学习模型，信息沿一个方向流动，从输入层到输出层。它们适用于分类和回归任务。

2. 卷积神经网络（convolutional neural network，CNN）

CNN 是专为处理图像数据设计的神经网络架构。它通过关注输入图像的局部区域和权重共享机制，有效提取图像的局部特征。CNN 通常包含卷积层、池化层和全连接层等模块，在图像识别、目标检测等领域有广泛应用。

3. 循环神经网络（recurrent neural network，RNN）

RNN 能够处理具有时序关系的数据，如文本或时间序列数据。RNN 的一个重要变体是长短期记忆网络（LSTM），它解决了标准 RNN 在长序列中遇到的梯度消失问题，并能更好地捕捉长期依赖关系。

4. 生成对抗网络（generative adversarial network，GAN）

GAN 由两个部分组成：生成器和判别器。这两个网络相互竞争，生成器试图创造真实的样本欺骗判别器，而判别器则尝试区分真实样本与生成样本。GAN 被用于图像生成、风格迁移等多个领域。

5. 自编码器（autoencoder）

自编码器是一种无监督学习模型，用于学习数据的有效压缩表示。它包括编码器和解码器两部分，分别负责将输入映射到低维空间和重建原始输入。

6. 变分自编码器（variational autoencoder，VAE）

作为生成模型的一种，VAE 结合了概率图模型和深度学习的特点，可以生成丰富多样的样本。

7. Transformer

Transformer 是一种基于注意力机制的模型，尤其擅长处理序列数据，如自然语言处理中的翻译任务。它的出现极大地推动了 NLP 领域的进步，并且也被应用到了其他领域，如计算机视觉。

8. LeNet-5

LeNet-5 是早期成功的卷积神经网络之一，主要用于手写数字识别任务。尽管相对简单，但它奠定了现代深度学习的基础。

9. AlexNet

AlexNet 是一个重要的里程碑，它赢得了 ImageNet 大规模视觉识别挑战赛（ILSVRC）2012 年的冠军。AlexNet 的出现标志着深度学习在图像识别领域的突破性进展。

10. VGG

VGG 网络以其简洁一致的结构著称，所有卷积层都使用相同的卷积核大小，并且在每个阶段后都会进行最大池化操作。VGG 网络易于理解和实现，也常被用作预训练模型。

11. ResNet（残差网络）

ResNet 引入了残差连接的概念，使得非常深的网络（超过 100 层）成为可能。这有助于解决深层网络中的梯度消失问题，从而提高模型的表现力。

这些模型都代表了深度学习领域的核心进展，每种模型都有其独特的应用场景和技术优势。随着技术的发展，未来可以期待更多创新性的模型出现，进一步推动这一领域的发展。

四、深度强化学习

深度强化学习当前是一种较前沿的学习策略，它融合了深度学习与强化学习的双重优势。在这种策略下，一个智能体（如计算机程序）通过与环境的互动来学习如何执行任务。该智能体能够接收环境的反馈，并依据这些反馈调整其行为，旨在获得最大的奖励。同时，深度学习技术被应用于处理复杂的数据和模式，辅助智能体更深入地理解环境并做出更明智的决策。以自动驾驶汽车为例，深度强化学习可用于训练汽车在复杂路况下安全行驶。汽车通过持续的实践和从错误中学习，能逐步提升其驾驶能力。

5.4 机器学习主要应用场景

机器学习是人工智能领域的一项核心技术，它赋予计算机系统通过数据自动学习和优化性能的能力，而无须进行明确编程。随着技术的不断进步，机器学习的应用已经渗透到各行各业，带来了效率提升、成本降低以及创新解决方案。从个性化推荐服务到复杂的自动化决策系统，机器学习正改变着我们与世界的互动方式，并持续开拓新的可能性。以下列举了常见的机器学习应用场景。

一、金融场景

利用逻辑回归、神经网络等算法，可以根据用户的财务历史、交易行为等数据进行信用评分（如图 5-21 所示）；分析历史股价、经济指标等数据，预测股票的未来走势；基于 K 近邻、深度学习等方法进行异常检测，识别欺诈交易等。

二、商业场景

利用 K 均值聚类等算法，实现市场细分、客户群体划分（如图 5-22 所示）等，从而更好地理解不同客户群体的需求和行为模式，针对性地制定个性化的营销策略。

图 5-21 芝麻信用评分

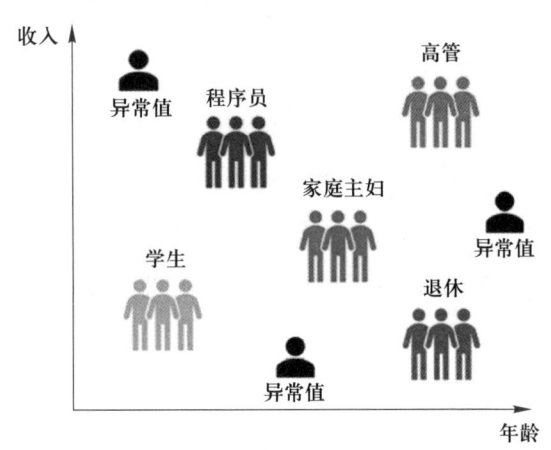

图 5-22 客户群体划分

三、游戏与娱乐

在游戏中，强化学习可以用于训练智能 NPC（非玩家角色）、优化游戏难度、提供个性化游戏体验等。在电子竞技中，强化学习已被用于训练专业的电竞团队，通过模拟比赛情境来提升选手的表现。

四、自然语言处理

利用深度学习，可以根据文本、图片分析情感倾向（如图 5-23 所示）；将语音转换为文本，或将文本转换为自然流畅的语音；实现高质量的多语言翻译等。

五、智能驾驶

用户可以通过集成多种传感器数据（如摄像头、激光雷达、毫米波雷达等），利用深度学习、强化学习等方法实现车辆的智能驾驶，如图 5-24 所示。

六、工业质检

深度学习机器视觉技术通过训练大量的图像数据，能够自动化地识别、分析和判断工业生产过程中的各种问题，从而极大地提高了生产效率和质量。该技术可以自动化地识别和判断零部件的形状、位置和装配状态，从而提高生产线上的装配检测速度和准确性，如图 5-25 所示。

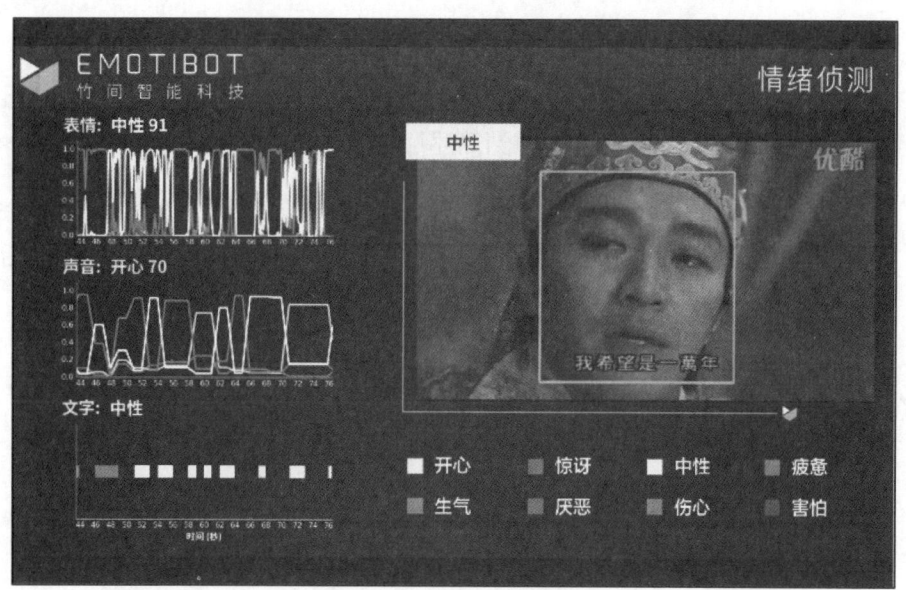

图 5-23　情感分析

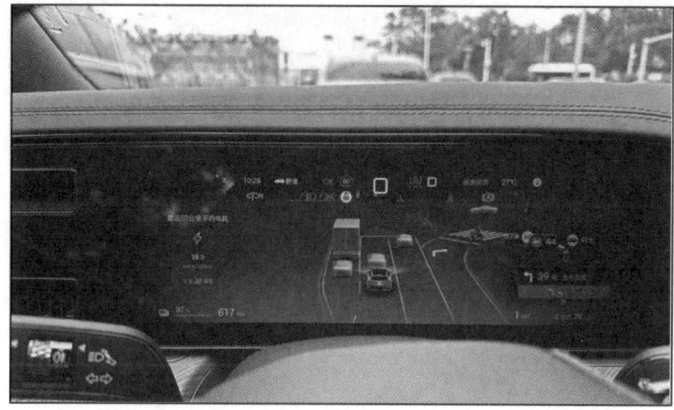

图 5-24　智能驾驶

图 5-25　AI 质检

习 题

1. 请简要描述什么是机器学习,并概述其基本过程。

2. 在机器学习中,数据、模型和算法这三个核心概念是如何相互关联的?

3. 监督学习的基本任务有哪些?并请简述每种任务的目标。

4. 解释无监督学习与监督学习的主要区别,并列举至少两种无监督学习任务。

5. 强化学习与其他类型的机器学习有何不同?强化学习过程中最关键的组成部分是什么?

6. 简述人工神经网络的工作原理,并说明它如何用于深度学习。

7. 列举并简要描述机器学习在现实世界中的五个主要应用场景。

第六章　数据管理与人工智能

随着人工智能技术的飞速进步，数据已成为企业不可或缺的关键资源。高质量的数据是训练和提升人工智能模型的基础。因此，数据管理在确保人工智能系统的精确性和可靠性方面具有至关重要的作用。本章围绕大数据展开数据管理与人工智能相关知识的讨论。

6.1　大数据基础

人工智能与大数据（big data）作为前沿技术领域，两者之间既有紧密的联系又有显著的差异。AI 技术的起源可追溯至 20 世纪 50 年代，其发展历程悠久；相对而言，大数据的概念直至 2010 年左右才逐渐明确并形成。

大数据构成了人工智能发展的基础，其庞大的数据集源自社交媒体、企业数据库、物联网设备等多种渠道。通过应用大数据技术，人工智能能够实现对海量数据的获取、存储、处理与分析，从而提高其性能和精确度。与此同时，人工智能也是大数据应用的驱动力，机器学习算法能够揭示深层次的洞察和关联，促进实时数据分析，使企业能够迅速应对市场变化。

6.1.1　大数据起源与发展

一、大数据的起源

大数据的生成原因具有多样性，主要涵盖以下 5 个方面：

1. 互联网的迅猛发展

互联网的普及与快速进步构成了大数据的关键起源。随着日益增长的人群利用互联网进行各类活动，例如，浏览网页、网络购物、社交媒体互动等，这些活动催生了大量数据，涵盖了用户的浏览历史、购买模式、社交网络等信息。

2. 科技进步

计算机技术、存储技术以及通信技术的持续演进，极大地促进了人们获取与存储大规模数据的能力。与此同时，数据处理与分析领域内的算法及工具也在不断优化，显著提升了大数据处理与分析的效率和精确度。

3. 物联网技术的兴起

物联网技术通过互联网实现了各种物理设备的互连互通，赋予了它们相互间进行信息交换与通信的能力。随着物联网技术的蓬勃发展，各类设备及传感器得以实时生成海量数据，例如，智能家居设备、智能交通工具、工业自动化设备等。

4. 社交媒体的广泛普及

在社交媒体平台上，用户广泛发布并分享了大量信息资源，内容涵盖文字、图像、视频等多种形式。这些信息的产出极为庞大，并且蕴含了丰富的用户行为数据，如点赞、评论、分享等互动行为。

5. 数据应用需求

随着互联网与移动互联网技术的不断进步，企业和政府部门对数据应用的需求日益增长。企业主体期望通过对大数据的深入分析，洞悉用户需求与行为模式，从而优化产品和服务的定制；政府部门则致力于利用大数据分析，以提升城市治理效能和公共服务质量；学术界则期望通过大数据的挖掘与分析，探索新的知识体系和潜在规律。

二、大数据的发展

在数字经济时代，大数据已跃升为核心驱动力，与土地、劳动力、资本、技术等传统生产要素并驾齐驱。近年来，我国大数据在基础设施建设、技术发展路径以及应用场景的拓展方面均取得了显著进展。随着科技革命和产业变革的不断深化，数据作为关键生产要素的重要性愈发凸显，预示着我国大数据产业市场潜力巨大。

我国大数据产业自 2010—2024 年期间，展现出了显著的增长趋势。

1. 第一阶段：2010—2018 年，产业的起步与增长

在 2010 年，大数据产业尚处于萌芽阶段，规模相对有限；至 2018 年，我国大数据核心产业规模已增至 329 亿元，相较于 2017 年实现了 39.4% 的增长率。

2. 第二阶段：2019—2022 年，产业的快速发展

至 2019 年，我国大数据产业规模已达到 8 500 亿元，显示出强劲的增长动力。此时，大数据产业已逐渐从依赖软硬件投入驱动，转变为应用驱动，并初步构建了产业良

性生态。

2020年，我国大数据产业规模达到1万亿元，增幅在全球数据市场中居于领先地位。大数据企业在金融、医疗健康、政务等领域取得显著成就，关键技术创新方面也持续取得突破。

2021年，大数据产业规模实现高速增长，达到1.3万亿元，复合增长率超过30%。此时，大数据市场主体总量超过18万家，形成了大企业引领、中小企业协同、创新企业不断涌现的发展格局。

2022年，大数据产业规模进一步增长至1.57万亿元，同比增长18%。数字基础设施实现跨越式发展，如光纤网络、数据中心、5G基站等建设均位居世界前列。同时，大数字产业创新发展加快提升，人工智能、物联网等领域的发明专利授权量居全球前列。

3. 第三阶段：2023年至今，产业的持续增长

至2023年，我国大数据产业规模达1.9万亿元，同比增长10.45%。此外，全国一体化政务服务平台数据共享枢纽累计发布数据资源2.06万类，支撑各地区各部门共享调用5 300余亿次。地方政府数据开放平台数量不断增加，有效数据集数量显著增长。

2024年，预计产业规模将达到2.4万亿元，同比增长15%以上。此时，大数据产业已经成为推动数字经济发展的重要力量，企业合作与创新不断加强，共同推动产业的整体创新能力和竞争力提升。

综上所述，自2010—2024年，我国大数据产业规模呈现出持续快速增长的趋势，如表6-1、图6-1和图6-2所示。随着数字经济的持续发展以及大数据技术的不断创新和应用推广，未来大数据产业将继续保持强劲的增长势头，并在经济社会发展中发挥更加重要的作用。

表6-1　大数据规模变化情况表（2010—2024主要年份）

年份	大数据产业规模/亿元	数据量/ZB	备注
2010	32	——	起步阶段，规模较小
2018	329	——	核心产业规模
2019	8 500	3.9	总产业规模，快速增长
2020	10 000	5.1	增速领跑全球数据市场
2021	13 000	6.6	总产业规模，高速增长

续表

年份	大数据产业规模/亿元	数据量/ZB	备注
2022	15 700	8.1	总产业规模，持续增长
2023	19 000	9.5	总产业规模，数据资源开发利用水平提升
2024	预计 24 000	10.6	总产业规模，继续增长

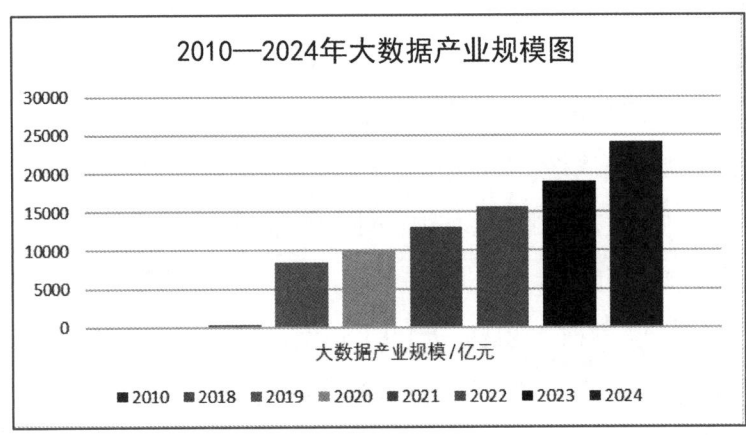

图 6-1　2010—2024 年我国大数据产业规模

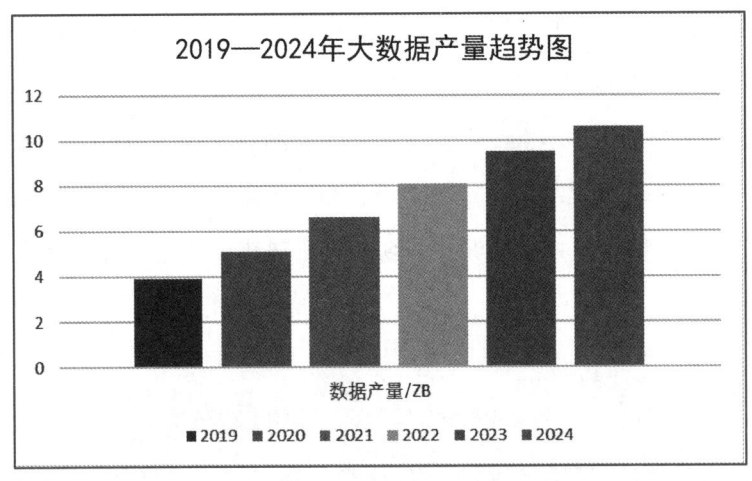

图 6-2　2019—2024 年我国大数据产量趋势

6.1.2　大数据概念与特征

一、大数据基本概念

大数据指的是在特定时间范围内，传统软件工具难以捕捉、管理和处理的数据集合。这些数据集合具有海量、高增长率和多样化的特点，它们需要新的处理模式以增强决策能力、洞察力和流程优化能力，从而转化为具有价值的信息资产。

大数据技术的战略意义并不仅仅在于掌握庞大的数据信息，而更在于对这些数据进行专业化的处理。换言之，若将大数据视为一种产业，则该产业实现盈利的核心在于提升数据的"加工能力"，通过"加工"实现数据的"增值"。

二、大数据的特征

（1）数据体量庞大（volume）。大数据的规模持续处于动态变化状态，单个数据集的规模范围可从数十太字节（TB）扩展至数拍字节（PB）。换言之，存储 1 PB 的数据量需要约两万台配备 50 GB 硬盘的个人计算机。此外，众多出乎意料的数据源也可产生数据。

（2）数据流转的高速性（velocity）。数据时效性是其关键属性之一，未经加工的大数据会随着时间流逝而价值递减。对于商业实体而言，所搜集的数据多源自用户的商业行为，而这些行为通常具有显著的时效性特征。例如，某用户在服装商场的消费行为数据，若无法实现数据的迅速处理与及时分析，那么这些数据的价值将大幅降低，因为用户的购买行为并非日常恒定不变。数据的高速流转类似于水的持续流动，唯有保持数据的动态更新，方能确保大数据的时效性与价值得以维系。

（3）数据类型的多样性（variety）。鉴于新型多结构数据的涌现，数据多样性显著增加。这涵盖了网络日志、社交媒体数据、手机通话记录、互联网搜索记录以及传感器网络数据等多种类型。

（4）价值密度低下（value）。大数据本身蕴含着庞大的信息量，然而从信息的采集到价值的实现过程中，价值密度往往较低。

6.2 数据管理

数据管理流程是一个高度系统化的进程，涵盖了数据的整个生命周期，从最初的采集阶段开始，直至后续的处理、存储、分析和应用等多个环节。在这个过程中，数据采集构成了起点，通过运用各种技术和手段获取原始数据；数据处理则涉及对这些原始数据进行清洗、转换和整合，旨在提升数据的质量和可用性；数据存储则需要选择适当的数据库或存储架构，以确保数据的安全性和可访问性。此外，数据分析与应用环节则致力于将处理后的数据转化为有价值的信息和洞察，以支持企业的决策制定和业务优化。整个数据管理流程需要各环节紧密协作，以确保数据的准确性、完整性和安全性。

6.2.1 数据采集

一、数据来源

在数据管理与分析领域，数据来源的重要性不容忽视。掌握数据来源的种类、其重要性以及选择标准对于优化数据资源的利用、提升数据分析及决策的精确度具有重要意义。通常情况下，数据来源呈现多元化特征，涵盖政府数据、企业数据、互联网公开数据等多种渠道。

（1）政府数据：政府机构在履行职责过程中采集的数据，包括人口数据、经济数据、公共安全数据等。这些数据通常通过政府公开数据平台、公共数据库等方式进行获取，为科研机构、企业和个人提供宝贵的信息资源。

（2）企业数据：企业通过自身的业务运营和管理活动积累的数据，如客户数据、销售数据、财务数据等。这些数据可以通过企业的内部系统（如数据库、CRM 系统等）进行采集和分析。

（3）互联网公开数据：互联网上的各种网站、社交媒体平台和搜索引擎等提供的数据。这些数据可以通过爬虫技术、API 接口等工具进行采集，包括网页内容、新闻文章、用户评论、图片、视频等。

（4）专业数据库：由专业机构或企业构建的数据库，内容覆盖金融、经济、科技、教育等多个领域，通常需通过付费购买或订阅方式获取。

（5）传感器数据：传感器采集的物理量（例如温度、湿度、压力等）数据，广泛应用于物联网、工业自动化、环境监测等众多领域。

（6）调查问卷：通过问卷设计、发布及回收问卷数据，以收集用户对特定议题的观点和意见，该方法在市场调研、用户研究等领域具有广泛应用。

（7）学术研究机构数据：学术研究机构在研究实验过程中产生的数据，通常具有显著的学术价值和研究意义，可通过学术出版物、研究报告或数据库等途径获取。

（8）国际组织和机构数据：国际组织和机构发布的全球性数据，内容涉及经济、社会、环境等多个领域，一般通过官方网站等渠道获取。

二、数据采集方法

根据数据源的异质性，数据采集方法可细分为以下主要途径。

1. 传感器采集

传感器，作为一类能够检测物理量并将其转换为电信号或数字信号的装置，在工业生产中扮演着至关重要的角色。以温度传感器为例，其能够实时监测生产设备的温度状况，从而有效预防设备因过热而引发的故障。在汽车制造车间，温度传感器被安装于焊接设备之上，一旦温度超出预设阈值，系统将立即触发警报。此外，压力传感器在石油化工行业中被广泛应用于测量管道内液体或气体的压力状况。

传感器采集的数据以高精度和实时性为显著特征。该技术能够迅速响应环境变化并进行数据传输，同时支持长期连续作业。不同种类的传感器能够采集不同类型的信号，例如光学传感器用于捕捉光信号，加速度传感器则用于测量物体的加速度等。

2. 网络爬虫

网络爬虫，也称网络蜘蛛或网络机器人，是一种依据既定算法自动抓取网页内容的程序。该程序通过发送 HTTP 请求以获取网页的源代码，随后解析该代码以提取所需数据。在互联网领域，网络爬虫技术被广泛应用于市场调研。例如，电子商务企业可利用爬虫技术搜集竞争对手的产品定价、用户评价数量及评分等信息，从而调整自身的定价策略和产品定位。新闻媒体机构也可运用爬虫技术从众多新闻网站中收集新闻资讯，实现新闻内容的聚合与推荐。

网络爬虫技术能够高效地获取互联网上的大量公开数据。然而，其运行过程中必须遵循网站的 robots.txt 协议，以防止过度访问而对网站造成瘫痪。鉴于网页结构的复杂性和多变性，爬虫规则的持续更新与优化是确保数据采集精确性的关键。

3. 系统日志采集

系统日志是软件系统或设备记录自身运行状态和事件的文件。在服务器管理中，系统日志包含了诸如用户访问记录、应用程序错误信息、网络连接状态等数据。通过采集系统日志，运维人员可以分析服务器的性能和安全状况。例如，通过分析 Web 服务器的日志，可以了解用户访问的高峰期、访问频率最高的页面，从而优化服务器配置和网站架构。在网络安全领域，日志数据可以帮助检测恶意攻击，如通过分析登录失败日志来发现暴力破解攻击的迹象。

系统日志采集能够提供系统运行的详细历史记录。这些数据是诊断系统问题和安全漏洞的重要依据。然而，日志数据量可能非常庞大，需要高效的存储和分析工具，并且日志格式因系统而异，需要进行适当的解析和处理。

4. 数据库抽取

数据库抽取（extract，transform，load，ETL）是一种用于从源数据库中抽取数据，经过转换后加载到目标数据库的技术。在企业数据仓库建设中，ETL 工具可以从多个业务系统（如 ERP 系统、CRM 系统）中提取数据。例如，将销售部门的订单数据、客户数据从其业务数据库中抽取出来，经过数据清洗（去除重复数据、纠正错误数据格式等）、转换（如统一数据单位、编码转换）后，加载到数据仓库中，用于企业级的数据分析和决策支持。

ETL 能够集成不同来源的数据，确保数据在不同系统之间的一致性。它可以处理大规模的数据抽取任务，并且能够按照预定的规则进行复杂的数据转换。不过，ETL 过程可能比较复杂，需要对源数据库和目标数据库的结构有深入了解，并且配置和维护 ETL 工具也需要一定的技术能力。

5. 人工数据录入

人工数据录入作为一种基础的数据采集手段，是指将数据通过人工方式输入计算机系统。在小型企业或数据量较少的场合，例如，小型零售店铺，店主可能会选择手动将每日的销售记录、进货记录等信息输入电子表格。在市场调研领域，调查人员通过问卷调查收集数据后，需将问卷结果手动录入统计软件以供后续分析。

人工数据录入方法的优势在于其操作简便直接，适用于处理少量且非结构化的数据。然而，该方法容易受到人为因素的影响，导致诸如拼写错误、数据录入失误等问题，且其效率相对较低，因此并不适合大规模数据采集任务。

6.2.2 预处理与质量控制

数据预处理，涵盖数据清洗与数据转换，是确保数据质量的关键步骤。该过程涉及去除重复数据、填补缺失值、纠正错误数据以及异常值处理等数据清洗工作，以及数据格式转换、数据标准化、数据集成等数据转换操作。通过这些预处理手段，可以有效提升数据的准确性和一致性，为后续的数据分析和应用奠定坚实的基础，确保分析结果的精确性和业务决策的有效性。

一、数据清洗

1. 缺失值处理

（1）填补缺失值：通过均值、中位数、众数等方法填补缺失值。例如，在医疗数据中，填补患者的缺失信息。

（2）删除缺失值：当缺失值过多且无法填补时，可考虑删除相应记录。

2. 异常值处理

（1）识别异常值：利用统计方法或机器学习算法识别异常值。例如在金融数据中，识别出异常的交易记录。

（2）修正异常值：根据实际情况对异常值进行修正。如将异常值调整为合理范围内的值。

3. 重复值处理

（1）删除重复值：这是最直接的方法，适用于大多数情况。在删除重复值时，需要确保不会丢失重要信息。通常，会保留重复记录中的第一条或最后一条，或者根据某些条件（如时间戳）来选择要保留的记录。在软件中可以使用"删除重复项"功能来快速删除重复的行。

（2）合并重复值：在某些情况下，可能希望将重复值合并为一个记录。例如，如果有多条记录表示同一个客户的不同联系方式，可以将这些联系方式合并到一个字段中，并用逗号或其他分隔符分隔它们。合并重复值通常需要对数据进行一些预处理，如提取重复记录中的共同字段和需要合并的字段。

（3）分析重复值：在某些情况下，重复值可能揭示了数据集中的某些模式或问题。例如，如果数据集中有大量重复的记录，这可能表明数据收集或处理过程中存在问题。

通过分析重复值，可以识别数据集中的潜在问题，并采取相应的措施来解决问题或改进数据收集和处理过程。

二、数据转换

（1）数据标准化：将不同格式、不同编码的数据统一转换为标准格式和编码。如将各种日期的表示形式统一为"YYYY-MM-DD"，确保日期排序、筛选一目了然；将字符编码统一为UTF-8，能兼容多国语言字符，保障字符在不同系统、软件间准确传递；对于数值型数据，统一小数点位数、是否添加千分位分隔符；把逻辑型数据规范表达为"TRUE"或者"FALSE"，使逻辑判断精确无误。以上这些标准化的操作目的是便于数据的存储、处理和分析。

（2）数据集成：针对源自多种数据源的信息，实施整合操作，以消除数据孤岛现象，构建统一的数据视图。这些数据源涵盖数据库、文件系统、应用程序等多种类型，其数据格式和语义存在差异。通过采用数据抽取、转换、抽取（ETL）等技术手段，实现数据格式的一致性，统一数据结构与编码标准，从而汇聚成一个综合性的可用数据集。该数据集为数据分析和决策过程提供全面且精确的数据支持，进而挖掘出数据中潜在的价值。

三、预处理案例分析与实现

我们通过 WPS 表格软件对表 6-2 中的数据实现预处理。

表 6-2　数据预处理前的员工信息表

姓名	工号	部门	电话号码	入职日期	薪资
张 鹏飞（男）	001	销售部	138-0013-8000	2022 年 1 月 15 日	15,000 元
李木子（女）	002	hr 部	13900139000	2021/12/10	8500 元
王 丽丽（女）	003	财务部	18909871235	2022/1/5	12,000
赵科（男）	001	市场部	136000-13600	2023/3/1	
刘飞（男）	005	IT 部门	86-135-1134-5678	2022 年 7 月 20 日	9,500
陈多多（男）	006	销售部	133-0001-3300	2021 年 11 月	11000
周博（男）	007	市场部	189-83124568	2023/4/1	7000
吴　星辰（女）	008	客服部	86-132-0000-1320	2023/2/28	6,800 元
郑若飞（男）	009	研发部	131-××××-××××	2021/9/15	14,500.00
孙晓（女）	002	行政　部	130-0000-1300	2022/11/11	7200 元
周博（男）	007	市场部	189-83124568	2023/4/1	7000

（注：表 6-2 中文字间的空格是作者为分析数据预处理案例故意添加的，与书中数字采用的千位空格（如教材第 37 页的"6220800"应写作"6 220 800"）不同）

首先分析表 6-2，发现可能存在以下问题：

（1）姓名和部门名称中可能包含多余空格（如"张 鹏飞"）。

处理方式：选中这两列数据，通过查找替换功能。

（2）出现重复行，在本例中处理方式是删除。

处理方式：在"数据"选项卡中单击"重复项"，选择"删除重复项"，如图 6-3 所示，随后出现图 6-4 所示的界面，用默认选项，单击"删除重复项"按钮即可删除重复行。

（3）工号中可能存在重复项，在本例中处理方式是修改（如张鹏飞和赵科工号都是 001，需要修改赵科的工号为 004；李木子与孙晓的工号都是 002，需要将孙晓工号 002 修改为 010）。

图 6-3　WPS 表格中删除重复项的界面 1

图 6-4　WPS 表格中删除重复项的界面 2

处理方式：选择工号列数据，设置高亮重复项，如图 6-5 所示，修改工号后即可清除高亮标志。

（4）姓名列中，不仅有姓名信息，还有性别信息，需要做分列处理，同时观察括号有中文和英文之分。

处理方式：

① 选中姓名列的数据，首先用查找替换功能把英文括号都处理成中文括号。

第六章　数据管理与人工智能

② 在姓名列后面增加一个性别列，选中姓名列的数据（不包括列标题），以"("括号作为分隔符进行分列操作（主要过程如图6-6和图6-7所示）。

图6-5 WPS表格中设置高亮重复项

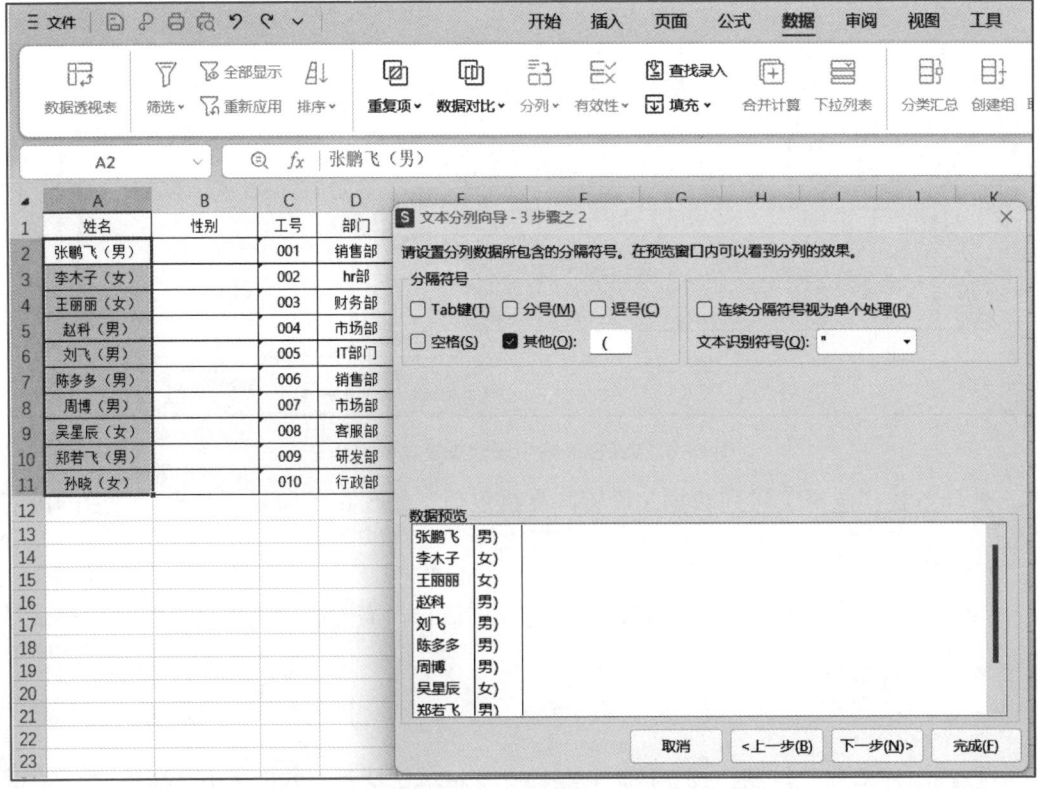

图6-6 WPS表格中的分列操作主要步骤图1

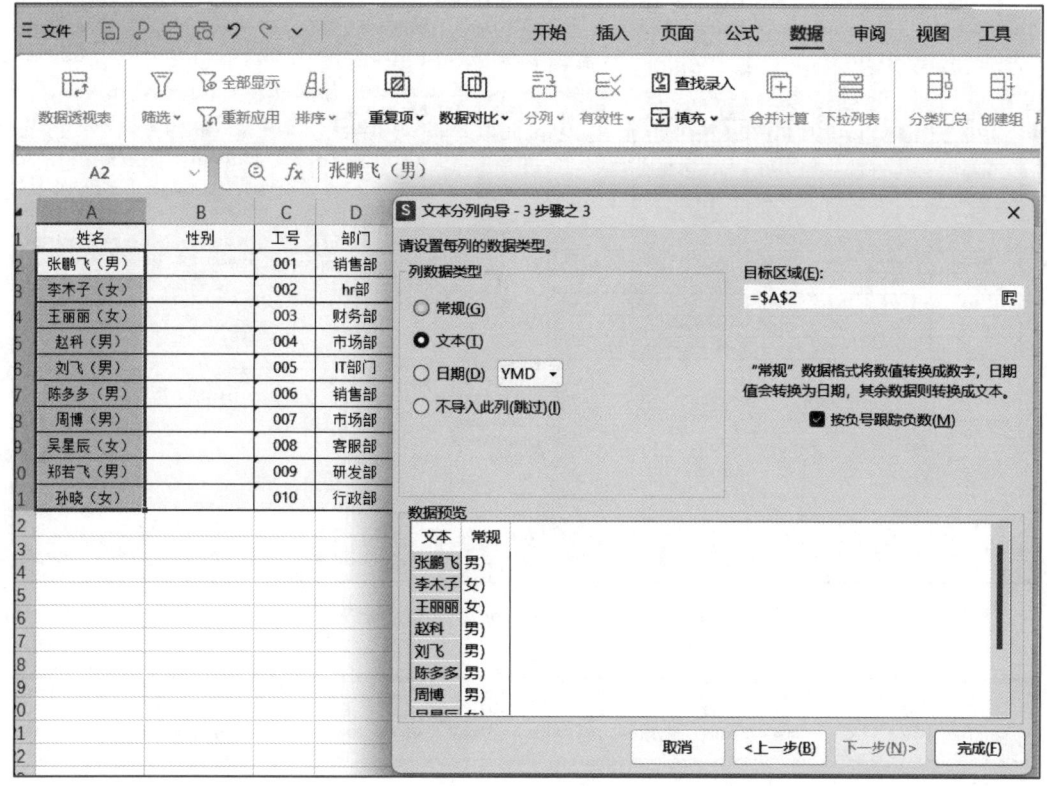

图 6-7　WPS 表格中的分列操作主要步骤图 2

③ 在性别列中以查找替换的方式删除右括号。

（5）电话号码格式不统一，需要标准化（如统一为国际格式，如＋8613900139000）。
处理方式：

① 在电话号码列右侧增加辅助列（观察原始数据，以"－"作为分隔符，最多的项能分 4 列，除了数据本身的 1 列外，还需要 3 列存储分列后的数据；最后还需要用公式完成结果的处理，所以增加 4 列辅助列）。

② 先把数据选中，做分列处理以"－"作为分隔符，切记处理最后一步之前要选择每列数据，设置文本型（如图 6-8 所示），不然要丢前导 0。

③ 分列成功后，选中 E 列数据，用查找替换的方式把里面的"86"替换为空。

④ 在 I2 中用公式 " ="+86"&E2&F2&G2&H2" 完成电话号码标准格式的连接，并且完成本列其他数据的填充，可以实现标准化的格式，如图 6-9 所示，完成后复制→粘贴数值到原位置，删除辅助列即可。

⑤ 最后处理一个异常值，郑若飞的电话号码修改为：＋8613103769981。

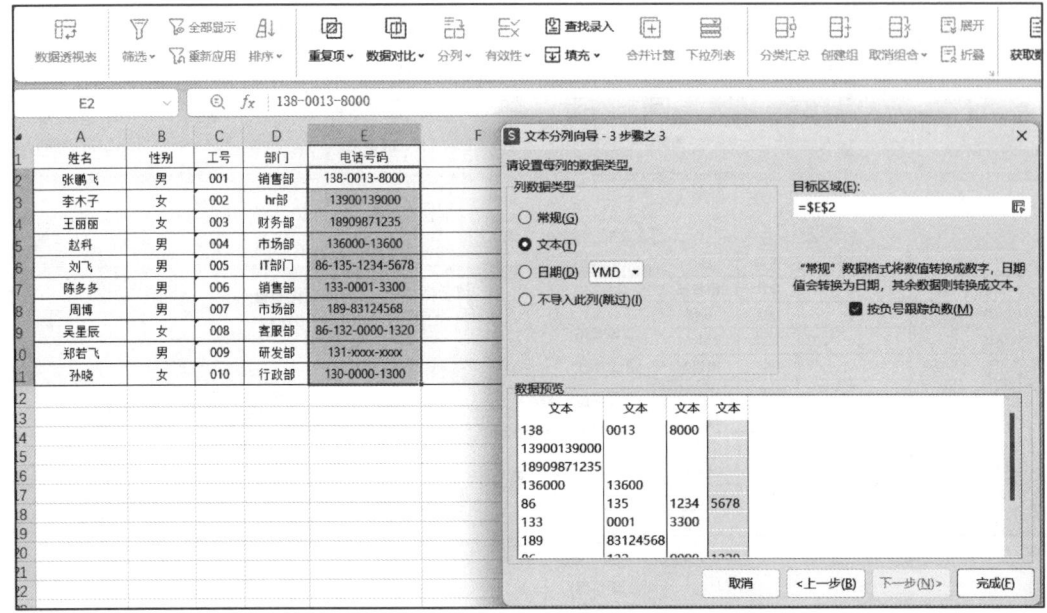

图 6-8 电话号码分列操作关键步骤

图 6-9 用公式实现电话号码标准化

（6）入职日期格式不统一，需要转换为统一的日期格式（如 YYYY-MM-DD）。

处理方式：选中所有日期，设置单元格格式，切换到"日期"，选择"英语（英国）"，如图 6-10 所示，可以找到该格式。

（7）薪资中可能包含货币符号或千分位分隔符或者"元"字，需要转换为数值格式（如去除"元"和千位分隔符）。

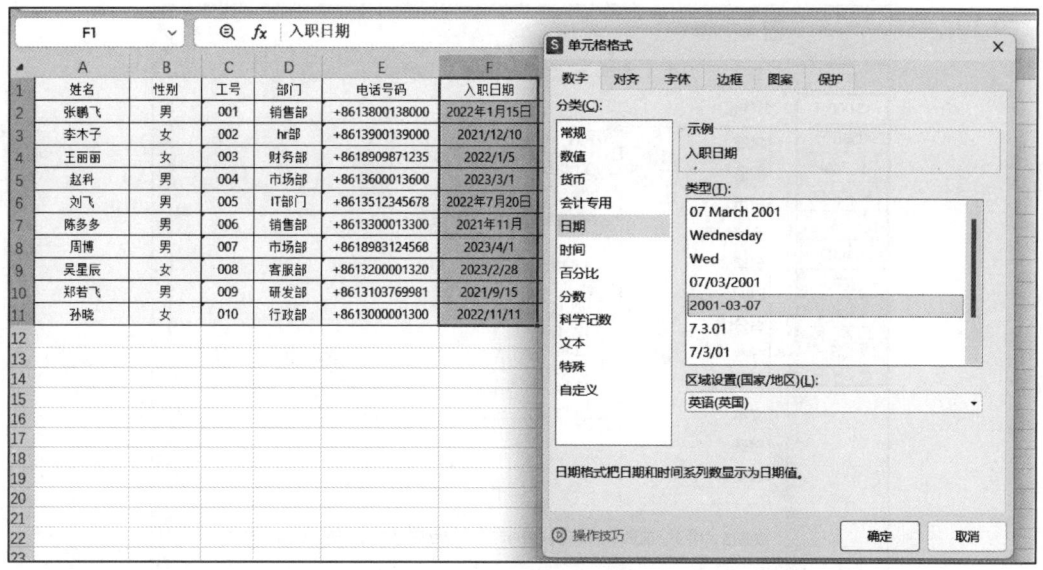

图 6-10 日期标准化设置方法

处理方式：

① 首先补充缺失值，此处用平均值来补。

② 把 H 列当做辅助列，在 H2 中输入公式"= VALUE(SUBSTITUTE(SUBSTITUTE (H2,"元",""),",",""))"，即可去掉金额里面的"元"字以及千位分隔符","，填充本列对应数据，如图 6-11 所示；或者用更简便的做法，首先设置单元格格式去掉里面的千位分隔符，然后在辅助列用公式"= VALUE（SUBSTITUTE（H2,"元",""））"去掉"元"字，最后填充数据，如图 6-12 和图 6-13 所示。

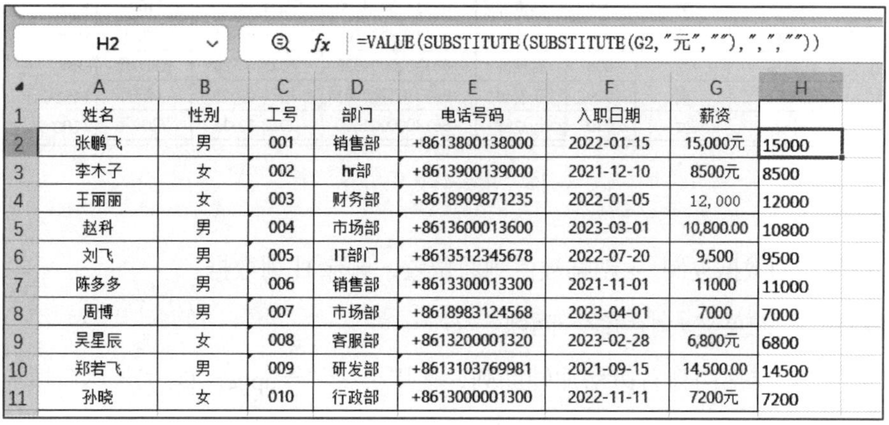

图 6-11 用公式实现去掉"元"和千位分隔符

第六章 数据管理与人工智能 195

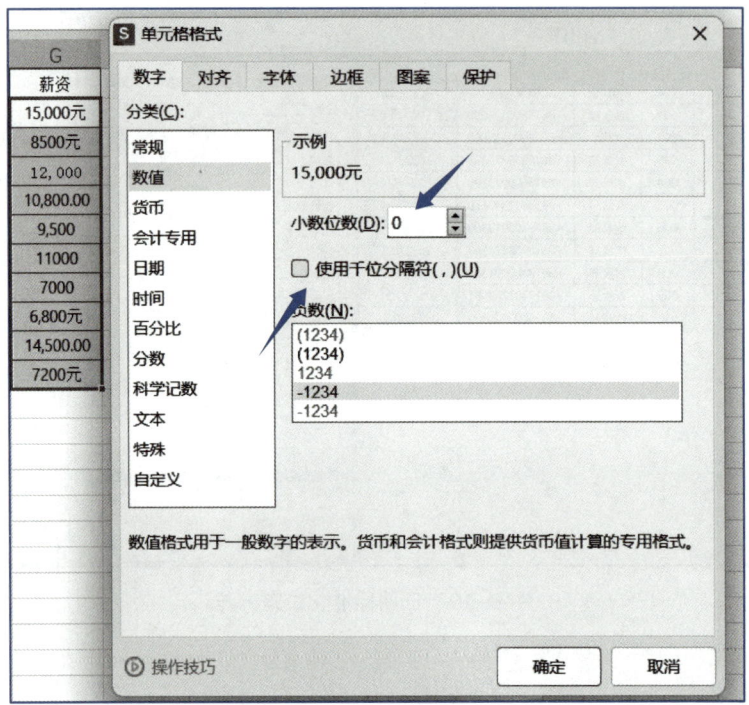

图 6-12 设置单元格格式去掉千位分隔符

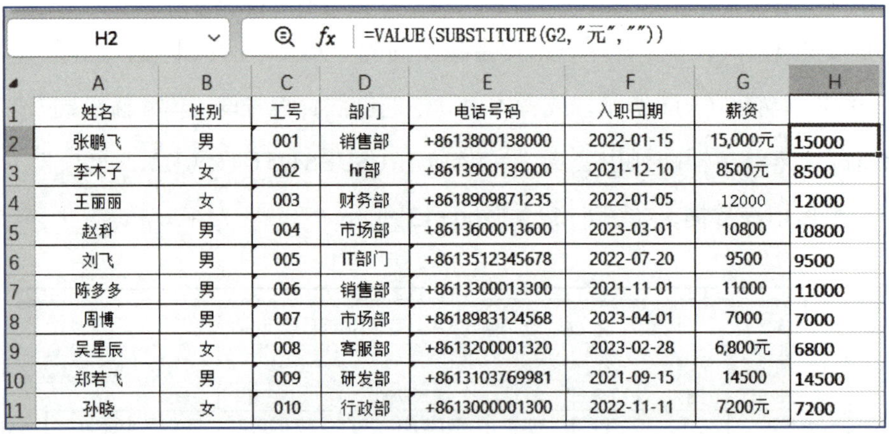

图 6-13 用公式实现去掉"元"

③ 将生成的数据复制 → 粘贴数值到原位置，删除 H 列数据。

（8）部门列的英文大小写统一问题。

处理方式：在部门列右边增加辅助列，使用公式"= upper(D2)"，然后填充所有数据，将英文字母大写处理。最后将数据复制 → 选择性粘贴数值到原位置，删除辅助列。

数据预处理的最终效果如表 6-3 所示。

表 6-3 数据预处理后的员工信息表

姓名	性别	工号	部门	电话号码	入职日期	薪资
张鹏飞	男	001	销售部	+8613800138000	2022-01-15	15000
李木子	女	002	HR 部	+8613900139000	2021-12-10	8500
王丽丽	女	003	财务部	+8618909871235	2022-01-05	12000
赵科	男	004	市场部	+8613600013600	2023-03-01	10800
刘飞	男	005	IT 部门	+8613512345678	2022-07-20	9500
陈多多	男	006	销售部	+8613300013300	2021-11-01	11000
周博	男	007	市场部	+8618983124568	2023-04-01	7000
吴星辰	女	008	客服部	+8613200001320	2023-02-28	6800
郑若飞	男	009	研发部	+8613103769981	2021-09-15	14500
孙晓	女	010	行政部	+8613000001300	2022-11-11	7200

6.2.3 存储管理

一、传统数据库存储管理

传统数据库存储管理中，数据模型是核心，其中关系模型最为常用，它以二维表格形式组织数据。数据库系统基于数据模型构建，支持关系运算以实现数据查询和处理。实体-关系图作为数据库设计的工具，直观展示实体、属性和关系，辅助构建数据模型。这些元素共同构成了传统数据库存储管理的基础框架。

1. 数据模型

数据模型（data model）是现实世界数据特征的抽象化表达，构成了数据库系统的基础架构。该模型规定了数据的组织结构、存储机制和管理策略，以及数据间的关联性和约束规则。数据模型作为数据库系统的核心组成部分，提供了一种标准化的方法来描述和操作数据。评价数据模型的三个关键要素包括其能否真实地反映现实系统、是否易于被业务用户理解，以及是否能够被计算机系统有效实现。

（1）数据模型的层次类型：在数据模型领域，根据其应用层次的不同，可将其划分为 3 个主要类别：概念数据模型、逻辑数据模型以及物理数据模型。

① 概念数据模型（conceptual data model）：概念数据模型是一种面向用户、面向客

观世界的模型,与具体的数据库管理系统(database management system,DBMS)无关。最常用的是实体-关系模型(E-R模型),它描述了现实世界中的实体、属性和关系,是数据库设计的初步阶段。概念数据模型必须转换成逻辑数据模型,才能在 DBMS 中实现。

② 逻辑数据模型(logical data model):逻辑数据模型是一种面向数据库系统的模型,它被特定的数据库管理系统所支持。该模型详细阐述了数据在数据库中的逻辑结构,包括关系模型、层次模型以及网状模型等。逻辑数据模型构成了数据库设计过程中的中期阶段,为数据库的物理实现奠定了基础。

③ 物理数据模型(physical data model):物理数据模型是一种面向计算机物理表示的模型,不但与具体的 DBMS 有关,而且还与操作系统和硬件有关。它描述了数据在存储设备上的具体组织方式和存储结构,如索引、存储路径等。物理数据模型是数据库设计的最终阶段,它直接影响了数据库的性能和可维护性。

(2)数据模型的分类:数据发展过程中产生过三种基本的数据模型,分别是层次模型、网状模型和关系模型。这三种模型是按其数据结构而命名的。

① 层次模型(hierarchical model):层次模型的基本架构呈现为树状结构。在此模型中,实体以记录型数据结构表示,记录型数据之间的关联被抽象化为顶点间的连接弧。图 6-14 展示了层次模型的一个具体实例。

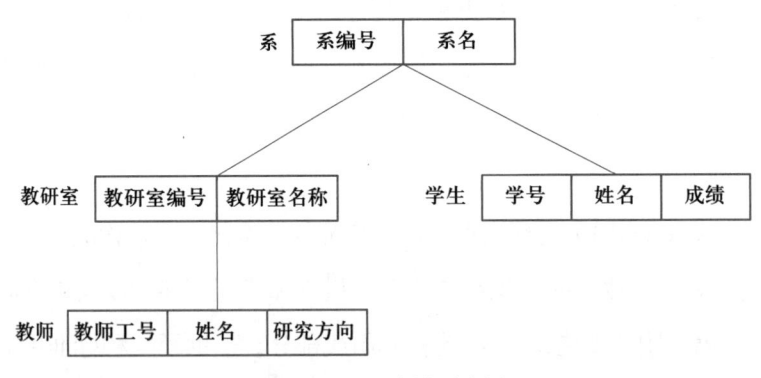

图 6-14 层次模型实例

② 网状模型(network model):网状模型的基础架构为一个无向图,该图未施加任何限制性条件。在网状模型中,通过连接指令或指针来明确数据间的网状关联性,其为一种多对多类型的数据组织模式。图 6-15 展示了网状模型的一个实例。

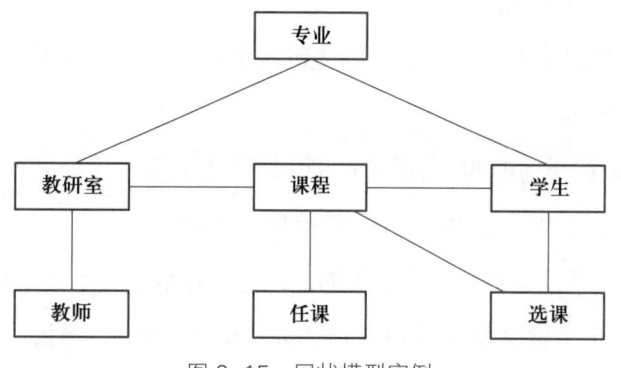

图 6-15 网状模型实例

③ 关系模型（relational model）：关系模型作为当前数据库领域广泛采用的数据模型，其核心在于使用一系列二维表来表达实体及其相互间的关系。该模型最初由 IBM 的研究员 E. F. Codd 于 1970 年提出。在关系模型中，数据以结构化形式存储，二维表由行（元组）和列（属性）构成。图 6-16 展示了某单位员工的绩效考评二维表以及标识了部分基本概念。

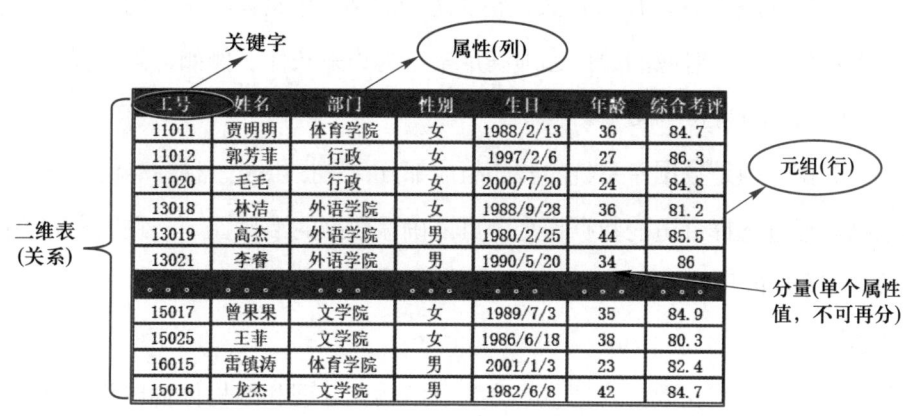

图 6-16 二维表（关系）

在数据库理论中，关系模型是核心概念之一，其涉及以下基础术语：

关系（relation）：一个关系对应于一张二维表。

元组（tuple）：二维表中的一行数据构成一个元组，也称为一条记录。

属性（attribute）：二维表中的一列数据定义为一个属性，也称作字段，每个属性均具有一个标识符，即属性名。

关键字（key）：表内一个或者一组属性的集合，能够唯一标识一个元组。

主键（primary key）：在表中可能存在多个关键字，但在实际应用中通常选择一个作为主键，用以唯一标识表中的元组。

外键：在关系数据库中，一个表 B 的主键若引用自另一表 A 的主键，则该主键在表 B 中被称为表 A 的外键。

值域（domain）：属性值的取值范围，即属性的域。

分量：在关系模型中，元组的一个属性值称为分量。

关系模式：关系模式是对关系的结构描述，通常表示为关系名（属性 1，属性 2，…，属性 n）。例如，员工考评关系模式可以描述为：员工考评（工号，姓名，部门，性别，生日，年龄，综合考评）。

关系的完整性约束条件有以下 3 个：

① 实体完整性。实体完整性是指实体的主属性不能取空值。这条规则规定实体的所有主属性都不能为空。

② 参照完整性。参照完整性规则是指要求通过定义的外关键字和主关键字之间的引用规则来约束两个关系之间的联系。这条规则的实质是"不允许引用不存在的实体"。

③ 用户定义的完整性。用户定义完整性是针对某一个具体关系的约束条件。它反映的是某一个具体应用所对应的数据必须满足一定的约束条件。例如，某些属性必须取唯一值，某些值的范围为 0~100 等。

总之，数据模型是数据库系统的核心组成部分，它提供了一种标准化的方式来描述和操纵数据。通过选择合适的数据模型，可以确保数据的准确性、一致性和完整性，从而提高数据库系统的可靠性和性能。

2. 数据库系统

在计算机科学领域，数据管理主要分为非结构化管理和结构化管理两大类。非结构化管理通常采用本地磁盘或云存储服务中的文件系统进行，通过"文件夹"和"文件名"作为主要的组织和检索机制；结构化管理则主要依赖于数据库系统，以表格形式存储和处理数据。本小节主要讨论数据库系统的基础知识。

（1）数据库系统的构成要素：数据库系统（database system，DBS）由数据库、硬件、软件以及人员 4 个核心组成部分构成，其相互关系如图 6-17 所示。

① 数据库（database，DB）。数据是数据库中存储的

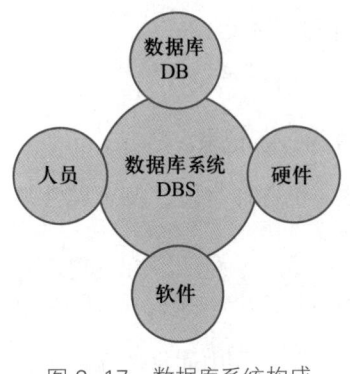

图 6-17 数据库系统构成

基本对象。数据库是长期存储在计算机内，可共享的数据集合。数据库中的数据按一定的数学模型组织、描述和存储，具有较小的冗余、较高的数据独立性和易扩展性，并可为各种用户共享。

数据库数据具有永久存储、有组织和可共享 3 个基本特点。

数据库中对数据最基本的 4 种操作：增加、删除、修改、查询，可通过结构化查询语言 SQL 实现。最早使用 SQL 语言的是 System R。

② 硬件。硬件是指构成计算机系统的各种物理设备，包括存储所需的外部设备。硬件的配置应满足整个数据库系统的需要。

③ 软件。软件包括操作系统、数据库管理系统及应用程序。其中，数据库管理系统是一种操纵和管理数据库的大型软件，用于建立、使用和维护数据库，是数据库系统的核心，主要功能包括数据定义、数据操纵、数据库的运行管理和数据库的建立与维护。

④ 人员。人员主要有四类。第一类为系统分析员和数据库设计人员；第二类为应用程序员，负责编写使用数据库的应用程序；第三类为最终用户，他们利用系统的接口或查询语言访问数据库；第四类用户是数据库管理员（DBA），负责数据库的总体信息控制。

（2）典型的关系型数据库：在数据库管理系统领域，关系型数据库管理系统（RDBMS）占据重要地位。其中，Access、SQL Server、MySQL、Oracle 等均为广泛使用的代表性系统。

① Access。微软公司推出的 Access 数据库管理系统，作为一种功能全面且用户友好的关系型数据库解决方案，提供了多样化的数据处理、报表生成及数据分析工具。借助 Access，用户能够便捷地进行表结构设计、数据录入与查询操作，并确保数据的安全性与完整性。

在现实应用情境下，该系统适用于中小型数据库应用，主要满足日常小型办公需求，被广泛应用于行政管理、销售管理和库存管理等场景，具有极高的灵活性和便捷性。

② SQL Server。SQL Server 是一款功能丰富且可扩展的关系型数据库管理系统，适用于多种应用场景。以下是一些典型的应用场景。

企业级应用，如企业资源规划（ERP）系统、客户关系管理（CRM）系统、人力资源管理（HRM）系统等。

金融系统，如银行、证券、保险等金融行业的系统。

电商平台，SQL Server 具有丰富的数据类型和功能，可以处理订单、库存、支付等业务，适用于电商平台。

③ MySQL。MySQL 数据库因其轻量级架构、高效的数据处理能力以及低廉的总体拥有成本，成为 Web 应用程序中广泛使用的数据库系统之一。特别是其开源特性，使得众多中小型网站倾向于选择 MySQL 作为其后端数据库解决方案。

此外，MySQL 数据库同样适用于企业级应用系统，例如，企业资源规划系统、客户关系管理系统、人力资源管理系统等，能够有效地存储企业级数据和业务信息。同时，MySQL 在移动应用程序领域也展现出其应用价值，如移动电子商务、社交网络应用等，为这些应用提供了用户信息、通信数据等信息的存储支持。

④ Oracle。Oracle 数据库管理系统是客户/服务器（client/server）架构的典型代表之一，是全球范围内应用最为广泛的数据库之一，是一个通用型数据库系统。

Oracle 数据库的应用主要集中在传统行业的数字化转型业务中，例如在银行、金融等对系统可用性、稳定性、安全性、实时性要求极高的业务领域；在零售、物流等对大规模数据存储与分析需求较高的业务领域；同时，高新技术制造业，如半导体制造企业，也普遍依赖 Oracle 数据库；电子商务领域也有大量用户，而且由于 Oracle 对复杂计算和统计分析的强大支持，使其在互联网数据分析、数据挖掘等领域的应用日益增多。

3. 关系运算

数据库中的关系运算包括并、交、差、笛卡儿积、选择、投影、连接、除法运算。其中，并、交、差、笛卡儿积、除法和连接运算是双目运算，包含两个关系（二维表）；选择和投影运算是单目运算，对一个关系进行处理。

以下运算都基于下方的关系 A、关系 B、关系 C，具体内容如表 6-4～表 6-6 所示。

表 6-4 关 系 A

工号	姓名	年龄	考评
2012	张三	37	94
2033	李四	34	86
2108	王五	29	87

表 6-5　关　系　B

工号	姓名	年龄	考评
2108	王五	29	87
2314	马六	30	90
2202	孙七	29	85

表 6-6　关　系　C

课程编号	课程	学分
001	大学数学	4
002	大学语文	2
003	大学英语	4

（1）并集运算（union）。

定义：由至少属于关系 A 和关系 B 之一的所有元组组成的新关系。

表示方法：A∪B

运算结果如表 6-7 所示。

表 6-7　并集运算结果（A∪B）

工号	姓名	年龄	考评
2012	张三	37	94
2033	李四	34	86
2108	王五	29	87
2314	马六	30	90
2202	孙七	29	85

（2）交集运算（intersection）。

定义：由关系 A 和关系 B 中的所有共同元组所组成的新关系。

表示方法：A∩B

运算结果如表 6-8 所示。

表 6-8　交集运算结果（A∩B）

工号	姓名	年龄	考评
2108	王五	29	87

（3）差集运算（difference）。

定义：由所有属于 A 但不属于 B 的元组组成的新关系。

表示方法：A-B 或 A\B

运算结果如表 6-9 所示。

表 6-9　差集运算结果（A-B）

工号	姓名	年龄	考评
2012	张二	37	94
2033	李四	34	86

（4）广义笛卡儿积（cartesian product）。

定义：由 A 和 C 中所有可能的元组对组成的新关系，其中每个元组由 A 和 C 中的一个元组拼接而成，且元组的属性为 A 和 C 属性之和。

表示方法：A×C

运算结果如表 6-10 所示。

表 6-10　广义笛卡儿积（A×C）

工号	姓名	年龄	考评	课程编号	课程	学分
2012	张三	37	94	001	大学数学	4
2012	张三	37	94	002	大学语文	2
2012	张三	37	94	003	大学英语	4
2033	李四	34	86	001	大学数学	4
2033	李四	34	86	002	大学语文	2
2033	李四	34	86	003	大学英语	4
2108	王五	29	87	001	大学数学	4
2108	王五	29	87	002	大学语文	2
2108	王五	29	87	003	大学英语	4

（5）选择运算（selection）。

定义：用于从关系中提取满足特定条件的元组。

例如，从 A 关系中提取年龄大于 30 岁的元组，运算结果如表 6-11 所示。

表示方法：$\sigma_{年龄>30}(A)$

表 6-11 选择运算的结果

工号	姓名	年龄	考评
2012	张三	37	94
2033	李四	34	86

（6）投影运算（projection）。

定义：用于从关系中提取特定的列。

例如，从关系 A 中提取姓名和考评列，运算过程如图 6-18 所示。

表示方法：$\Pi_{姓名,考评}(A)$

工号	姓名	年龄	考评		姓名	考评
2012	张三	37	94	姓名、考评	张三	94
2033	李四	34	86	投影	李四	86
2108	王五	29	87		王五	87

图 6-18 投影运算过程

（7）连接运算（join）。

定义：连接运算属于二目运算，是从两个关系元组的所有组合（笛卡儿积）中选取满足一定条件的元组，由这些元组形成连接运算的结果关系。

例如，从 A×C 的笛卡儿积（如表 6-10 所示）中找出考评 <90 分并且课程学分等于 4 的元组，如表 6-12 所示。

表 6-12 在笛卡儿积（A×C）中标识出是否符合条件的元组

工号	姓名	年龄	考评	课程编号	课程	学分	是否符合
2012	张三	37	94	001	大学数学	4	×
2012	张三	37	94	002	大学语文	2	×

续表

工号	姓名	年龄	考评	课程编号	课程	学分	是否符合
2012	张三	37	94	003	大学英语	4	×
2033	李四	34	86	001	大学数学	4	√
2033	李四	34	86	002	大学语文	2	×
2033	李四	34	86	003	大学英语	4	√
2108	王五	29	87	001	大学数学	4	√
2108	王五	29	87	002	大学语文	2	×
2108	王五	29	87	003	大学英语	4	√

（注："×"表示不符合，"√"表示符合）

连接的结果如表 6-13 所示。

表 6-13 连接运算的结果

工号	姓名	年龄	考评	课程编号	课程	学分
2033	李四	34	86	001	大学数学	4
2033	李四	34	86	003	大学英语	4
2108	王五	29	87	001	大学数学	4
2108	王五	29	87	003	大学英语	4

（8）除法运算（division）。

定义：R 关系中的元组按照 S 关系中的元组的属性值进行分组，然后选出满足特定条件的元组，构成一个新的关系。

表示方法：R÷S

关系 R 和关系 S 如表 6-14 和表 6-15 所示，找出 R 关系中包含 S 中所有课程编号的姓名。

实现方法：

找出 S 的候选集：S 的候选集是所有可能的课程编号组合。

应用除法运算：遍历 R，找出所有姓名，找出这些姓名的课程编号集合，包含 S 中所有的课程编号。

表6-14 R 关 系

工号	姓名	年龄	考评	课程编号	课程	学分
2012	张三	37	94	001	大学数学	4
2012	张三	37	94	002	大学语文	2
2012	张三	37	94	003	大学英语	4
2033	李四	34	86	001	大学数学	4
2033	李四	34	86	002	大学语文	2
2108	王五	29	87	002	大学语文	2
2108	王五	29	87	003	大学英语	4

表6-15 S 关 系

课程编号	课程	学分
001	大学数学	4
002	大学语文	2

具体操作如下：

姓名为张三的课程编号集合为 {001，002，003}，包含 {001，002}。

姓名为李四的课程编号集合为 {001，002}，包含 {001，002}。

姓名为王五的课程编号集合为 {002，003}，不包含 {001，002}。

结果关系是包含所有满足条件的姓名的集合，运算结果如表6-16所示。

表6-16 R÷S的结果

姓名
张三
李四

4. 数据库概念设计

数据库概念设计主要聚焦于数据的语义和用户的信息需求，不涉及具体的数据库管理系统和物理存储细节。其核心目标是构建一个能够精确反映用户需求的概念模型，为后续的数据库设计阶段奠定基础。

（1）实体－关系模型基本概念。

实体－关系图（entity-relationship diagram，E-R 图）是一种图形化工具，它提供了展示实体类型、属性以及实体间关系的手段，旨在构建现实世界概念模型的抽象表示。

实体：客观存在且能够明确区分的事物被定义为实体。实体构成了现实世界中的具体对象，包括但不限于人类、事件以及物质。

属性：实体所具备的特定特征被称为属性。在实体－关系模型中，属性被用于详细描述实体的性质。

（2）E-R 图的表示方法。

构成 E-R 图的基本要素是实体、属性和关系。它们各自的表示方法如下：

实体：用矩形表示，矩形框内写明实体名。

属性：用椭圆形或圆角矩形表示，并用无向边将其与相应的实体连接起来；多值属性由双线连接；主属性名称下加下划线。

关系：用菱形表示，菱形框内写明关系名，并用无向边分别与有关实体连接起来，同时在无向边旁标上关系的类型。

（3）关系的类型。

在实体－关系图中，实体间的关系可细分为 3 种基本类型：一对一（1∶1）、一对多（1∶N）以及多对多（M∶N）。

① 一对一关系（1∶1）：A 中的任意实体至多对应 B 中的一个实体，反之 B 中的任意实体至多对应 A 中一个的实体。

例如，一个员工只能领一台办公计算机，一台办公计算机只能归属于一个员工，如图 6-19 所示。

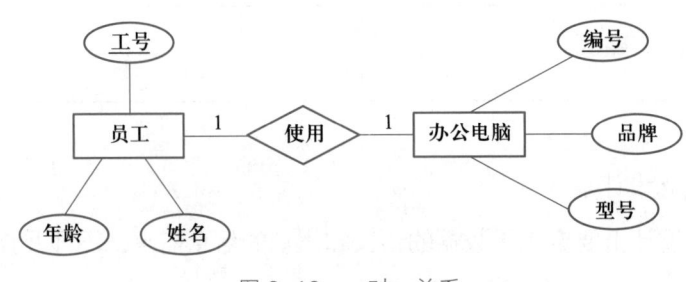

图 6-19　一对一关系

② 一对多关系（1：N）：A 中的至少一个实体对应 B 中的多个实体，反之 B 中的任意实体至多对应 A 中的一个实体。

例如，一个商品分类有多个商品，一个商品只能属于一个商品分类，如图 6-20 所示。

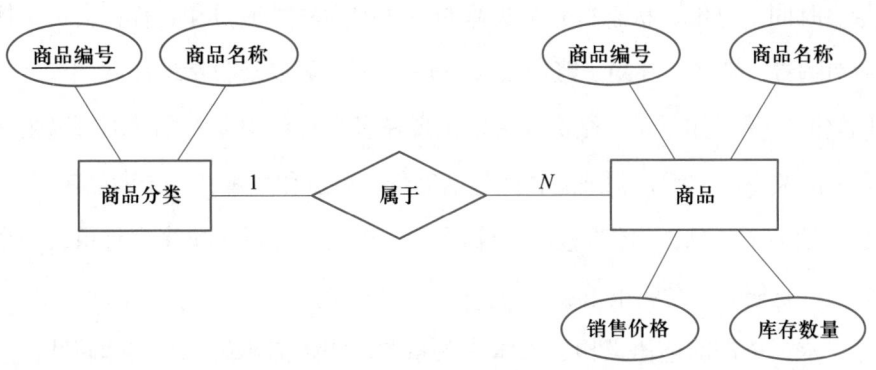

图 6-20　一对多关系

③ 多对多关系（M：N）：A 中的任意实体至少对应 B 中的多个实体，反之 B 中的任意实体至少对应 A 中的多个实体。

例如，一个销售订单可以销售多种商品，一个商品可以出现在多个销售订单，如图 6-21 所示。

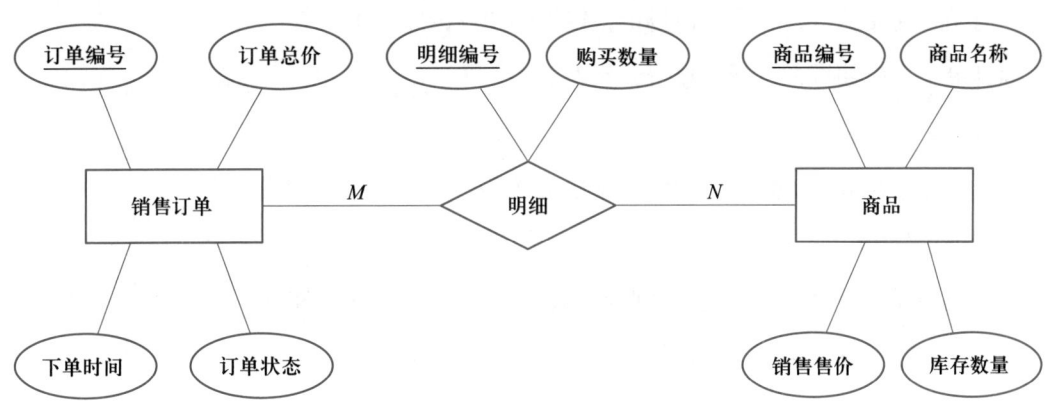

图 6-21　多对多关系

（4）E-R 图的绘制步骤。

首先，需识别并明确所有实体集；其次，筛选出实体应具备的属性；再次，界定实体间的关联性；随后，指定实体的主键，通过在相应的属性或属性组合下方添加下划线来标识；最后，明确关系的类型，通过在连接实体集与表示关系的菱形框的线段上标注

1 或 N（表示多）来表示关系的类型。

（5）E-R 图实例分析。

以商品销售系统为例，该系统涉及 4 个主要实体：商品、订单、分类和会员。商品实体的属性涵盖商品编号、名称、市场价、售价、图片以及库存；订单实体的属性包括订单编号、时间、总价、状态；分类实体的属性则为分类编号和名称；会员实体的属性则包含会员编号、姓名、邮箱（账户）、密码、手机号码以及收货地址。

它们之间的关系如下：一个商品可以出现在多个订单中，一个订单可以由多个商品组成，它们的关系叫明细，明细的属性包括编号、单价和数量；一个商品属于一个分类，一个分类包括多个商品，它们的关系叫属于；一个会员可以下单多个订单，一个订单对应一个会员，它们的关系叫下单。

任务要求：依据前述语义构建实体-关系图，图中需明确标识实体属性，并对关系类型进行标注。

根据 E-R 图的绘制步骤，首先确定以下信息：

① 确定实体集合。

{商品，订单，分类，会员}

② 确定实体的属性。

商品（商品编号，名称，市场价，售价，图片，库存）

订单（订单编号，时间，总价，状态）

分类（分类编号，名称）

会员（会员编号，姓名，邮件（账户），密码，手机号，收货地址）

③ 确定实体之间的关系。

根据描述，商品和订单的关系叫明细，同时明细也有 3 个属性，编号、单价和数量；商品和分类的关系叫属于；会员和订单之间的关系叫下单。

④ 确定实体的主键。

商品关键字是商品编号；订单关键字是订单编号；分类关键字是分类编号；会员关键字是会员编号。

⑤ 确定实体之间的关系类型。

根据上面的关系描述，商品和订单之间关系是多对多；分类和商品之间关系是一对多；会员和订单之间关系是一对多。

根据上面的步骤分析，画出如图 6-22 所示的 E-R 图。

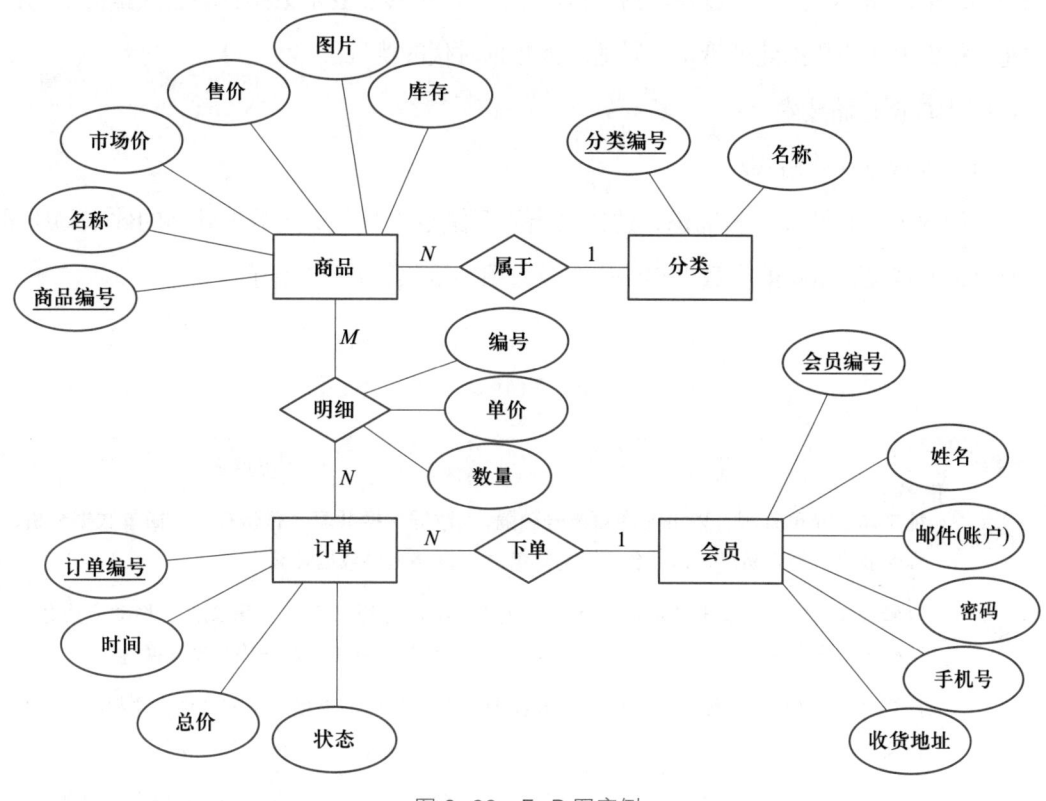

图 6-22　E-R 图实例

二、大数据存储管理

数据管理从传统模式向大数据管理阶段的转变，主要由数据量的指数级增长、数字化需求的变革以及新技术的推动所驱动。数据量的指数级增长不仅表现为规模的庞大，而且数据种类也日益丰富，这要求数据管理必须具备更强大的处理能力和更高的灵活性。同时，企业和组织逐渐认识到数据的巨大价值，需要通过深入分析和利用数据来驱动决策和创新。云计算、大数据、人工智能等新技术的发展为数据管理提供了全新的解决方案和工具，显著提升了数据存储、处理与分析的效率和便捷性。这些技术的融合应用，推动了数据管理在思维理念、运作模式以及管理机制等多个维度的全面调整与优化，使其能够更好地适应数字化时代的发展需求，实现更高效、更智能的数据管理。

数据存储管理从数据库阶段转向大数据阶段，是一个从结构化到非结构化、从有限规模到海量数据的转变过程。在数据库阶段，数据主要存储在关系型数据库中，数据模型固定，处理和分析相对简单；而进入大数据阶段，数据类型更加多样，包括文本、图像、音频、视频等，数据量也呈爆炸式增长。此时，需要采用分布式存储和计算技术（如 Hadoop、Spark 等）来处理和分析这些数据。这种转变要求数据管理者具备更强的技术能力和更灵活的数据处理策略，以适应大数据时代的挑战。

1. 大数据存储技术

（1）大数据存储格式。

基于数据的特性及分析需求，选择恰当的存储格式对于优化数据处理的效率和质量具有决定性意义，常见的大数据存储格式及应用场景如表 6-17 所示。

表 6-17 大数据存储格式以及应用场景

格式	特点	应用场景
CSV	纯文本、简单直观，以英文半角逗号分隔，类似表格，易读易用，跨平台但无格式信息	数据交换共享、备份存档、简单数据分析、网络爬虫数据存储
JSON	轻量级，易读写，基于文本，支持复杂数据结构（如嵌套）	Web 数据传输、配置文件、移动应用数据存储、NoSQL 数据库数据交换
XML	标记语言，结构清晰，扩展性好，数据有语义	数据存储与交换、配置文件、文档格式（如电子书）、Web 服务（如 SOAP）
ORC	混合存储，结合行和列优势，高效压缩，适合复杂数据	数据仓库存储复杂数据、处理嵌套数据的分析场景
Parquet	列式存储，对分析型查询友好，支持多种压缩算法	大数据分析平台存储用户行为等数据用于分析

（2）分布式文件系统存储。

分布式存储是一种将数据分散存放在多个独立的节点上，通过网络连接构建，形成逻辑统一的数据存储系统。常见的如 Hadoop HDFS、Google Cloud Storage、Amazon S3 等分布式文件系统，各自展现了独特的技术特点，如表 6-18 所示。

表 6-18 分布式文件系统的技术特点和示例

存储方式	特点	示例
Hadoop HDFS	分布式、高容错，为大数据处理而生，与 Hadoop 生态融合，文件分块存储	互联网公司存储海量用户行为日志，供后续用 Hadoop 工具分析

续表

存储方式	特点	示例
Google Cloud Storage	云存储，高可用、持久，多存储类别，全球访问，与谷歌云服务集成紧密	机器学习公司存储图像集，用于 Google Cloud Dataflow 预处理、BigQuery 探索
Amazon S3	可扩展、安全，多存储类，API 简单，易于应用集成	电商存储商品图、订单信息，图片标准化存储＋快速缓存，订单用低成本冰川存储

这些系统不仅在存储容量的扩展方面表现出易用性，而且通过实施数据冗余策略，确保了数据的高可用性，因此成为了存储和管理大规模数据集的首选方案。

（3）数据库类型。

关系型数据库系统如 **MySQL**、**Oracle**，基于关系模型，数据以表格形式存储，使用 SQL 进行管理。适用于强数据一致性和事务支持的场景，如金融、电信行业，确保数据准确性和完整性。

NoSQL 数据库系统如 **MongoDB**、**Cassandra**、**Redis**，提供灵活数据模型和可扩展性，支持多种数据结构，适合处理非结构化数据。适用于大规模数据和高并发读写的场景，如互联网应用、社交媒体平台。

大数据数据库系统如 **HBase**、**Accumulo**，专为大规模数据设计，采用分布式架构，可扩展，保持高效运行，支持高速数据摄取和查询，适用于实时分析和处理海量数据的场景，如大数据分析平台、实时推荐系统。

综上所述，各类数据库系统具有其独特的特性，适用于特定的应用场景。

（4）数据仓库。

数据仓库是为存储和组织大规模数据设计的系统，旨在支持决策分析和报告。它整合不同数据源，提供统一精确的数据视图。

数据仓库采用星形或雪花模式组织数据，星形模式以事实表为核心，周围是维度表，提高查询效率；雪花模式进一步细分维度表，提供更细数据粒度。

知名数据仓库解决方案如 **Amazon Redshift**、**Microsoft SQL Server** 和 **Google BigQuery**，它们提供了强大数据存储、查询和分析功能，助力企业快速获得业务洞察，推动数据驱动决策，企业应根据需求选择合适方案。

（5）数据湖。

数据湖的概念最早是由 Pentaho 公司的创始人兼 CTO 詹姆斯·迪克森（James Dixon）在 2010 年 10 月纽约 Hadoop World 大会上提出来的。数据湖是一个以原始格式存储大量数据的存储库。常见的数据湖解决方案如 Hadoop Hive、Amazon Glue 和 Azure Data Lake Storage 各有特点。Hadoop Hive 提供 SQL 查询语言；Amazon Glue 是无服务器数据集成服务；Azure Data Lake Storage 基于 Azure Blob 存储，专为大数据分析设计。

这些解决方案助力企业管理和利用大数据，推动数据驱动的决策和业务创新。

表 6-19 是分布式文件系统、数据库、数据仓库和数据湖的性能对照简表。

表 6-19 性能对照表

项目	分布式文件系统	传统数据库	NoSQL 数据库	大数据数据库	数据仓库	数据湖
数据类型	结构化/半/非结构化	结构化	结构化/半/非结构化	结构化/半/非结构化	结构化/历史数据	结构化/半/非结构化
主要用途	大数据处理/存储	事务处理	实时分析/物联网	大数据分析/机器学习	决策支持	大数据分析
数据一致性	高（容错）	高	最终/强一致性	根据组件	适中	按需
更新频率	根据需求	高	高	根据需求	低	低
数据量	海量	小到中	大	海量	大	海量
查询性能	高可扩展性	优化事务	高效索引/查询	SQL/性能可变	优化分析	多样
数据模型	文件/块	关系型	键值、列式、文档等	多种	星形/雪花形	多种
实时性	通常不实时	实时	部分支持实时	可以支持实时	通常用于历史分析	可以支持实时
安全性	数据加密、访问控制	严格安全策略	需要安全策略	全面安全框架	严格安全策略	灵活安全策略
易用性	部署管理较复杂	易用性较高	因实现而异	集群部署和管理	易用性因工具而异	灵活性和易用性

续表

项目	分布式文件系统	传统数据库	NoSQL数据库	大数据数据库	数据仓库	数据湖
生态系统集成	与大数据处理框架集成	与应用集成	与多种应用和技术集成	Hadoop生态集成	与BI工具集成	与多种大数据技术和应用集成
社区支持和维护	活跃社区，持续更新	成熟社区，广泛支持	社区活跃程度因实现而异	Hadoop生态活跃，持续更新	成熟社区，但可能专注于特定领域	活跃社区，持续发展和创新

这个表格呈现了分布式文件系统、数据库、数据仓库以及数据湖在各个方面的主要特点和差异，便于理解和对比。每种存储系统都有其独特的优势和适用场景，选择哪种系统取决于组织的具体需求、数据类型、处理需求和预算。

2. 大数据管理技术

大数据管理技术是信息技术的关键，包括数据仓库、挖掘、集成和治理等核心方面，对大数据的存储、分析、整合和质量保障至关重要。

数据仓库是大数据管理的基础，用于存储和管理大量结构化和非结构化数据，高效处理复杂查询，支持深度数据分析，提供强大数据支持。

数据挖掘是提炼大数据价值的关键步骤，利用机器学习、统计学等技术，从数据中挖掘隐藏信息和模式，为决策和创新提供依据。

数据集成技术解决数据孤岛问题，整合不同系统、格式的数据，形成统一视图，提高数据可用性和价值。

数据治理确保大数据质量、一致性和安全性，通过数据质量管理、生命周期管理机制，监控和管理数据整个生命周期，确保数据准确性和可靠性。

大数据的存储与管理是复杂系统工程，需综合运用多种技术与方法应对挑战和机遇。有效策略保障数据质量、安全性和合规性，为决策支持和业务发展提供数据支撑。

三、传统数据库存储与大数据存储的主要区别

大数据环境下的数据存储和传统的数据库存储之间有几个关键的区别，这些区别主要源于它们所处理的数据量、数据类型、访问模式以及系统架构的不同，如表6-17所示。以下是两者的主要区别：

（1）数据规模。

传统数据库：通常用于处理相对较小的数据集，一般在 GB 到 TB 级别。

大数据存储：能够处理海量数据，通常从 TB 级扩展到 PB 级甚至更大。

（2）数据结构。

传统数据库：主要是结构化数据，如关系型数据库中的表，具有固定的模式。

大数据存储：可以处理非结构化数据，并且往往支持灵活的模式或者无模式的数据存储。

（3）处理模型。

传统数据库：优化了在线事务处理（OLTP），强调事务的 ACID 特性（原子性、一致性、隔离性和持久性）。

大数据存储：更多地关注于分析和批处理任务，可能采用最终一致性的模型，并且更倾向于 CAP 定理中的可用性和分区容忍度。

（4）扩展性。

传统数据库：通常是垂直扩展（scale-up），通过增加单个服务器的硬件性能来提升能力。

大数据存储：更倾向于水平扩展（scale-out），通过添加更多的节点到集群中以提高存储容量和计算能力。

（5）技术栈。

传统数据库：包括 MySQL、Oracle、SQL Server 等关系型数据库管理系统。

大数据存储：包括 Hadoop HDFS、NoSQL 数据库（如 Cassandra、MongoDB、HBase）和分布式文件系统。

（6）成本效益分析。

传统数据库系统：伴随数据量的持续增长，对现有系统的升级成本可能显著增加。

大数据存储解决方案：通过部署成本较低的硬件设备构建大规模集群架构，以实现更优的成本效益比。

（7）查询与分析能力。

传统数据库系统：其设计初衷在于迅速执行复杂查询任务，因此在实时应用场景中表现出色。

大数据存储解决方案：更适用于进行批量处理以及长时间运行的大规模数据分析

任务。

综合上述分析，存储方式的选择依赖于特定的应用场景、业务需求以及技术要求。对于要求快速响应时间的小型事务处理，传统数据库系统可能为更佳选择；反之，对于需处理大量非结构化数据并执行复杂分析的任务，大数据存储解决方案则显得更为适宜。

6.3 大数据与人工智能案例研究

在当今时代，大数据与人工智能紧密交织，共同释放出惊人能量。大数据的价值多元尽显，在经济领域助力精准决策、开拓新商业模式；在科研上，为复杂研究提供海量素材，而人工智能恰似一把"万能钥匙"，解锁大数据潜能；在医疗中，辅助诊断疾病、规划个性化治疗；在城市服务里，智能优化交通、调配资源；面对网络安全，能精准识别威胁。两者合力，重塑生活，共同驱动各行业大步迈进。

6.3.1 "啤酒与尿布"案例研究

一、案例描述

沃尔玛的超市管理人员分析销售数据时发现了一个令人难以理解的现象：在某些特定的情况下，"啤酒"与"尿布"两件看上去毫无关系的商品会经常出现在同一个购物篮中，这种独特的销售现象引起了管理人员的注意，经过后续调查发现，这种现象出现在年轻的父亲身上。在美国有婴儿的家庭中，一般是母亲在家中照看婴儿，年轻的父亲前去超市购买尿布。父亲在购买尿布的同时，往往会顺便为自己购买啤酒，这样就会出现啤酒与尿布这两件看上去不相干的商品经常会出现在同一个购物篮的现象。如果这个年轻的父亲在卖场只能买到两件商品之一，则他很有可能会放弃购物而到另一家商店，直到可以一次同时买到啤酒与尿布为止。沃尔玛发现了这一独特的现象，开始在卖场尝试将啤酒与尿布摆放在相同的区域，让年轻的父亲可以同时找到这两件商品，并很快地完成购物；而沃尔玛超市也可以让这些客户一次购买两件商品，而不是一件，从而获得了很好的商品销售收入，这就是"啤酒与尿布"故事的由来，如图6-23所示。

图 6-23　啤酒与尿布的故事

二、案例分析

1. 数据挖掘

数据挖掘是指从数据库的大量数据中揭示出隐含的、先前未知的并有潜在价值信息的过程。它是一种决策支持过程，主要基于人工智能、机器学习、模式识别、统计学、数据库、可视化技术等，高度自动化地分析企业的数据，做出归纳性的推理，从中挖掘出潜在的模式，帮助决策者调整市场策略，减少风险，做出正确的决策。

在这个故事中，沃尔玛通过对顾客的购物清单进行数据分析，发现了啤酒和尿布之间的关联关系，这就是数据挖掘的一个典型应用。沃尔玛利用数据挖掘工具对其顾客的购物行为进行购物篮分析，想知道顾客经常一起购买的商品有哪些。在这些原始交易数据的基础上，沃尔玛利用自动数据挖掘工具对这些数据进行分析和挖掘，从而意外地发现了"尿布"和"啤酒"的联系。

2. 无监督学习的关联规则分析

在机器学习领域，关联规则分析作为无监督学习的典型代表，具有其独特的价值。关联规则分析，也称购物篮分析，能够无须预先了解数据的类别标签，自主探索数据的内在联系。以电子商务场景为例，当海量的交易数据涌入系统时，关联规则分析便开始发挥作用，如同在用户购买记录的"海洋"中"捞针"，揭示出诸如"购买面包的顾客中有70%的概率会同时购买牛奶"等潜在的关联性。支持度用于衡量商品组合的出现频率，而可信度则反映条件概率。随后引入的兴趣度、相关性参数，犹如精准的"过滤器"，筛选掉无意义的规则，使得挖掘结果能够精确地辅助商家优化商品布局、制定促销策略，从而实现数据驱动的业务增长。

啤酒与尿布的故事不仅是一个有趣的商业案例，更是数据挖掘和关联规则分析在人工智能领域中的一个重要应用实例。它展示了如何通过分析和挖掘大量数据，发现隐藏的关联关系，并据此做出商业决策，从而创造更大的商业价值。

6.3.2 百度指数

百度指数（Baidu index）是以百度海量网民行为数据为基础的数据分析平台，是当前互联网乃至整个数据时代最重要的统计分析平台之一，自发布之日起便成为众多企业营销决策的重要依据。

百度指数在市场调研上，借助关键词搜索趋势，洞察用户需求、挖掘热点，如化妆品企业可以根据"美白护肤品"热度调整策略；在品牌推广时，能评估曝光度、对比竞品、追踪舆情，新国货品牌可据此了解知名度；在内容创作方面，助力创作者找热门话题、优化关键词、抓住发布时机，自媒体根据其选择吸睛主题；在精准营销中，可定位受众、优化投放，时尚女装品牌据此精准触达年轻女性；还能预测市场、评估活动，电商企业可以按照"羽绒服"搜索量安排库存，为决策提供有力支撑。

一、百度指数使用体验

进入百度指数官网，可以看到如图 6-24 所示的提示。

图 6-24 百度指数官网首页

输入要查询的关键词，比如，"大数据"，可以看到如下的搜索结果，通过切换趋势研究、需求图谱和人群画像三个角度来查看结果。

在趋势研究页面中，将鼠标指针滑动到数据上就能看到某一天"大数据"搜索量，如图6-25所示；单击"全国"可以选择想要查询的地域；单击"PC+移动"可以选择使用设备；单击"近30天"可以修改查询天数，比如，想要查看四川成都近半年的移动端搜索关键词"大数据"的情况，结果如图6-26所示。

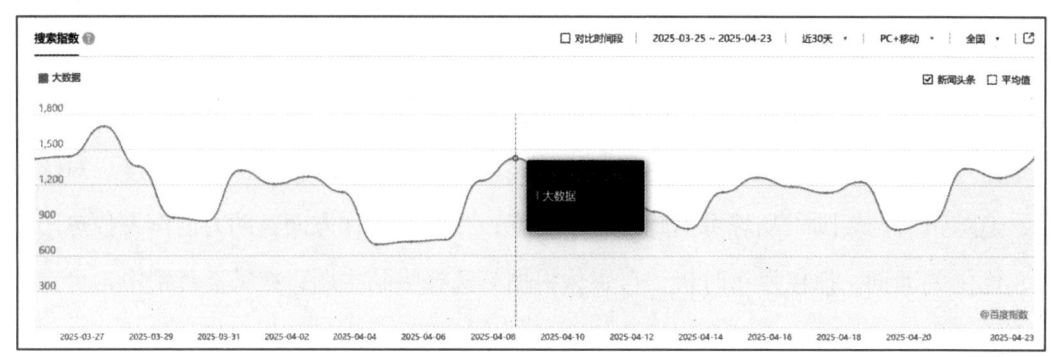

图6-25　全国某天关键词"大数据"搜索量

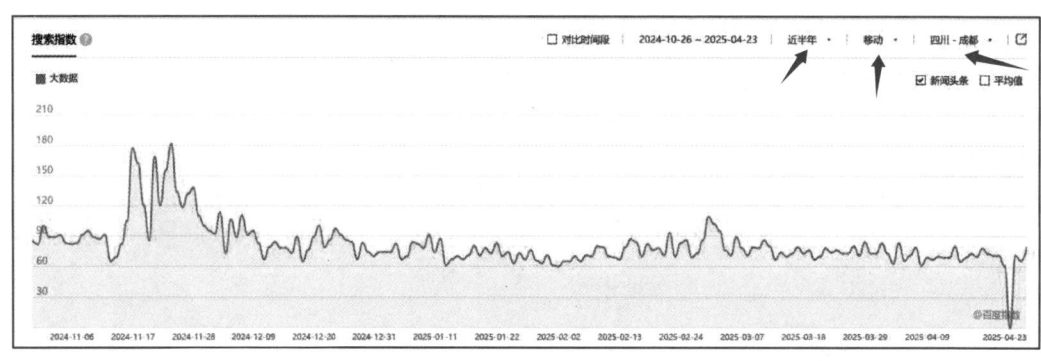

图6-26　四川成都近半年的移动端搜索关键词"大数据"的情况

在需求图谱页面中，可以看到用户搜索关键词的趋势情况，如图6-27所示。

使用鼠标将需求图谱页面往下拉，能看到搜索词的相关词热度，该数据显示：通过用户搜索行为，细分搜索中心词的相关需求中的最热门词及上升最快词，如图6-28所示。

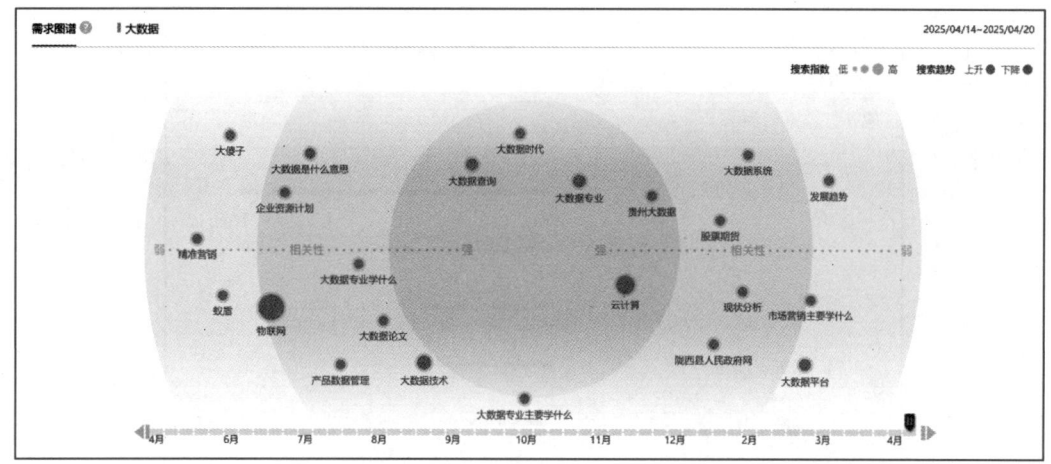

图 6-27 用户搜索关键词的趋势情况

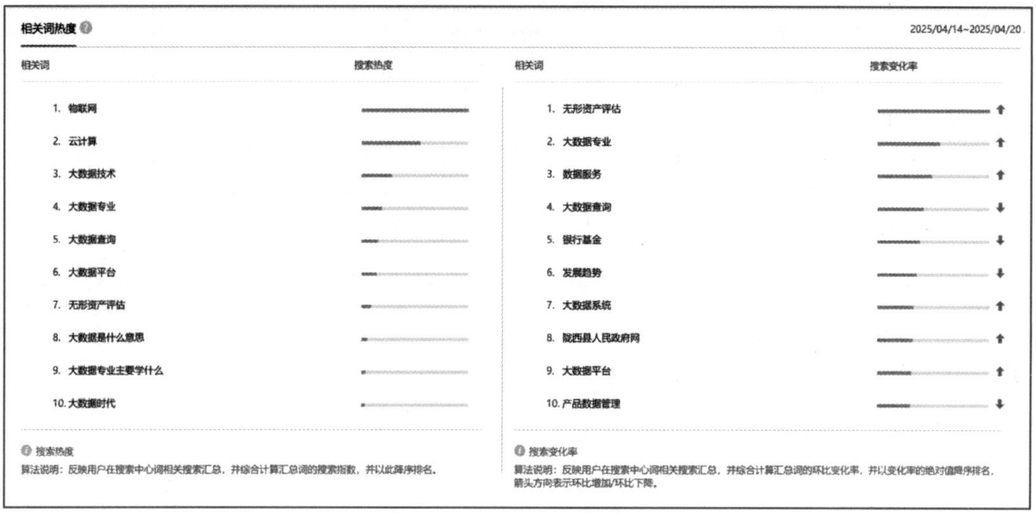

图 6-28 搜索词的相关词热度

在人群画像页面中，能清晰看到搜索这个词的地域分布情况，如图 6-29 所示。

使用鼠标将人群画像页面往下拉，可以看到搜索这个词的人群属性以及兴趣分布情况，如图 6-30 和图 6-31 所示。

第六章 数据管理与人工智能

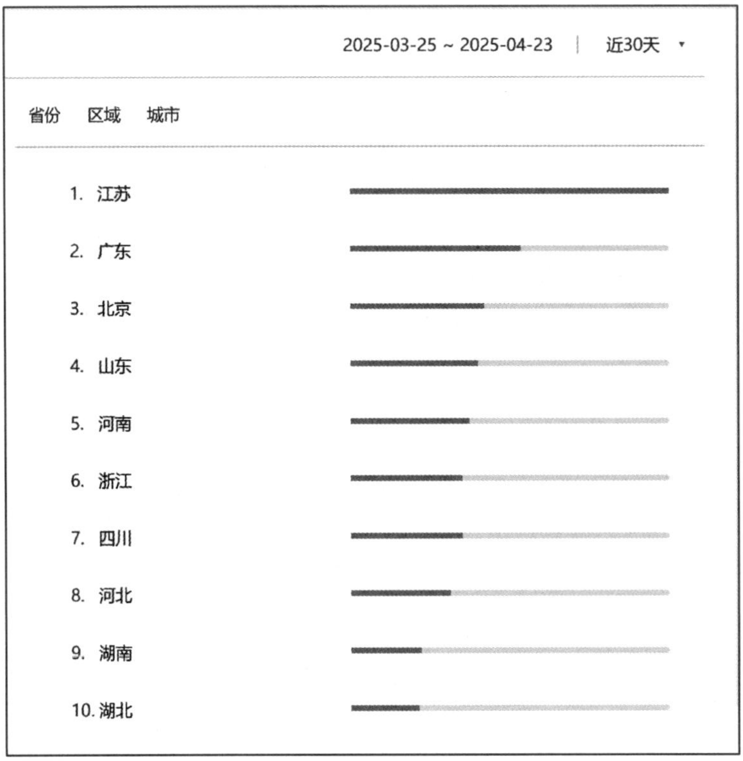

图 6-29　搜索关键词的地域分布

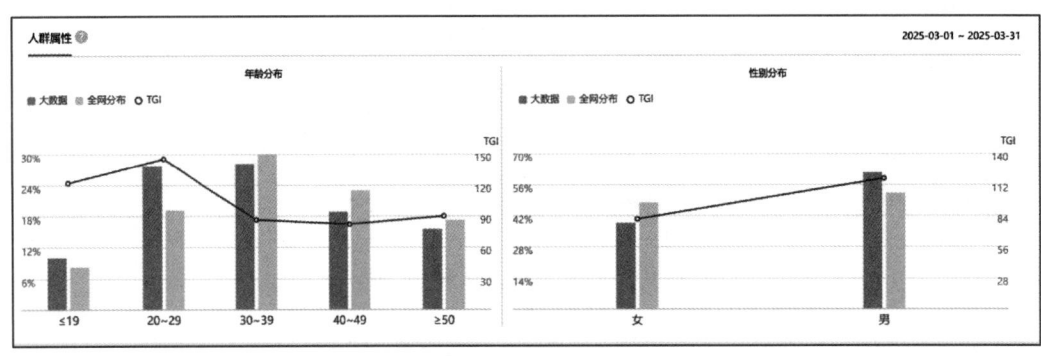

图 6-30　搜索关键词的人群属性

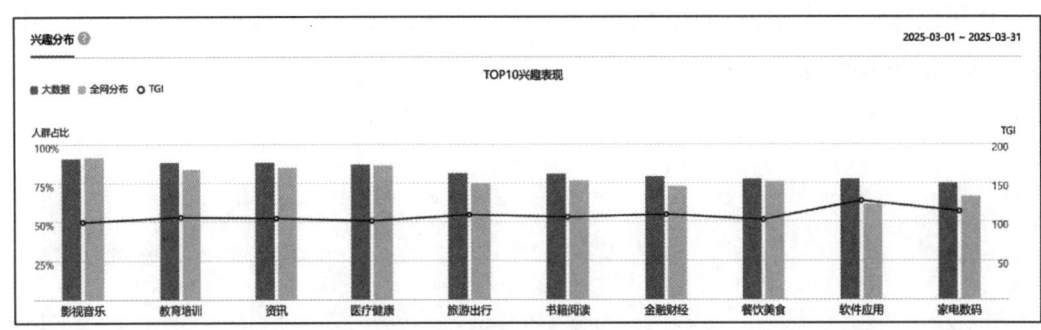

图 6-31　搜索关键词的兴趣分布

另外，不通过关键词的搜索，直接进入百度指数，可以看到各个行业的搜索排行信息，目前已经收集了 11 类行业排行信息，包括汽车、手机、计算机、家用电器、化妆品、高校等，以计算机办公排行为例，可以单击图中箭头指向的地方来切换想要查询的结果，如图 6-32 所示。

图 6-32　百度指数行业排行信息——以电脑办公为例

百度指数能够告诉用户：某个关键词在百度的搜索规模有多大，一段时间内的涨跌态势以及相关的新闻舆论变化，关注这些词的网民是什么样的，分布在哪里，同时还搜了哪些相关的词，能帮助用户优化数字营销活动方案。

二、案例分析

1. 数据分析

百度指数作为一个强大的数据平台，能够将海量的数据进行整合和分析，提供市场洞察、用户画像等关键信息。这种数据分析能力体现了人工智能在处理大规模数据、提取有用信息和洞察市场趋势方面的能力。

百度指数 AI 更进一步，不仅提供数据供给，还直接给出结论供给，助力使用者数据洞察更全面、更精准、也更高效，这显示了人工智能在数据分析和处理方面的深度应用。

2. 自然语言处理

百度指数支持用户通过自然对话的方式获取数据,这种交互形式颠覆了传统的单击交互方式,使得用户可以更直观、便捷地获取所需数据。

这种自然对话的交互方式体现了人工智能在自然语言处理方面的能力,包括理解用户意图、生成自然语言回复等。

3. 智能化决策支持

百度指数不仅提供数据和分析结果,还能够基于这些数据为品牌客户提供营销策略制定与落地等支持。这种能力体现了人工智能在智能化决策支持方面的应用,能够帮助企业和个人做出更加明智和有效的决策。

百度指数 AI 还可以与多个行业结合,如交通出行、IT3C、母婴日化等,在新品上市、人群破圈等场景中提供数据洞察和策略支持,这进一步展示了人工智能在智能化决策支持方面的广泛适用性。

综上所述,百度指数体现了人工智能在数据分析、自然语言处理以及智能化决策支持方面的能力。这些能力使得百度指数成为一个强大的智能化数据洞察工具,能够为企业和个人提供全面、精准、高效的数据支持和服务。

6.3.3 智能推荐系统——以京东 App 为例

智能推荐系统是一种利用大数据分析、机器学习和其他数据处理技术,为用户提供个性化内容或产品的系统,目的在于从海量的信息或商品中,筛选出最适合用户需求的内容,从而提升用户的满意度和体验。它广泛应用于电商、社交媒体、内容平台、教育等多个领域,如 Netflix 的电影推荐、亚马逊的产品推荐、Course Hero 的学习资源推荐等。

一、以体验京东 App 为例详解智能推荐系统

京东的智能推荐系统是京东电商平台的一大亮点,它依托大数据和人工智能技术,为用户提供个性化的商品推荐服务。

为了体验并理解京东 App 的智能推荐系统,这里以普通用户身份体验京东的首页智能推荐。

1. 查看个性化商品推荐

登录账号并浏览:登录自己的京东账号,在首页、商品详情页等位置查看系统基于

自己的浏览历史、购买记录等生成的个性化商品推荐。例如，如果之前浏览过电脑产品，那么在首页可能会看到相关的电脑配件、电脑周边产品等推荐，如图 6-33 和图 6-34 所示。

 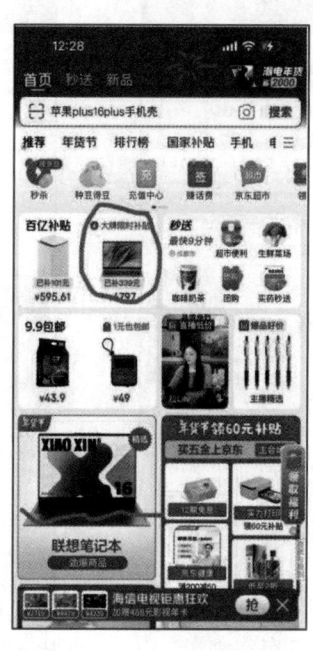

图 6-33　之前搜索笔记本电脑的界面　　　　图 6-34　再次登录京东主页的界面

2. 搜索相关商品

输入关键词：在搜索栏中输入想要购买的商品关键词，如"运动鞋"。查看搜索结果页面中除了正常的搜索排序商品外，系统在页面下方或侧边栏等位置给出了相关推荐商品，这些推荐可能是与你搜索的运动鞋款式、品牌、功能等相似或相关的其他款式。如果不满意，可以更换关键词为"跑步鞋"，观察推荐商品的差异。由图 6-35 到图 6-37 可以看出，图 6-35 搜索出普通的运动鞋，图 6-36 左边给出了其他人会搜的关键词，图 6-37 使用关键词"跑步鞋"更具体后给出了有针对性的推荐。

3. 参与促销活动推荐

关注活动页面：进入京东的促销活动页面，如"黑色星期五""双十一"等大型促销活动专区。查看系统根据你的购物偏好和历史记录，为你推荐的适合你的促销活动商品、优惠券等信息。

领取和使用优惠券：如果有适合自己的优惠券，领取并在购物时使用，体验推荐系统如何帮助你获取更多的优惠和实惠。

由图 6-38 和图 6-39 可以看出，选择不同的活动，系统给我们推荐的商品有所差异。一个是商品是否参与活动引起的，一个是自己的购物习惯。

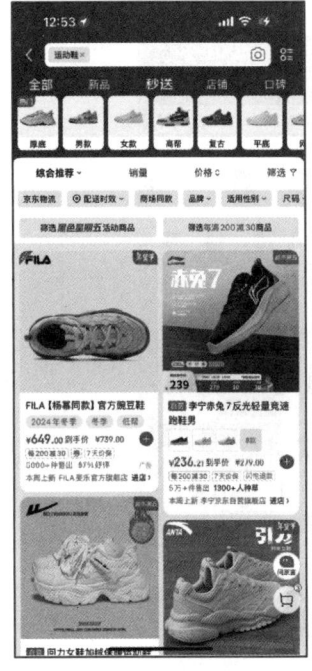

图 6-35　搜索运动鞋的界面

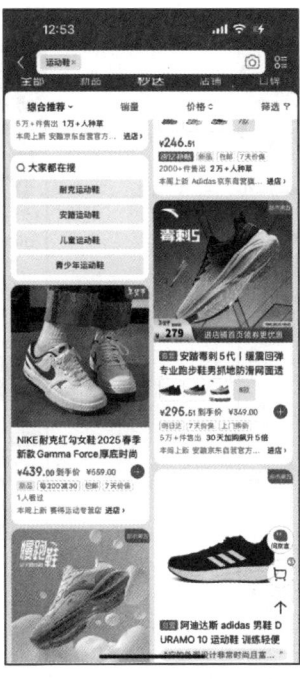

图 6-36　搜索运动鞋的推荐

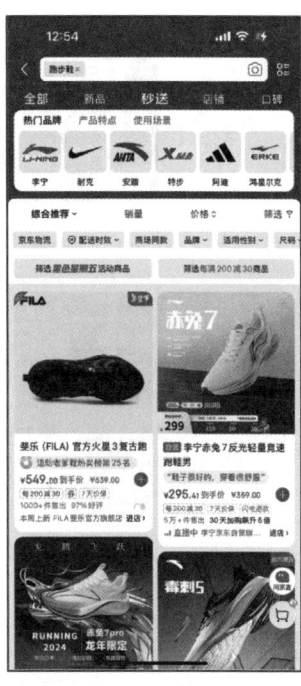

图 6-37　搜索跑步鞋的界面

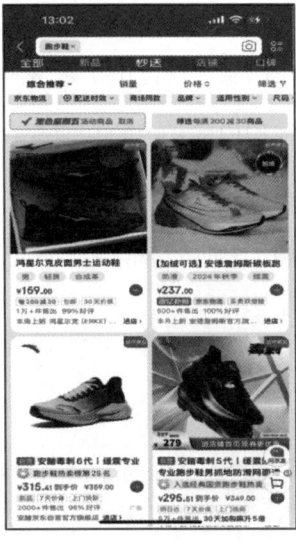

图 6-38　选择了黑色星期五的商品推荐

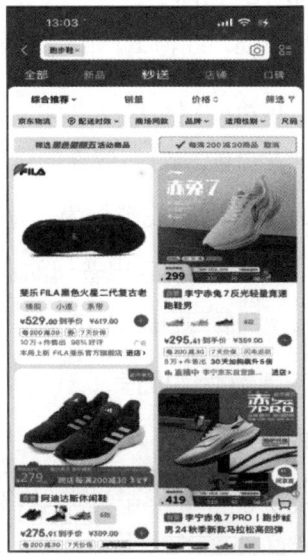

图 6-39　选择了价格为 200~300 元的活动商品推荐

二、案例分析

1. 数据处理与分析能力

多源数据整合与实时处理：京东收集用户基本信息、购物行为数据、商品信息等多源数据并有效整合。同时能实时监控用户浏览、单击、加购等行为，快速处理和分析这些实时数据，据此来实时更新推荐结果。

深度特征提取：运用自然语言处理等技术对商品描述文本、用户评价等文本数据进行处理，提取关键特征和潜在模式，理解商品和用户需求的本质。

2. 学习与建模能力

用户行为建模：利用机器学习和深度学习算法，根据用户历史行为数据建立用户兴趣模型，学习用户兴趣偏好和行为模式，捕捉用户兴趣动态变化。比如通过分析用户购买记录、浏览历史等了解用户喜好和购买倾向。

商品建模：通过各种算法对商品属性、特征、关联关系等建模，比如，构建商品相似性模型，更好地将商品与用户兴趣匹配，分析商品类别、品牌、功能等属性以及商品间搭配关系和关联购买情况。

算法优化与迭代：不断测试不同算法在不同数据源上的效果，对推荐算法优化和迭代，采用基于协同过滤、图的推荐算法以及混合推荐算法等，提高推荐系统的准确性和召回率。

3. 精准预测与决策能力

兴趣预测：基于用户和商品模型，预测用户对不同商品的兴趣程度和购买可能性，为精准推荐提供依据，像预测用户对即将上市新品或未浏览商品的兴趣。

推荐决策：综合考虑用户兴趣、商品热度、促销活动等因素，做出合理推荐决策，确定推荐商品列表和顺序，提高用户点击率、转化率和购买量，比如，在促销活动期间优先推荐参与活动且符合用户兴趣的商品。

4. 个性化与自适应能力

个性化推荐：根据每个用户的独特特征和行为习惯提供完全个性化的商品推荐，满足不同用户多样化需求，提升用户体验和满意度。比如，为摄影爱好者推荐相机、镜头等相关产品，为美食爱好者推荐食材、厨具和美食教程等。

自适应调整：随着用户行为和市场环境变化自动调整推荐策略和模型，及时适应新情况，保持推荐有效性和精准性。例如，当用户兴趣从电子产品转向运动装备时，系统能及时调整推荐内容。

综合前述分析，京东智能推荐系统展现出卓越的性能，通过整合庞大的用户、商品及行为数据集，并运用机器学习等先进技术进行精确建模，深入挖掘用户的偏好。该系统不仅能够依据实时数据进行个性化商品推送，从而提高转化率，而且具备自适应能力，能够根据用户兴趣和市场趋势的变化优化推荐策略，进一步促进业务的扩展与增长。

习　　题

1. 简述大数据的起源及其发展历程，重点说明哪些关键事件或技术推动了大数据的发展？

2. 请解释什么是大数据，并列举出至少4个描述大数据特征的关键属性（即"V"特性）。

3. 在数据管理中，数据采集是至关重要的第一步。请列举并简要说明两种常见的数据采集方法，并指出它们各自适用的场景。

4. 数据预处理与质量控制是确保数据分析准确性的基础步骤。请问在进行数据清洗和数据转换时，通常会遇到哪些问题？如何解决这些问题？

5. 对比传统数据库存储管理和大数据存储管理，两者的主要区别是什么？请从存储架构、性能特点以及适合的数据类型等方面进行比较。

6. "啤酒与尿布"的案例是大数据分析中的经典案例，请简要描述该案例，并分析它是如何通过大数据分析来发现隐藏的消费者行为模式的。

7. 以京东App智能推荐系统为例，详细描述智能推荐系统的用户体验过程，并分析此类系统在提高用户满意度和商业效益方面的潜在价值。

第七章 大模型实践

人工智能技术中最引人注目的成就之一就是所谓的"大模型"。这些模型就像是超级智能的学习者,它们通过阅读大量的文本或观察无数的图像来学习世界的规律。接下来,我们将探索这些强大的工具是如何构建起来的,以及它们如何帮助我们解决日常生活中的实际问题。

7.1 认识大模型

随着计算机算力的跃升与数据资源的爆发式增长,研究者开始探索通过扩展模型参数规模来提升模型性能。这种转变突破了原有技术框架的限制,促使超大规模参数体系的构建成为可能,由此形成了大模型这一技术形态。

7.1.1 什么是大模型

大模型是指那些拥有数千万乃至数十亿参数的深度学习模型。近年来,得益于计算机技术和大数据的迅猛发展,深度学习在诸如自然语言处理、图像生成、工业数字化等多个领域取得了显著成就。为了进一步提升模型性能,研究者们持续探索增加模型参数数量的可能性,由此产生了大模型的概念。本质上讲,大模型就是一种包含超大规模参数集的神经网络模型。

一、大模型基本原理与特点

大型模型的工作原理是深度学习技术,它依赖于庞大的数据集和计算资源来训练具有海量参数的神经网络。通过不断调整这些参数,模型能够在多种任务上达到最佳性能。通常所说的大型模型的"大"特性,主要体现在参数数量的庞大、训练数据集的规模以及对计算资源的高需求上。许多先进的模型由于具备这些"大"特性,其参数数量持续增加,泛化能力不断增强,在各个专业领域内的输出结果也变得越来越精确。

二、大模型训练

通过深入分析庞大的数据集,大型模型能够提取其中蕴含的"智慧"。随后,这些智慧被应用于多种场景，例如，解答问题、生成新内容等。这一学习过程被称为训练。值得注意的是，训练阶段可以进一步细分为预训练和微调两个关键步骤。

1. 预训练

在模型的预训练阶段，首要任务是选择一个强大的架构作为基础，例如，Transformer。接着，我们将海量的数据输入这个架构，使模型能够学习到具有广泛应用性的特征表示。在这个阶段，我们利用的是大量的未标记数据（高达数十太字节（TB））。选择未标记数据的原因在于互联网上这类数据丰富，获取相对容易。相比之下，标记数据通常需要人工进行标注，这不仅耗时而且成本高昂。通过采用无监督学习的方法，预训练模型能够从未标记的数据中提取出通用的特征和表示。

2. 微调

在完成预训练学习之后，我们掌握了一个通用的大型模型。但是，这种模型通常无法直接应用于特定任务，因为其在这些任务上的表现往往不尽如人意。因此，需要对模型进行微调。微调是通过提供特定领域的标注数据集，对预训练的模型参数进行细微调整，使模型更好地完成特定任务的过程。经过微调后的大模型可以被称为行业大模型。例如，通过对金融证券数据集的微调，可以生成一个专门针对金融证券领域的大模型。如果再进一步基于更细分的专业领域进行微调，就可以得到专业大模型（也称为垂直大模型），如图7-1所示。

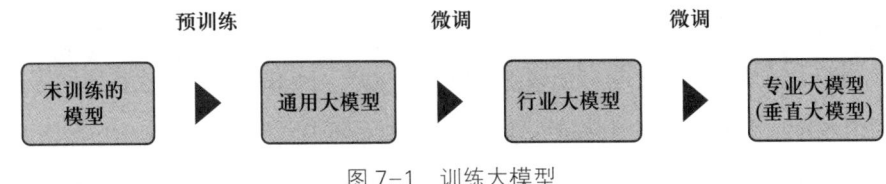

图7-1 训练大模型

在微调阶段，由于数据量远小于预训练阶段，因此对计算资源的需求相对较低。采用"预训练+微调"的分阶段训练策略，可以避免重复投资，节约大量计算资源，同时显著提升大模型的训练效率和成效。

7.1.2 大模型分类与应用

一、按训练数据类型分类

根据训练的数据类型，可以将大模型分为语言大模型、音频大模型、视觉大模型以及多模态大模型。

（1）语言大模型：擅长自然语言处理领域，能够理解、生成和处理人类语言，常用于文本内容创作（生成文章、诗歌、代码）、文献分析、摘要汇总、机器翻译等场景。大家熟悉的 ChatGPT，就属于此类模型。

（2）音频大模型：可以识别和生产语音内容，常用于语音助手、语音客服、智能家居语音控制等场景。

（3）视觉大模型：擅长计算机视觉领域，可以识别、生成甚至修复图像，常用于安防监控、自动驾驶、医学以及天文图像分析等场景。

（4）多模态大模型：融合了语言大模型与视觉大模型的双重能力，通过整合处理来自不同模态的信息（如文本、图像、音频和视频等），能够应对跨领域的任务，例如将文本转化为图像、将文本转化为视频以及跨媒体搜索（通过上传图像，搜索与之相关联的文字描述）。

二、按应用场景分类

按照应用场景进行分类，大模型可以分为通用大模型、行业大模型和专业大模型。当前我国 AI 大模型产业呈现蓬勃发展的态势。伴随多家科技厂商推出的 AI 大模型落地商用，各类通用、行业以及专业大模型已在多个领域取得了显著的成果，如在医疗、教育等领域，AI 大模型已成为提升服务质量和效率的重要手段。

（1）通用大模型：通用大模型是设计用来处理多种任务和数据类型，具有广泛的适用性和多任务处理能力，可以处理不同类型的数据和任务。例如，讯飞星火大模型，它不仅可以与人进行多风格、多任务的长文本对话，还能够在多个领域提供高效、精准的智能服务（如图 7-2 所示）。它可作为工作中的全能助手，帮助用户撰写文章、文案、报告、策划方案，甚至生成数据图表、绘制创意插图、编写代码；作为学习中的卓越导师，可以帮助解答专业知识难题、提炼论文资料摘要、理解核心内容、撰写论文大纲、制定学习计划；同时，它也是生活中的得力伙伴，能帮助用户制定旅行、健身、饮食等各类计划。

（2）行业大模型：行业大模型是针对特定行业或领域进行了深度定制和优化，具有高度的专业性和针对性，能够深入挖掘该领域的数据特点和规律，从而在处理相应领域问题时具有更高的精度和效率。

（3）专业大模型：专业大模型的概念有时与行业大模型重叠，但在某些情况下，它更强调某一具体应用场景下的高度专业化。相较于行业大模型，专业大模型可能会更加细化，专注于某个细分市场或业务流程中的特定环节，提供更为精准的服务和支持。例如，九章大模型，它专注于数学领域的解题和讲题，具备出色的数学能力。它不仅能够进行数学题目的推荐和校对，还能通过分析图片内容来提供相关的题目建议。此外，九章大模型还支持多种教育场景的应用，如对话式解题、作文批改、英文作业批改等，如图 7-3 所示。

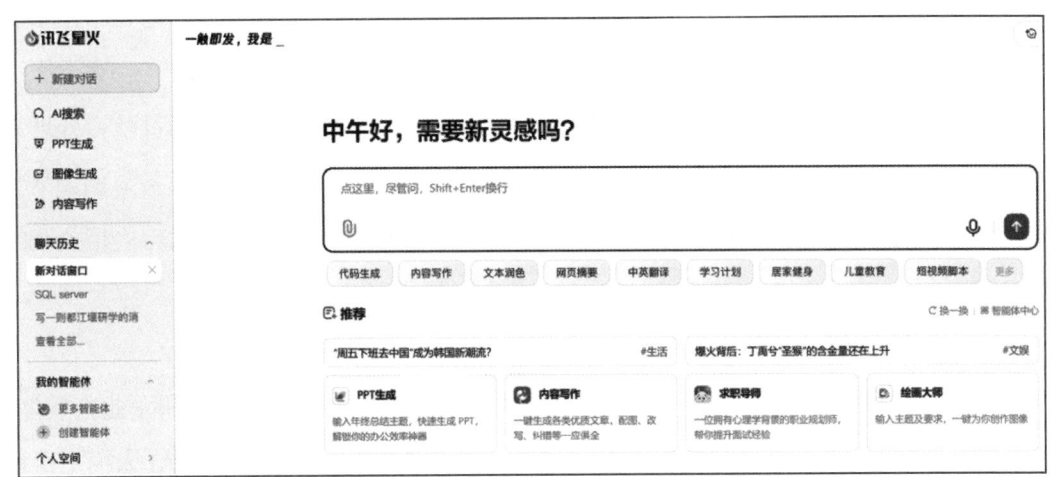

图 7-2　讯飞星火大模型

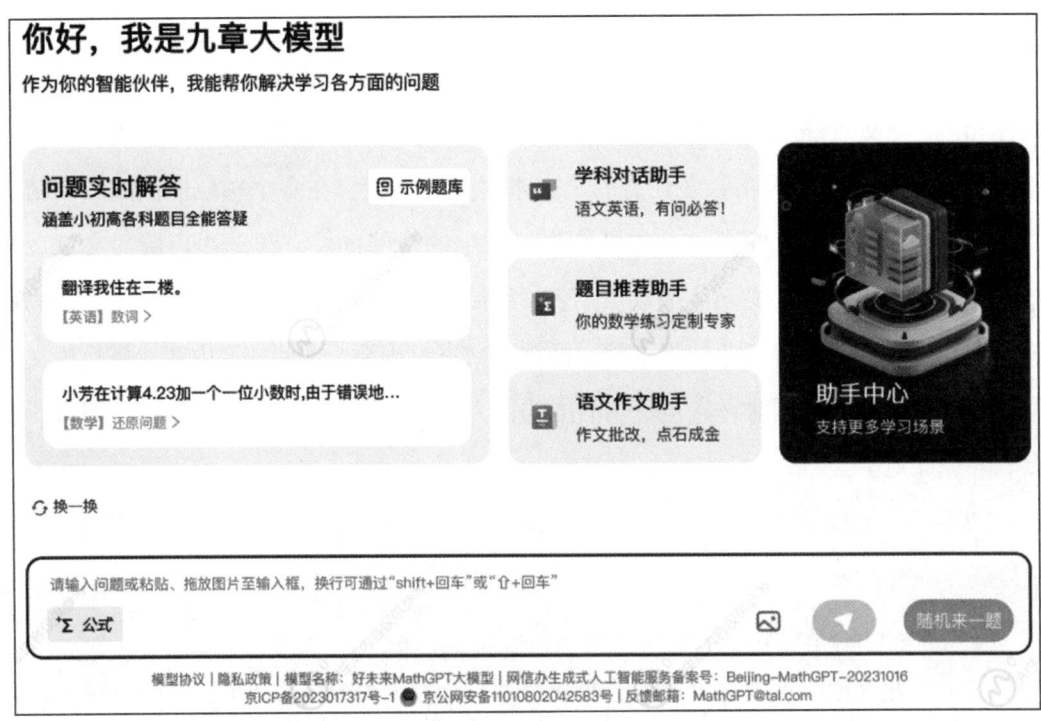

图 7-3　九章大模型

7.2 大模型实践

大模型的运用已经渗透到各个领域,极大地改变了人们的生活和工作方式。以下将通过不同场景展示常见的大模型应用。

7.2.1 文本生成

一、智能对话

智能对话,依托于人工智能技术,实现了智能化的对话交互。它通过解析用户的语言习惯、意图和情感,结合庞大的知识库,生成自然且流畅的回复,从而提升信息检索的效率,并使对话过程更加生动和充满情感色彩。智能对话的核心目标是赋予机器理解并回应人类语音指令的能力,这涉及语音识别、语义理解、文本到语音的转换等多项技术。

微视频 7-1: 文本生成

在现实应用中,AI 智能对话技术被广泛集成于客服机器人、虚拟助手、聊天机器人等场景。这些系统能够自动解答用户的问题,提供即时的帮助,并且能够进行情感层面的交流,极大地提升了用户体验的自然度和愉悦感。

目前基于大模型的生成式 AI 应用(如文心一言、讯飞星火等)均配备了智能对话功能,能够接收用户的提问并提供相应的回答。对于同一问题,连续向大模型提问并提供反馈,有助于获得令人满意的答案。如图 7-4 所示,对"讯飞星火"首次提问生成的结果未能满足需求,但在用户提出批评(反馈)后,大模型迅速根据反馈进行了调整。

二、提示词使用技巧

提示词是指在使用语言大模型时,设计和优化输入文本(即提示)的过程。这一过程旨在更有效地引导模型生成所需的输出结果。提示词的关键在于提高模型的表现,使其更准确、有趣或符合特定上下文要求。

向大模型提问时,为了获得较为准确和有意义的回答,以"通义千问"为例,在编写提示词时应该注意以下几点:

1. 尽可能多描述任务细节

我们越是把任务描述得清楚、详细,AI 就越能准确地理解我们的需求,给出满意的回答。例如,想生成一段求水仙花数的 Python 程序,如图 7-5 所示。

图 7-4 连续向大模型提问获取对话结果

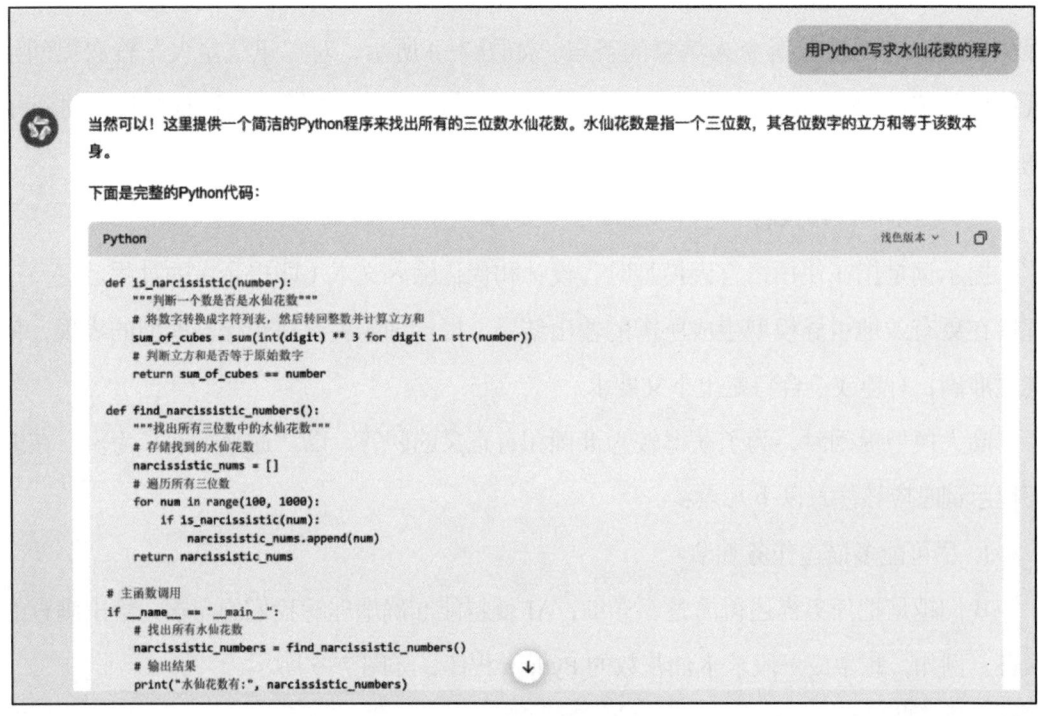

图 7-5 没有任务细节描述的提问结果

看似大模型提供了很详细的结果，但是它生成的答案是不是我们需要的？代码是否简单易懂？接下来，再对比增加任务细节描述后的结果，如图 7-6 所示，提供更多任务细节描述后，大模型就能给出符合我们要求的回答。

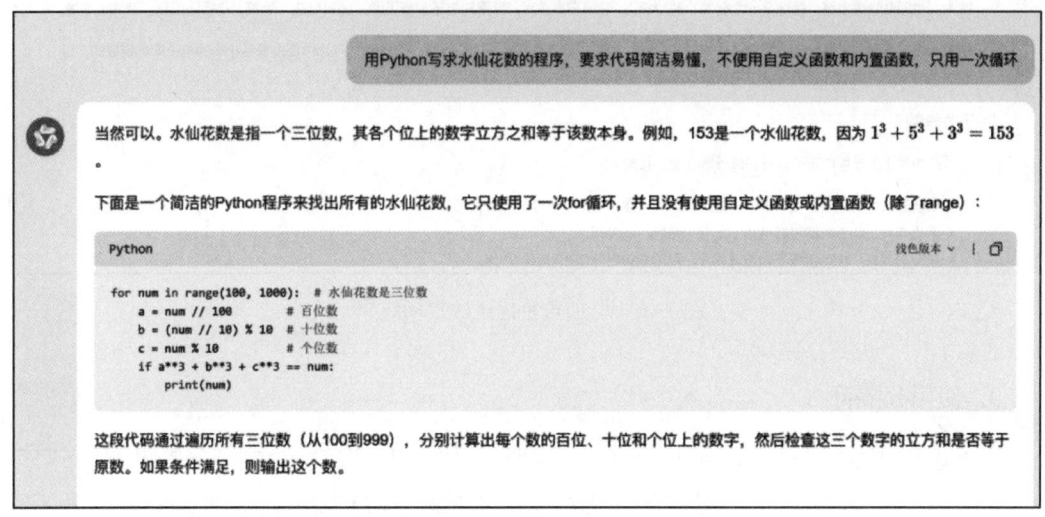

图 7-6　增加任务细节描述的提问结果

2. 要求扮演角色

如果希望大模型能以特定的身份或风格来回答问题，在提示词中加入身份信息描述，例如，"现在你是 ××× 请用 ××× 的方式回答我的问题"，这就像是在让 AI 进行角色扮演，可以让 AI 的回答更有趣，更符合我们的需求。从图 7-7 和图 7-8 的对比可以看出，当提示词中指定了角色时，AI 会将自己代入小学老师的角色中，回答的语气也会非常符合这一角色，使小学生更容易理解。

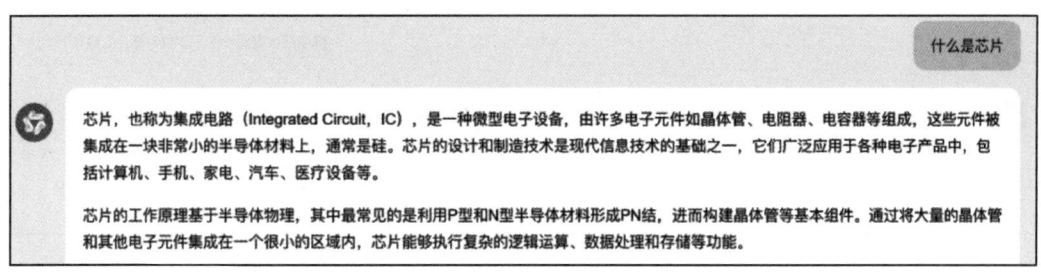

图 7-7　没有角色描述的提问结果

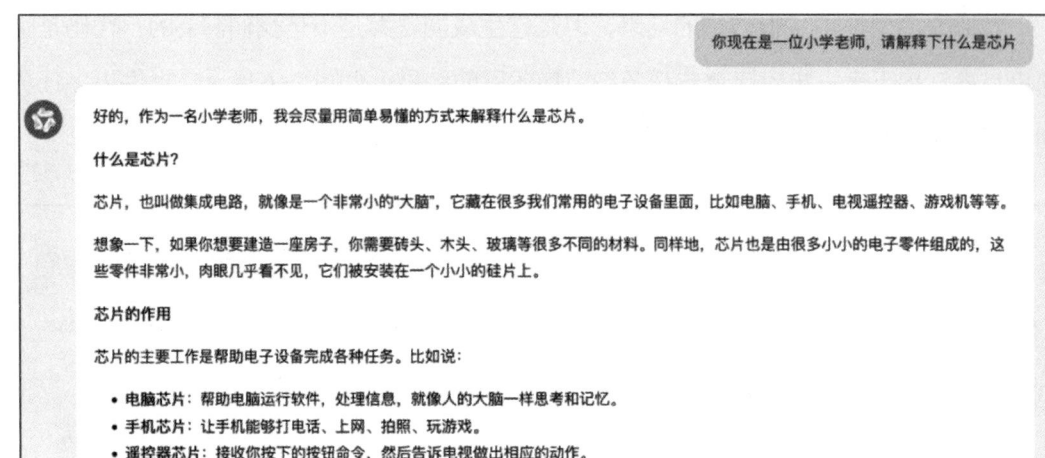

图 7-8 增加角色描述的提问结果

3. 使用分隔符

需要大模型处理的内容可能包含多个部分时,可以使用一些特殊的符号(如 ***、---、"""等)来分隔不同的部分。就像是在书写文本的时候,我们会用不同的段落来分开不同的内容,让读者更容易理解。通过图 7-9 中两次提问结果的对比可以看出,当提示词中没有使用分隔符时,大模型完全没有明白需要翻译的内容是"这句话什么意思?",而加上分隔符 """ 后就能帮助大模型做出正确理解。

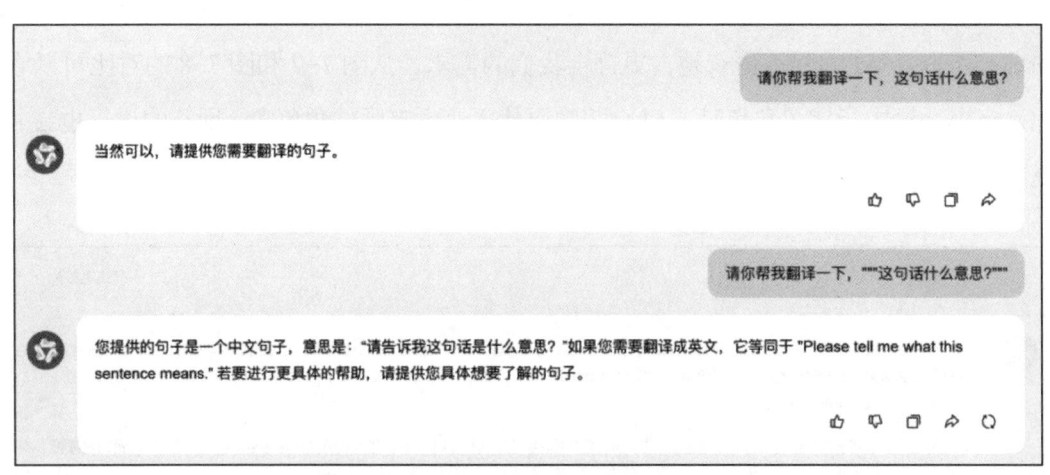

图 7-9 增加分隔符的提示词对比结果

4. 提供示例

需要大模型完成一个任务时,提供参考模板可以清晰地展示用户期望,大大提高大模型的理解能力。图 7-10 中提示词没有给出参考模板,得到的回答看起来也不错,但是表达的比较空泛，没有真情实感和记忆点。图 7-11 中的提示词给出了一段文字作为参考，就能得到不一样的效果。

> 模仿朱自清的文笔，200字描写我的母亲
>
> 在这个静谧的夜晚，思绪飘回了那个熟悉的小院，心中浮现出母亲的身影。她，总是穿着一件素色的衣裳，头发轻轻挽起，脸上带着淡淡的笑意，就像是夏日里最柔的微风。母亲的手，虽然因多年的劳作而略显粗糙，却有着不可思议的魔力，无论是烹饪出美味佳肴，还是缝补衣物，都能让人感受到家的温暖。
>
> 母亲的话语不多，但每一句都如同春雨滋润心田，让人感到无比的安心与踏实。她总是默默地付出，从不求回报，用她的智慧和爱心引导着我走过人生的一个又一个难关。在她的身上，我学会了什么是坚韧，什么是奉献。
>
> 随着时光流逝，母亲的背影渐显蹒跚，但那份对生活的热爱与对家庭的无私付出，却愈发显得珍贵。母亲，您就是我生命中最美的风景，无论岁月如何变迁，您的身影都将永远镌刻在我心中。

图 7-10　提示词中没有参考模板的提问结果

> 学习并使用以下文案的表达风格，200字描写我的母亲---我说道："爸爸，你走吧。"他往车外看了看，说："我买几个橘子去。你就在此地，不要走动。"我看那边月台的栅栏外有几个卖东西的等着顾客。走到那边月台，须穿过铁道，须跳下去又爬上去。父亲是个胖子，走过去自然要费事些。我本来要去的，他不肯，只好让他去。我看见他戴着黑布小帽，穿着黑布大马褂口2，深青布棉袍，蹒跚13地走到铁道边，慢慢探身下去，尚不大难。可是他穿过铁道，要爬上那边月台，就不容易了。他用两手攀着上面，两脚再向上缩；他肥胖的身子向左微倾，显出努力的样子。这时我看见他的背影，我的泪很快地流下来了。我赶紧拭干了泪。怕他看见，也怕别人看见。我再向外看时，他已抱了朱红的橘子往回走了。过铁道时，他先将橘子散放在地上，自己慢慢爬下，再抱起橘子走。到这边时，我赶紧去搀他。他和我走到车上，将橘子一股脑儿放在我的皮大衣上。于是扑扑衣上的泥土，心里很轻松似的。过一会儿说："我走了，到那边来信！"我望着他走出去。他走了几步，回过头看见我，说："进去吧，里边没人。"等他的背影混入来来往往的人里，再找不着了，我便进来坐下，我的眼泪又来了。---

我曾说过："妈妈，您休息吧。"她微微一笑，目光温柔地落在我的身上，"我给你做点吃的，你先坐会儿。"母亲是个身材略显瘦弱的人，但她的身影总是那么坚定有力。她走进厨房，那熟悉的身影在厨房里忙碌起来。我跟在后面，看着她那身常穿的蓝色围裙，仿佛是岁月赋予她的勋章。母亲做起家务来，动作虽不快，但每一步都显得那么从容不迫。她弯腰从冰箱里取出食材，又小心翼翼地清洗着蔬菜，就像对待一件珍贵的艺术品。

厨房里，母亲的身影在油烟中若隐若现，她用双手在案板上熟练地切菜，偶尔抬头看着窗外，似乎在想着什么。我站在一旁，注视着这一切，心中涌起一股暖流。那一刻，我仿佛看到了母亲为了这个家所付出的一切，那些不为人知的努力与坚持。

当母亲端着热腾腾的菜肴走出厨房，我上前接过盘子，心中充满了感激。母亲只是轻轻地笑了笑，说："吃吧，趁热。"餐桌上，每一道菜都承载着母亲的心意，而背后的故事，只有用心体会的人才能真正懂得。母亲的背影，在灯光下显得格外温柔，就像是一幅永远也看不厌的画面，深深地印在了我的心里。

图 7-11　提示词中加入参考模板的提问结果

结合上述案例还可以看出，构建有效的提示词需具备明确的目标，以便模型更精确地把握用户意图；提供充分的上下文信息有助于模型理解问题的背景；问题的表述应力求简洁明了，避免冗长和复杂的叙述，从而降低模型的理解难度。然而，不同的大型模型在能力范围和局限性方面存在差异，例如，某些模型在理解自然语言方面表现出色，而其他模型可能在逻辑推理或数学计算方面更为擅长。因此，在构建提示词时，必须考虑模型的具体能力和局限性，以便最大限度地发挥其潜能。此外，根据应用目的的不同，提示词的设计亦应有所区别。例如，在创意写作辅助工具中，提示词可能更注重激发创

造力和想象力；而在技术文档生成工具中，则需使用更为精确和专业的语言；在图像视频生成中，提示词则应更加关注情感氛围、艺术风格、视角和构图等方面的准确传达。

随着大模型技术的不断进步，提示词（prompt）的设计趋势正朝着更加简化和直观的方向发展，具体表现在以下几个方面：

（1）模型能力的提升：现代的大模型已经具备了更强的理解能力和推理能力，这意味着它们能够从较少的信息中推断出更多的上下文信息。例如，OpenAI 的 O1 系列模型展示了这种转变，这些模型能够"推理"出用户的目标需求，而不仅仅是遵循一系列指令。

（2）自然语言处理的进步：随着自然语言处理技术的发展，模型对于自然语言的理解越来越接近人类水平。这就意味着用户可以用更接近日常对话的方式与模型交互，而不需要使用复杂的提示词技巧来引导模型的行为。

（3）个性化学习：未来的大模型可能会更加了解用户的偏好和个人习惯，从而能够在没有明确指令的情况下提供个性化的响应。比如，模型可能记住用户之前的查询习惯或偏好设置，并据此调整其输出。

（4）自动化提示词生成：一些研究和技术正在探索如何让 AI 自动生成或优化提示词，以减轻用户的工作负担。这种方法可以基于少量的关键信息自动扩展成详细的提示词，或者通过分析大量数据来改进现有的提示词。如图 7-12 展示了"通义"平台提供的提示词自动优化功能。

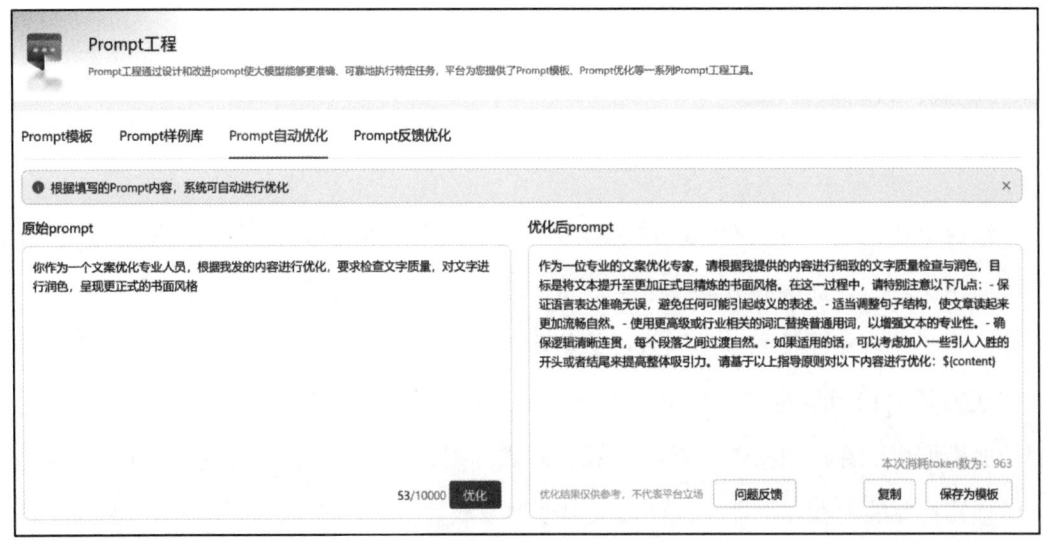

图 7-12　提示词自动优化

（5）用户体验的改善：为了让 AI 技术更加普及和易于使用，开发者们正在努力降低使用门槛。这意味着即使是非技术人员也能轻松地利用 AI 进行创作、解决问题等任务，只需输入几个关键词即可获得满意的结果。

虽然未来的 AI 交互有望变得更加简单直接，但掌握一定的提示词设计原则仍然有助于最大化利用 AI 的能力，尤其是在涉及专业领域知识或复杂任务时。因此，持续关注大模型技术的发展，并适应新的交互模式，将是保持竞争力的关键。

7.2.2 图片生成

在图像生成领域，大模型技术已经取得了显著的进展。这些技术能够创造出栩栩如生的静态图像，并已在多个领域得到广泛应用，例如，平面设计、游戏制作等。例如，当提供一段详尽描述的提示词时，AI 能够创作出相应的图像。如图 7-13 所示，利用"通义万象"大模型，指定"主体（图片内容的主要表现对象）+ 场景（主体所处的环境）+ 风格（图像的艺术风格）"的提示词，可生成更具想象力的图片。针对有一定 AI 生图使用经验的用户，添加更丰富细致的描述（主体 + 场景 + 风格 + 镜头语言 + 氛围词 + 细节修饰），还可有效提升画面质感、细节丰富度与表现力。此外，AI 图片生成还有多种应用，例如，能够根据用户的要求自动生成海报的背景和文字排版；可以将输入的人物图像进行多种风格化的重绘生成，使新生成的图像在兼顾原始人物相貌的同时，带来不同风格的绘画效果。能根据用户输入的原始图片、

微视频 7-2: 图片生成

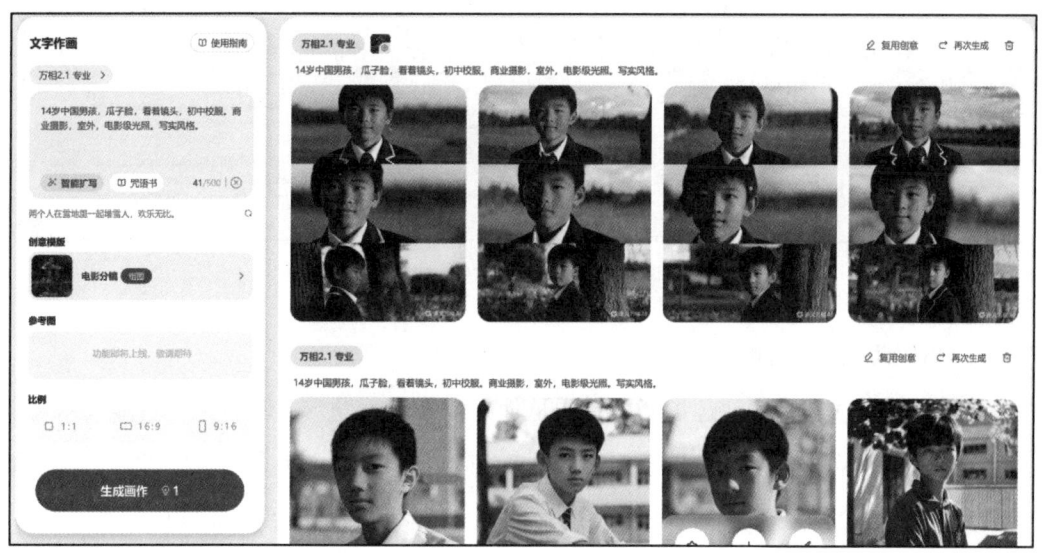

图 7-13　图片生成

局部涂抹图和任意的文本描述，完成图像的二次创作；可以通过指定图像中要删除的人体、宠物、物品、文字、水印等图像区域，在保留背景的同时移除图像中的一个或多个人物、物体、文字等元素（此功能常用于手机的智能拍照功能中）。

尽管大模型图像生成技术带来了许多创新的应用，但它们也引发了一些伦理和法律问题。例如，AI 生成的图像是否应该受到版权保护？AI 模仿艺术家的风格是否侵犯了原作者的权利？这些问题需要法律专家、艺术家和技术开发者共同探讨解决。

7.2.3 工作助手

一、AI 阅读论文

微视频 7-3: 工作助手

对于学术研究者而言，阅读和理解大量学术论文是一项耗时且复杂的任务。使用自然语言处理技术，AI 可以自动提取论文中的关键信息，如摘要、关键词、研究方法、实验结果和结论等。这些系统能够将长篇的学术论文浓缩成简洁明了的笔记，帮助研究者快速掌握核心内容，从而节省大量的阅读时间。如使用"通义平台"对一篇论文进行阅读，能快速精准地从论文中提取各个关键信息并生成简洁的笔记，如图 7-14 所示。

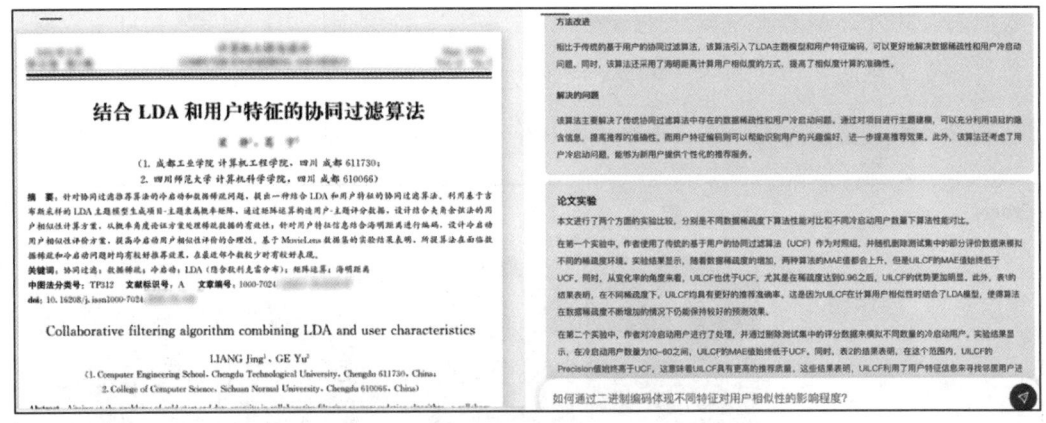

图 7-14　AI 阅读论文效果

二、AI 辅助论文选题

在进行研究选题时，往往担心盲目跟从他人或偏离主题。此时，人工智能技术可以提供辅助。例如，在讯飞星火平台中输入查询指令"生成多个关于'智慧医疗'主题的硕士论文选题方向"，系统将提供多个潜在的研究方向，例如，"医学图像处理与分析""医疗信息系统"等（如图 7-15 所示），也可依据个人兴趣，对选题进行进一步的优化，从而选定方向进行深入研究，节省了资料搜集和归纳整理的时间。

对于申请的科研基金项目选题，同样也可以运用人工智能技术，选择垂直领域的 AI，以实现更具针对性的选题指导。

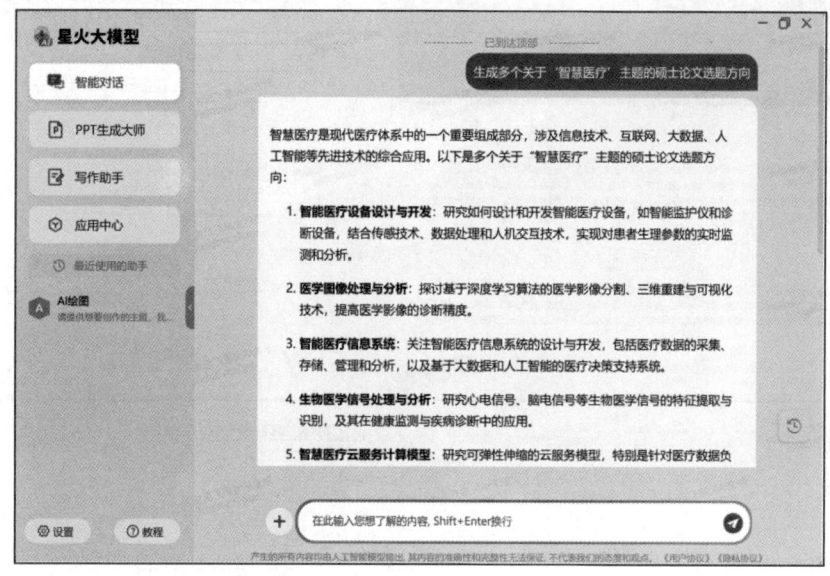

图 7-15　AI 辅助论文选题

三、AI 分析视频

随着在线教育平台的兴起，视频课程已经成为重要的学习资源。然而，长时间的视频讲解往往包含大量信息，难以一次性被完全吸收。借助 AI 技术，可以通过语音识别和视频分析，自动生成视频学习笔记。这些笔记不仅包括文字记录，还可以结合关键画面截图，方便学生回顾和复习。如图 7-16 所示，在"通义"平台导入一段视频，AI 能将视频中的语音转换为文字，同时还能根据视频内容进行章节速览、发言总结、要点提取、PPT 提取、思维导图生成。

四、AI 速记与翻译

利用 AI 对发言进行实时记录、转写、翻译，是一项集成了语音识别、自然语言处理和机器翻译等技术的速记功能。它能够实时将口语转换为书面文字，并翻译成目标语言，极大地促进了跨语言沟通的效率与准确性。这项技术能够在说话者发言的同时快速捕捉语音信息，几乎无延迟地将其转换为书面文字，再进一步翻译成所需的目标语言。这种即时反馈机制对于需要快速响应的场景至关重要，能提高工作效率，极大地减少了沟通过程中的时间成本，逐渐成为人们跨越语言障碍进行沟通交流的一种方式，在国际会议、课堂教学等场景中得到了广泛运用。如图 7-17 所示，基于"腾讯会议"AI 实时转录翻译功能，对课堂英文发言进行了实时记录与翻译。

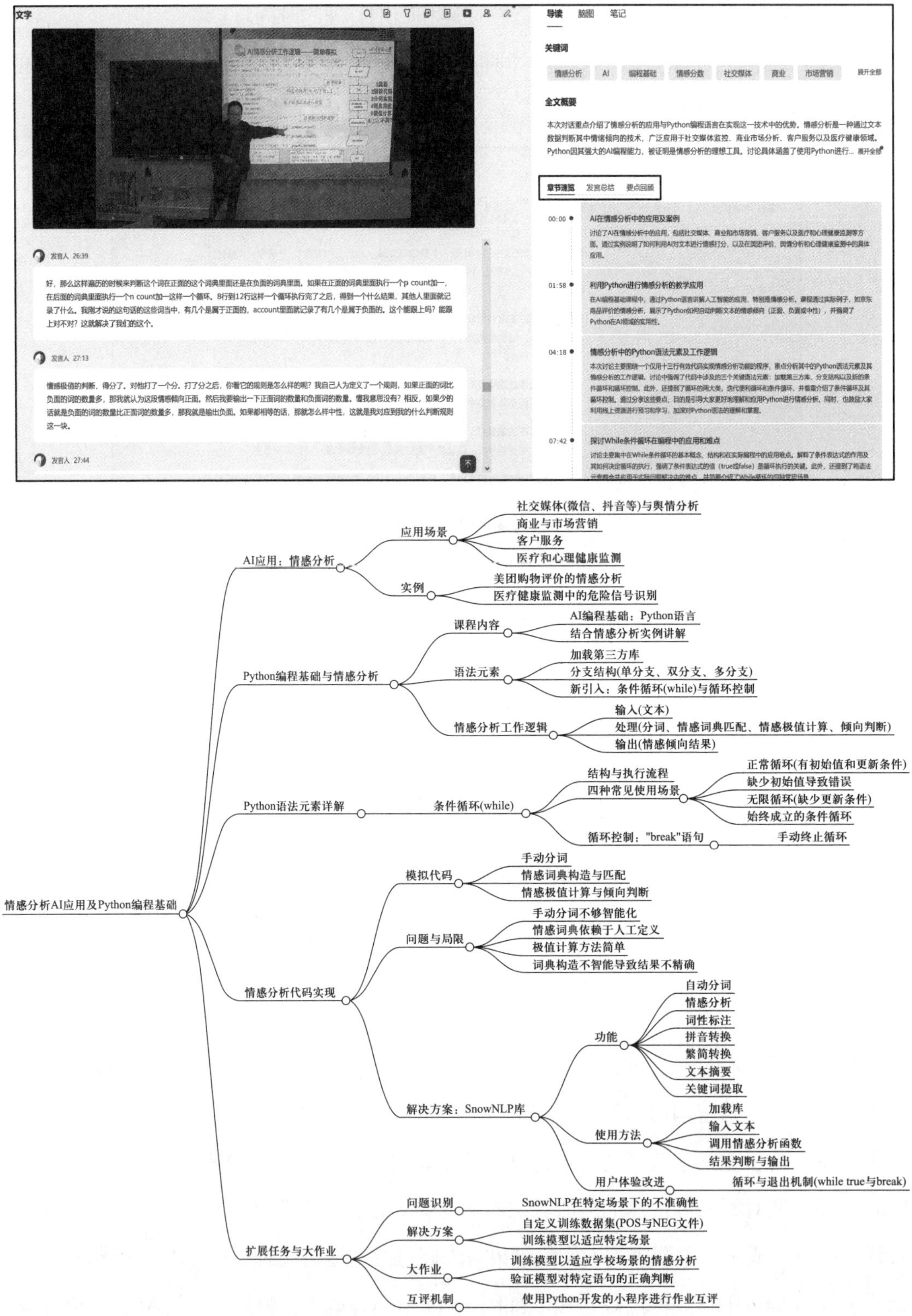

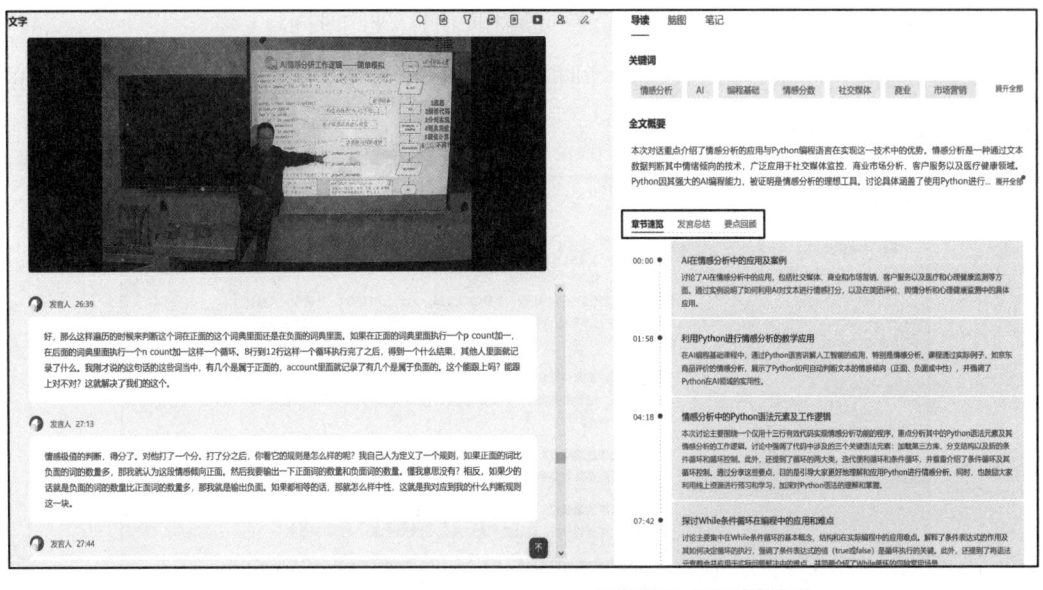

图 7-16 AI 视频分析效果

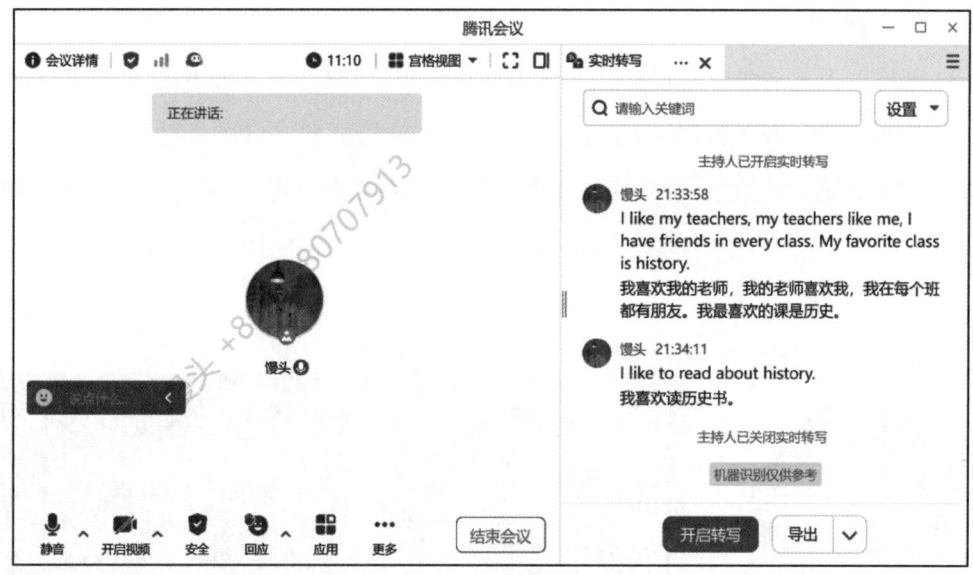

图 7-17 AI 速记与翻译

五、AI 陪练

AI 陪练是一种利用人工智能技术为用户提供个性化练习和反馈的创新系统,广泛应用于音乐、语言学习等领域。通过模拟真实交互的行为,AI 陪练能够根据用户的水平和需求,提供定制化的训练计划和即时反馈,帮助用户有效提升技能。例如,在语言学习中,AI 陪练可以模拟真实的对话场景,与用户进行互动练习,并根据用户的发音、语调和语法进行评估和纠正,帮助用户提高口语表达能力和听力理解能力。如图 7-18 所示,在"通义"App 中使用托福口语陪练,通过选择视频通话,即可与 AI 虚拟口语专家进行视频对话练习。

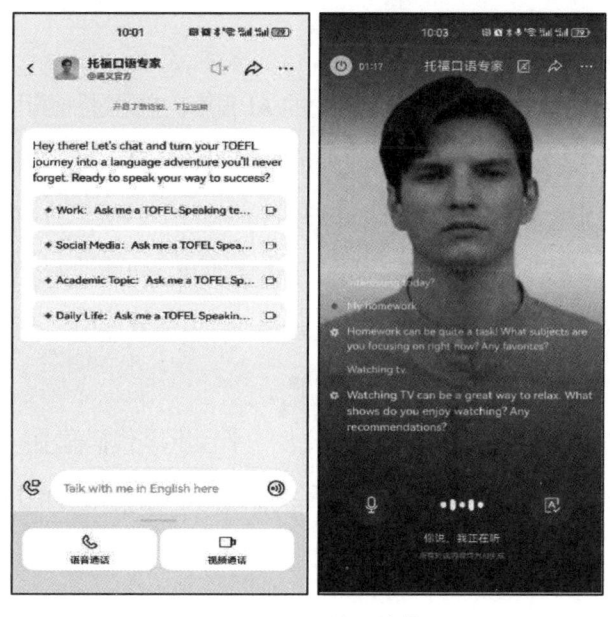

图 7-18 AI 英语陪练

第七章 大模型实践   243

六、AI 图片助手

AI 图片助手是一款基于人工智能技术的图像处理工具，它能够为用户提供一系列高效、便捷的图像编辑和管理功能。通过智能识别和分析技术，AI 图片助手可以帮助用户快速进行图片编辑、美化、修复等操作。此外，AI 图片助手还具备图像合成、风格转换等高级功能，让用户可以轻松实现个性化的图像创作。如图 7-19 所示，利用百度图片助手实现了背景替换。

图 7-19　AI 图片助手替换背景

7.2.4　零代码定制个性化 AI

微视频 7-4：零代码定制个性化 AI

个性化 AI，本质上是指定制化的 AI 程序，它通过加强用户与 AI 之间的互动，使输出的内容更加精确，更好地满足用户的需求。例如，用户可以根据自己的需求和偏好，创建一个作文批改 AI，实现智能化的作文批改。这种定制化的 AI 不仅提升了工作效率，还为日常生活带来了诸多便利。使用者无须掌握编程技能或深入理解技术背景，只需通过简单的几步操作，就能打造出一个专属的 AI。此外，通过持续的训练和调试，用户还能不断优化其性能。

图 7-20、图 7-21 就展示了在"讯飞星火"平台上零代码建立一个用于作文评阅的定制 AI。在图 7-20 中指定相应的提示词后，经过简单配置即可使用，输入或上传作文后批阅结果如图 7-21 所示。

一句话创建智能体
×
例如：你是一位述职汇报导师，请根据我给的工作目标，生成对应的年度述职报告，要求分点概述目标、策略和成果等。
你是一位初二年级语文老师，请根据提供的初二年级学生作文，从作文内容和主题关系、情感体现、语言表达、上下文关联等方面进行作文评阅，要求给出肯定的表扬，指出不足，给出修改建议。
取消
快速创建

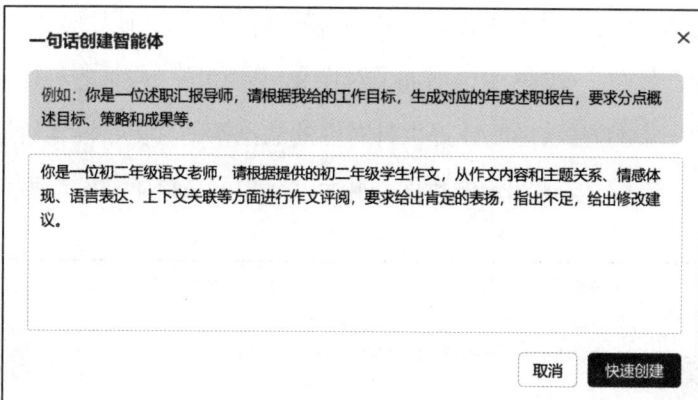

图 7–20　创建定制 AI 的提示词

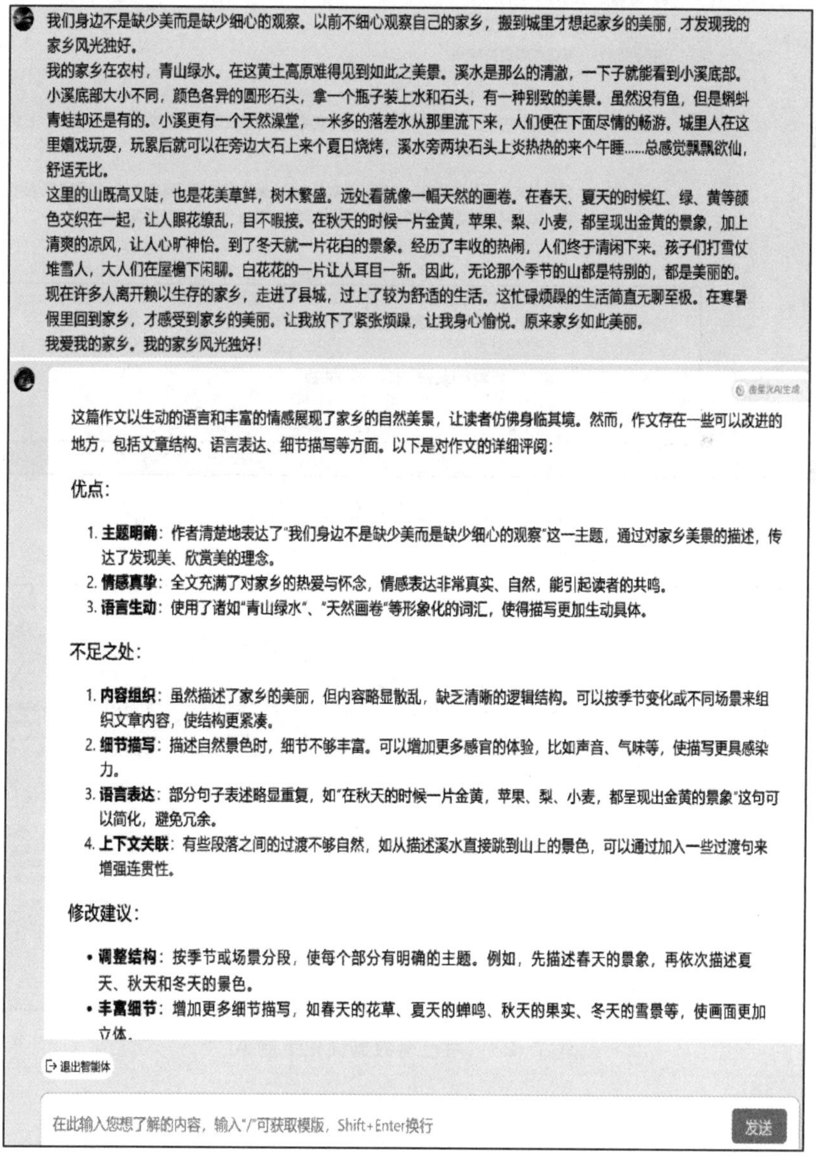

我们身边不是缺少美而是缺少细心的观察。以前不细心观察自己的家乡，搬到城里才想起家乡的美丽，才发现我的家乡风光独好。
我的家乡在农村，青山绿水。在这黄土高原难得见到如此之美景。溪水是那么的清澈，一下子就能看到小溪底部。小溪底部大小不同，颜色各异的圆形石头，拿一个瓶子装上水和石头，有一种别致的美景。虽然没有鱼，但是蝌蚪青蛙却还是有的。小溪更有一个天然澡堂，一米多的落差水从那里流下来，人们便在下面尽情的畅游。城里人在这里嬉戏玩耍，玩累后就可以在旁边大石上来个夏日烧烤，溪水旁两块石头上炎热热的来个午睡……总感觉飘飘欲仙，舒适无比。
这里的山既高又陡，也是花美草鲜，树木繁盛。远处看就像一幅天然的画卷。在春天、夏天的时候红、绿、黄等颜色交织在一起，让人眼花缭乱，目不暇接。在秋天的时候一片金黄，苹果、梨、小麦，都呈现出金黄的景象，加上清爽的凉风，让人心旷神怡。到了冬天就一片花白的景象。经历了丰收的热闹，人们终于清闲下来。孩子们打雪仗堆雪人，大人们在屋檐下闲聊。白花花的一片让人耳目一新。因此，无论那个季节的山都是特别的，都是美丽的。
现在许多人离开赖以生存的家乡，走进了县城，过上了较为舒适的生活。这忙碌烦躁的生活简直无聊至极。在寒暑假里回到家乡，才感受到家乡的美丽。让我放下了紧张烦躁，让我身心愉悦。原来家乡如此美丽。
我爱我的家乡。我的家乡风光独好！
这篇作文以生动的语言和丰富的情感展现了家乡的自然美景，让读者仿佛身临其境。然而，作文存在一些可以改进的地方，包括文章结构、语言表达、细节描写等方面。以下是对作文的详细评阅：
优点：
1. 主题明确：作者清楚地表达了“我们身边不是缺少美而是缺少细心的观察”这一主题，通过对家乡美景的描述，传达了发现美、欣赏美的理念。
2. 情感真挚：全文充满了对家乡的热爱与怀念，情感表达非常真实、自然，能引起读者的共鸣。
3. 语言生动：使用了诸如“青山绿水”、“天然画卷”等形象化的词汇，使得描写更加生动具体。
不足之处：
1. 内容组织：虽然描述了家乡的美丽，但内容略显散乱，缺乏清晰的逻辑结构。可以按季节变化或不同场景来组织文章内容，使结构更紧凑。
2. 细节描写：描述自然景色时，细节不够丰富。可以增加更多感官的体验，比如声音、气味等，使描写更具感染力。
3. 语言表达：部分句子表述略显重复，如“在秋天的时候一片金黄，苹果、梨、小麦，都呈现出金黄的景象”这句可以简化，避免冗余。
4. 上下文关联：有些段落之间的过渡不够自然，如从描述溪水直接跳到山上的景色，可以通过加入一些过渡句来增强连贯性。
修改建议：
• 调整结构：按季节或场景分段，使每个部分有明确的主题。例如，先描述春天的景象，再依次描述夏天、秋天和冬天的景色。
• 丰富细节：增加更多细节描写，如春天的花草、夏天的蝉鸣、秋天的果实、冬天的雪景等，使画面更加立体。
退出智能体
在此输入您想了解的内容，输入“/”可获取模版，Shift+Enter换行
发送

图 7–21　定制 AI 运行效果

若对定制的 AI 运行结果不满意，就需要对其进行调试。可以回到编辑界面，增加一些更具体的指令，如图 7-22 所示，增加了对作文标题和第一段话的具体要求。另外，还可以通过关联数据集的方式，向 AI 提供针对性的数据帮助其更精准地接近用户需求，如图 7-23 所示，提交了作文评阅示例数据，并关联到定制 AI 中强化其理解能力。

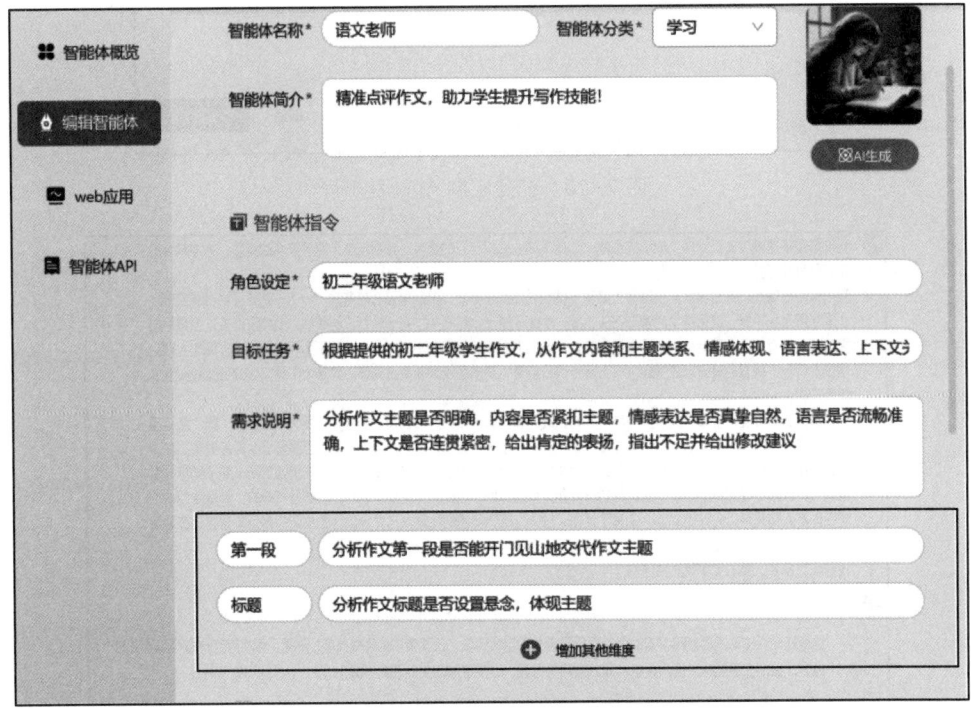

图 7-22　增加不同维度的指令

图 7-23　用已有数据优化定制 AI

7.2.5 基于工作流的 AI 应用开发

微视频 7-5：基于工作流的 AI 应用开发

目前很多平台已支持 AI 应用开发，可以轻松构建具备完整业务逻辑和直观用户界面的 AI 应用，如百度智能云千帆、Coze 等。这些应用能够处理从简单到复杂的各种任务。AI 应用还可以发布为网页链接、API 服务或上架至平台应用商店，如图 7-24 所示。

图 7-24 "百度智能云千帆"平台中上架的 AI 应用

开发上述 AI 应用时，业务逻辑可以通过预先编排的工作流来实现，并且能够灵活地利用变量、插件、知识库以及数据库等手段与本地或在线数据进行交互。此外，AI 应用开发平台还配备了丰富的页面组件和可视化编排界面，使用户能够轻松地实现零代码或低代码的快速搭建，从而高效构建 AI 应用。

以 Coze 平台为例，我们将演示如何在工作流中集成"豆包"和"通义千问"这两个大模型，构建一个简易的 AI 应用——"Python 训练器"。该"Python 训练器"旨在根据用户输入的提示词，生成问题并提示用户输入答案，然后实时评价用户提供的答案。其工作流程如图 7-25 所示。基于这一流程，在 Coze 平台的"工作空间"内创建项目，拖曳"豆包"和"通义千问"两个大型模型组件，以及输入、输出组件，确保工作逻辑正确连接，并适当配置各组件的输入输出变量，如图 7-26 所示。最终，通过"试运行"功能进行多次调试，直至获得满意的运行结果，如图 7-27 所示。

图 7-25 "Python 训练器"工作流程

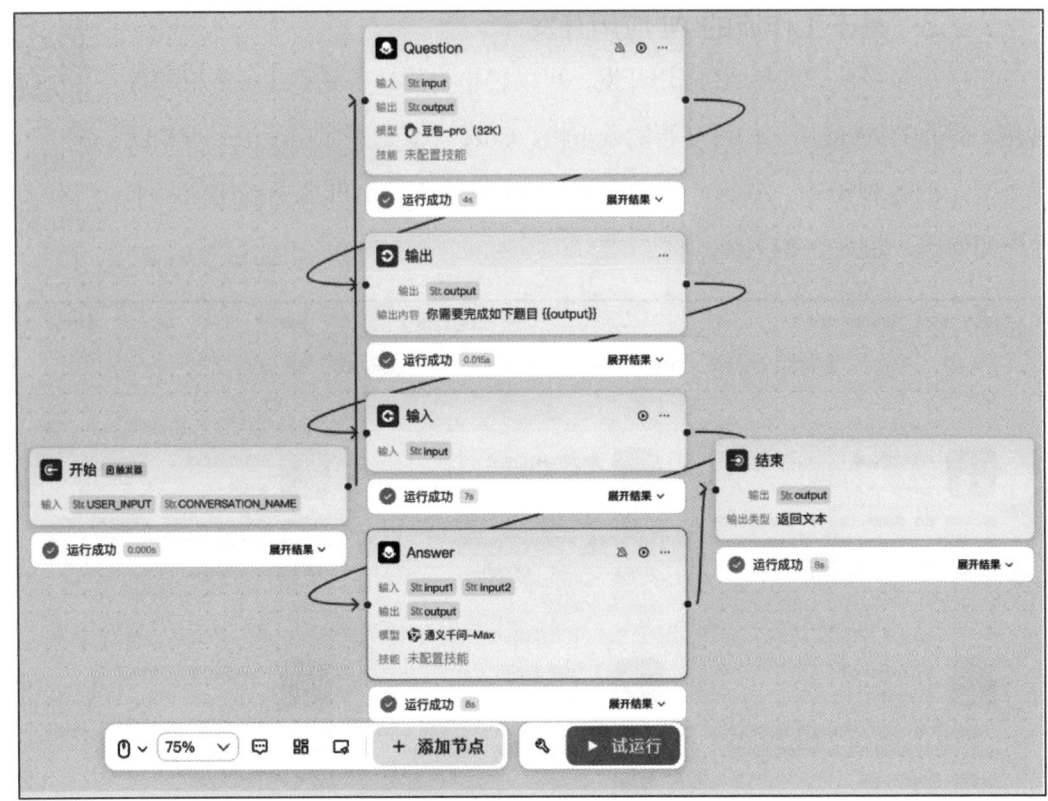

图 7-26 "Python 训练器"工作流组件配置

图 7-27 "Python 训练器"运行效果

7.3 大模型生态

大模型生态是一个复杂且多维度的体系,它围绕具有数十亿甚至更多参数的大型预训练模型(大模型通常属于大型预训练模型中的一种)而构建。这一生态系统不仅包括了模型本身及其相关的技术进步,还涵盖了从硬件支持到软件工具、数据集建设、应用开发、社区互动、伦理法规以及商业模式等各个方面。以下是对这些组成部分的初步探讨。

一、模型和技术

大型预训练模型:这些模型通常是通过无监督或半监督学习的方式,在大量未标注的数据上进行训练,从而获得对自然语言、图像或其他类型数据的强大理解能力。例如,谷歌的 BERT 和 OpenAI 的 GPT 系列都是在各自领域内取得显著成果的大规模预训练模型。此外,各种大型模型如"豆包"和"通义千问"等,通过工作流平台如 Coze 得以高效集成与应用。这些平台提供了强大的工具,使得开发者无须深入理解每个模型的内部机制,即可快速构建出功能丰富的 AI 应用。例如,在前文的案例中,我们展示了如何利用"豆包"和"通义千问"构建"Python 训练器",实现了基于用户输入提示词的实时问答与评价功能。

架构创新:近年来,Transformer 架构及其变体(如 BERT、T5、ViT 等)成为了主流,因为它们能够有效处理长期依赖关系,并且可以并行化训练过程。此外,还有诸如稀疏注意力机制、自适应宽度调节等新技术不断涌现,进一步提升了模型性能。

二、硬件支持

高性能计算资源:训练大模型需要强大的计算能力和存储容量。为此,GPU(图形处理器)、TPU(张量处理器)等专用硬件加速器被广泛采用。同时,云服务提供商也推出了专门针对 AI 任务优化的实例类型,如 AWS 的 P4d 实例、Google Cloud 的 A2 等。

分布式系统:为了应对海量数据和复杂计算需求,分布式训练框架变得尤为重要。它们允许模型跨多个节点并行运行,大大缩短了训练时间。常见的分布式训练库包括 Horovod、TensorFlow Distributed Training 等。

三、软件框架与工具

机器学习框架:开源社区贡献了许多优秀的框架,如 TensorFlow、PyTorch、MXNet 等,为开发者提供了便捷的方式来定义、训练和部署模型。这些框架通常伴随着丰富的文档和支持社区,帮助用户快速上手。

自动化工具：自动化机器学习工具（如 Google Cloud AutoML）、超参数搜索工具（如 Hyperopt、Optuna）、模型压缩技术（如剪枝、量化）等工具和服务使得非专业人员也能高效地利用大模型进行创新。

模型管理平台：随着模型数量的增长，如何有效地管理和版本控制成为了一个挑战。机器学习开发运维一体化（machine learning operations，MLOps）理念应运而生，相关工具如 MLflow、Kubeflow 等帮助企业实现模型生命周期的全流程管理。

四、数据集

公开数据集：像 Wikipedia、Common Crawl 这样的大规模文本语料库，ImageNet、COCO 这样的视觉数据集，是许多大模型训练的基础。它们为研究者提供了一个公平竞争的环境，促进了算法的进步。

私有数据集：企业往往会根据自身业务特点收集特定领域的数据，并用于训练定制化的模型。这有助于提高模型在特定应用场景下的准确性和实用性。

五、应用和服务

多样化应用：基于大模型的应用场景非常广泛，从智能客服、自动摘要生成、机器翻译，到图像识别、视频分析、医疗影像诊断等。每个应用场景都有其独特的技术和商业考量。

API 与插件：为了方便集成，许多大模型都提供了 RESTful API 接口或 SDK，让第三方开发者可以轻松调用模型的能力。此外，一些平台还支持插件式扩展，以满足不同行业的需求。

六、社区与合作

学术界与工业界的桥梁：大模型的发展离不开学术研究的支持。高校和科研机构不断探索新的理论和技术，而企业则负责将这些成果转化为实际产品。两者之间的紧密合作推动了整个领域的快速发展。

开源文化：GitHub、GitLab 等代码托管平台上聚集了大量的开源项目，形成了活跃的技术交流氛围。通过分享源代码、实验结果、教程等内容，社区成员共同成长，彼此启发。

七、商业模式

SaaS 与 PaaS：越来越多的企业选择以 SaaS（软件即服务）或 PaaS（平台即服务）的形式提供大模型能力，降低用户的使用门槛，促进市场渗透率的提升。

垂直解决方案：对于某些特定行业，如金融、医疗、教育等，可能会出现高度专业化的大模型解决方案，旨在解决该行业的痛点问题。

知识产权与商业化：随着大模型的重要性日益凸显，关于知识产权保护、授权许可等方面的讨论也越来越热烈。企业和研究机构需要找到合适的商业化路径，既能鼓励技术创新，又能维护各方权益。

习　题

1. 请解释什么是大模型，并概述其基本原理与特点。此外，请简述大模型训练的主要挑战。

2. 大模型可以根据哪些标准进行分类？请列举并简要描述至少两种分类方式及其代表性应用场景。

3. 在文本生成实践中，智能对话和提示词使用技巧是如何提高文本生成的质量和效果的？请举例说明。

4. 描述大模型在工作助手中的应用，重点介绍AI如何辅助学术研究及提升工作效率。

5. 零代码定制个性化AI的应用为非技术人员带来了哪些便利？请说明其实现过程以及可能涉及的技术或工具。

6. 基于工作流的AI应用开发有哪些优势？请描述一个具体的工作流场景，并说明如何利用大模型来优化该工作流。

7. 构建一个健康的大模型生态系统需要哪些要素的支持？请从模型和技术、硬件支持、软件框架与工具、数据集、应用和服务、社区与合作以及商业模式等方面进行阐述。

第八章 "AI+"行业应用

人工智能已不再是科幻小说中的概念或是实验室里的研究课题，而是实实在在地进入了各行各业，成为推动企业和社会进步的关键力量。从办公到体育，从教育到多媒体创作，AI 的运用正在重塑这些领域的工作方式，提高效率、降低成本并创造全新的商业模式和服务体验。本章将讨论常见的"AI+"行业应用。

8.1 WPS AI+ 智能办公

人工智能正逐步深入人们工作的每一个领域，尤其是在办公环境中，从传统的工作方式向更高效、便捷、智能化转变，AI 技术正在推动整体工作效率的提升。接下来将以 WPS AI 为例，来展示智能办公的具体应用以及未来的发展趋势。

一、AI 写作助手

WPS AI 写作助手是一款智能写作工具，通过"伴写""帮我改"等功能帮助用户提升文档处理、写作效率。

WPS AI 的伴写功能，能够在用户写作过程中提供智能建议和续写，帮助用户保持清晰的思路，让文章更加连贯和有逻辑性。如图 8-1 所示，开启了"伴写"功能后，AI 自动理解前文，用浅灰色文字实时提供内容写作建议。

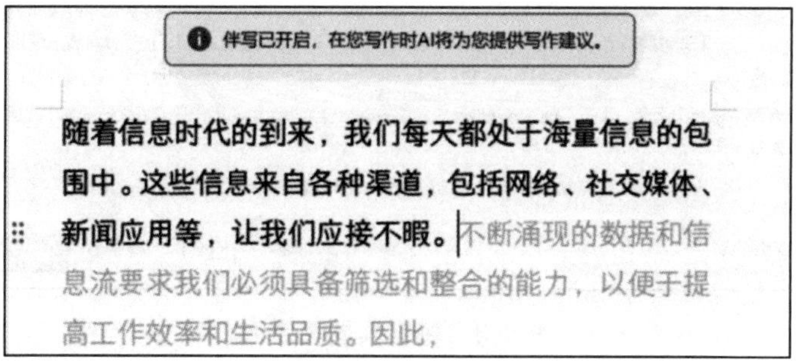

图 8-1　智能伴写

WPS AI 写作助手的"帮我改"还能进行全文润色，能够自动修改文档中的错误，优化文本内容，调整文章风格，使文章更加流畅和专业。例如，风格调整功能可以根据不同的写作需求一键切换文风，满足多样化的写作场景。如图 8-2、图 8-3 所示，利用"AI 帮我改"中的"润色"功能，可以快速调整文风，为创作锦上添花。

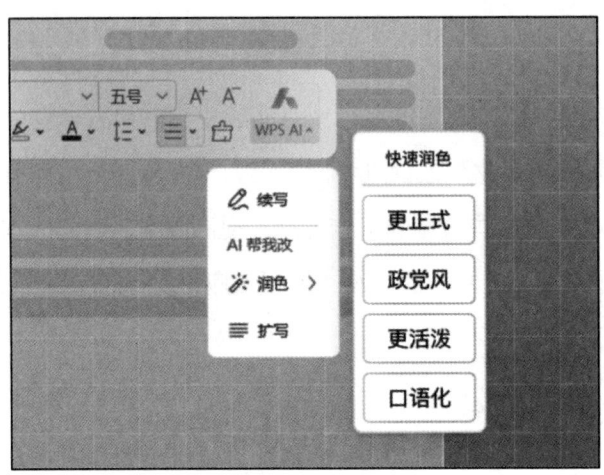

图 8-2　AI 帮我改

图 8-3　AI 文案润色效果

二、AI 设计助手

WPS AI 设计助手通过"PPT 生成""AI 排版"等功能，提升了 PPT 创作和文档排版等设计工作的效率和质量。

"AI 生成 PPT"可以根据文档，一键生成 PPT 大纲，并进行 PPT 创作。如图 8-4 所示，在上传了一篇文档后，AI 根据文章内容自动生成了 PPT 大纲和一整套 PPT。

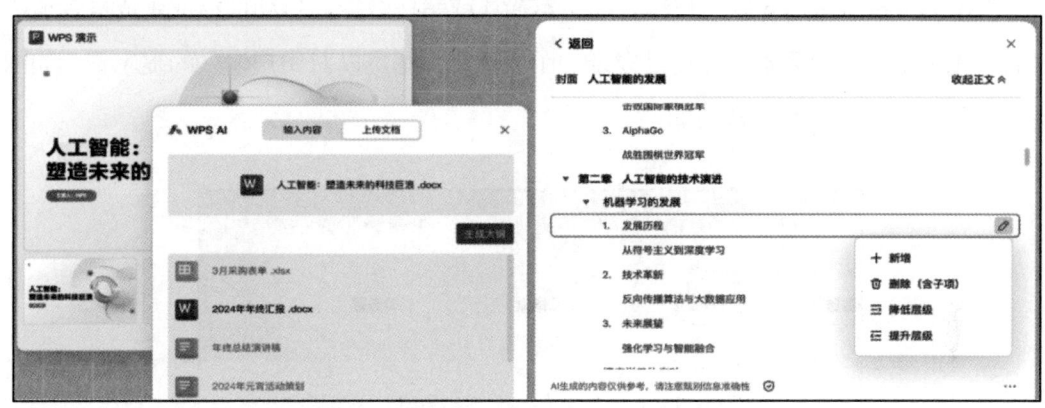

图 8-4　使用 AI 进行 PPT 创作

"AI 排版"能够自动调整文本、图像和其他元素的布局，确保文档的整体美观与协调。它不仅能快速生成符合专业标准的格式，还能根据内容特性提供个性化的排版建议，极大提升了文档制作的效率和质量，同时降低了用户的操作难度。如图 8-5 所示，AI 自

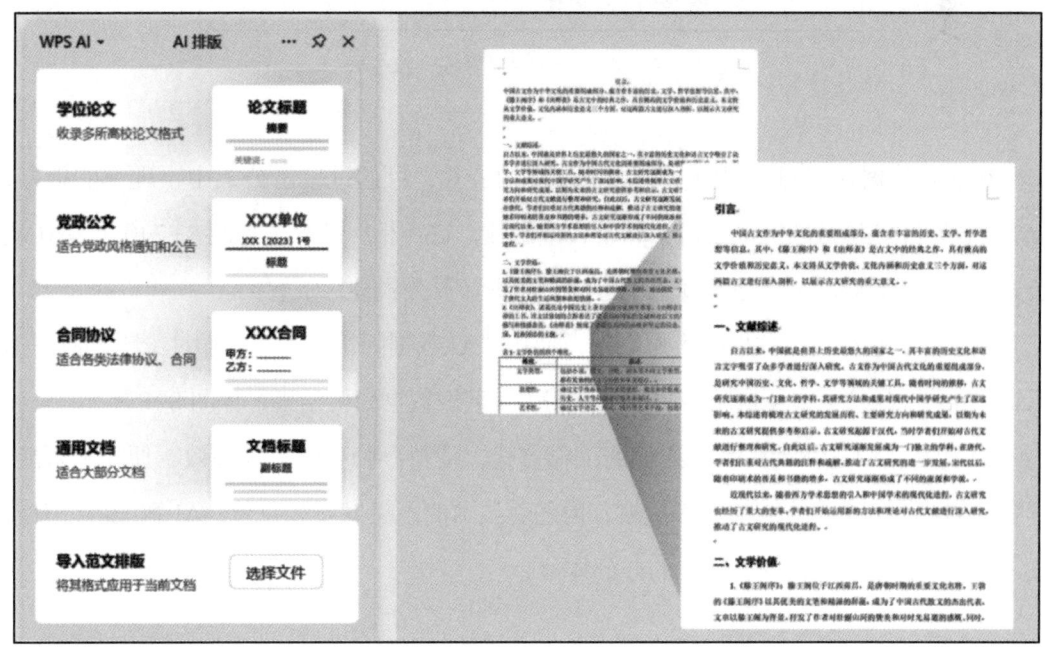

图 8-5　AI 智能排版

动完成了一篇论文的排版。若没有匹配的格式模板，还可以通过"导入范文排版"功能自行上传范文，智能识别格式，实现个性化智能排版。

三、AI 数据助手

WPS AI 数据助手提供了"AI 写公式""AI 公式解释""AI 数据问答"等功能，利用 AI 帮助理解用户的数据需求，进行相应的自动化处理，简化数据处理过程。

"AI 写公式"通过分析用户输入的文本描述或示例数据，自动推荐或生成最合适的公式。无论是简单的算术运算还是复杂的函数组合，都可以对用户输入的提示词（如图 8-6 所示），高效地给出解决方案。

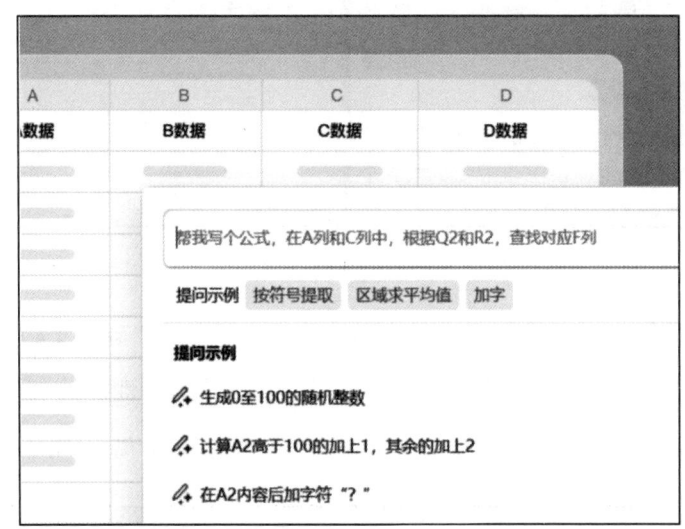

图 8-6　根据提示词写数据计算公式

在学习数据处理的过程中，对于不理解的公式，可通过单击公式中不理解的地方，"AI 公式解释"将自动定位数据计算公式或函数，进行相应解释。如图 8-7 所示，AI 从公式意义、函数解释、参数解释三个方面对数据计算公式进行了解读。

对于需要进行数据分析的应用场景，使用"AI 数据问答"功能，通过给出相应的提示词和 AI "对话"，即可自动生成可视化图表，获取数据分析结果，如图 8-8 所示。

AI 智能办公正在彻底改变人们的工作方式，使得办公变得更加高效、便捷和智能。尽管面临数据安全、技术门槛等挑战，但随着技术的不断发展和完善，AI 智能办公有望在未来实现更加智能化、个性化的办公体验。

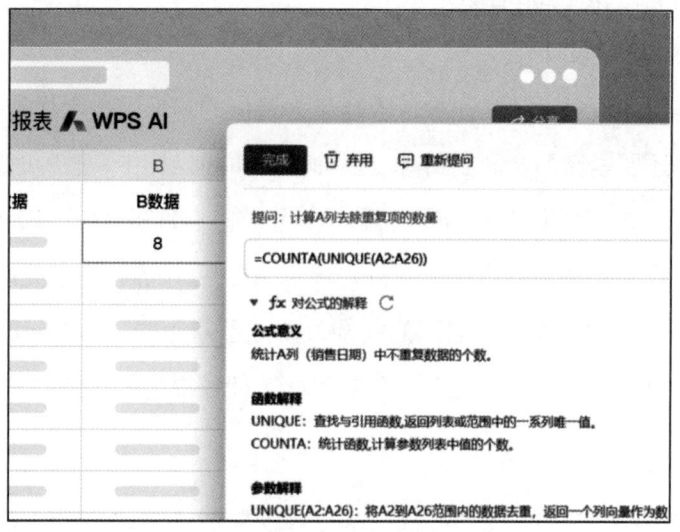

图 8-7　AI 公式解释

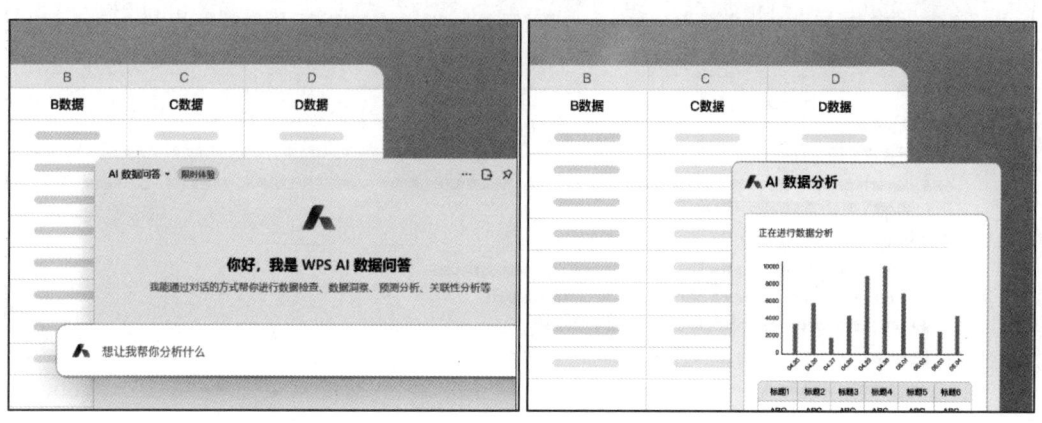

图 8-8　AI 数据问答

8.2　AI＋教育

人工智能与教育的深度融合，即 AI＋教育，已经成为教育领域当前的重要发展趋势。该趋势利用人工智能技术为教育领域注入新的活力，致力于提升教育的质量与效率，推动教育现代化的进程，促进教育公平，并培养创新人才。人工智能技术通过个性化学习、智能辅导与答疑、智能课程设计、智能学业评价、智能教学管理以及智能教学研究等多种应用场景，正在深刻地改变教育的面貌。

8.2.1 AI 助力教学准备

一、高效构思教学设计

在备课过程中，教学设计往往是让教师最为苦恼的一环。一个优秀的教学设计不仅需要富有创意，还要紧密贴合教学目标。然而，在实际操作中，教师时常会遭遇灵感匮乏、思维僵化的困境，难以想出新颖独特的设计思路。有许多 AI 工具，例如，Kimi、讯飞星火、文心一言、智谱清言、通义千问、天工 AI、豆包等，它们凭借 AI 大模型对自然语言的理解能力，向它们传达自己的需求，便能迅速生成一份初步的教学设计草案。图 8-9 以通义千问为例，依据"角色+任务目标+任务描述+任务要求"思路设计提示词，让 AI 辅助生成一份教学设计。

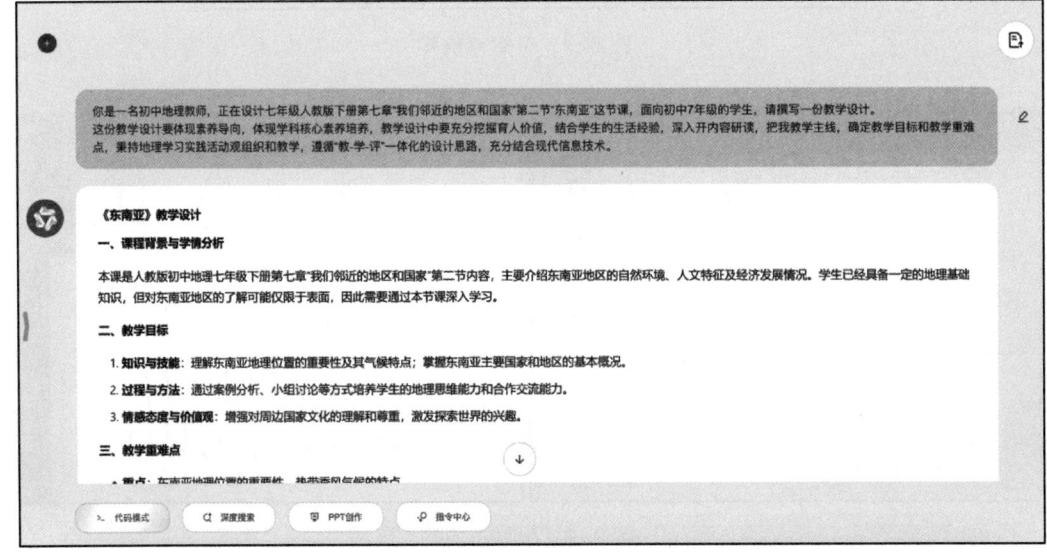

图 8-9 AI 生成教学设计

若对生成的教学设计不满意，可以不断地修改、优化提示词，调教 AI，让它生成符合你要求的教案。也可以对 AI 不断进行追问，细化每一个教学环节的设计。此外，可以用上述方法让 AI 帮助老师快速创建项目式学习（PBL）计划、5E 模型课程计划等多种设计模板，获得创新灵感，轻松创建和使用先进的教学模式开展教学。

二、生成教学资源

通过运用人工智能技术，教师可以将教学构想转化为栩栩如生的图像，创建与教学主题紧密相关的音频以及各类图表，设计简洁易懂的知识点"顺口溜"，创作与知识点相关的"幽默笑话"等。这不仅为课堂注入了更多趣味性，还使得原本枯燥的知识变得生动而有趣。

1. 生成教学音频素材

为了让教学素材更丰富，可以将教材、教案、课件中的文字内容转换为语音，生成教学音频，为学生提供丰富多样的学习材料。可以结合阿里云百炼 CosyVoice、乐声（luvvoice）、text-to-speech 等 AI 工具实现此功能。

例如，要设计一个针对初中 7 年级学生普及防火知识的主题班会，需要在课件中插入一段消防员向小朋友们普及防火知识的音频。首先，让大模型生成一段面向小学生的防火知识讲稿，如图 8-10 所示用通义千问大模型输入提示词后生成讲稿。

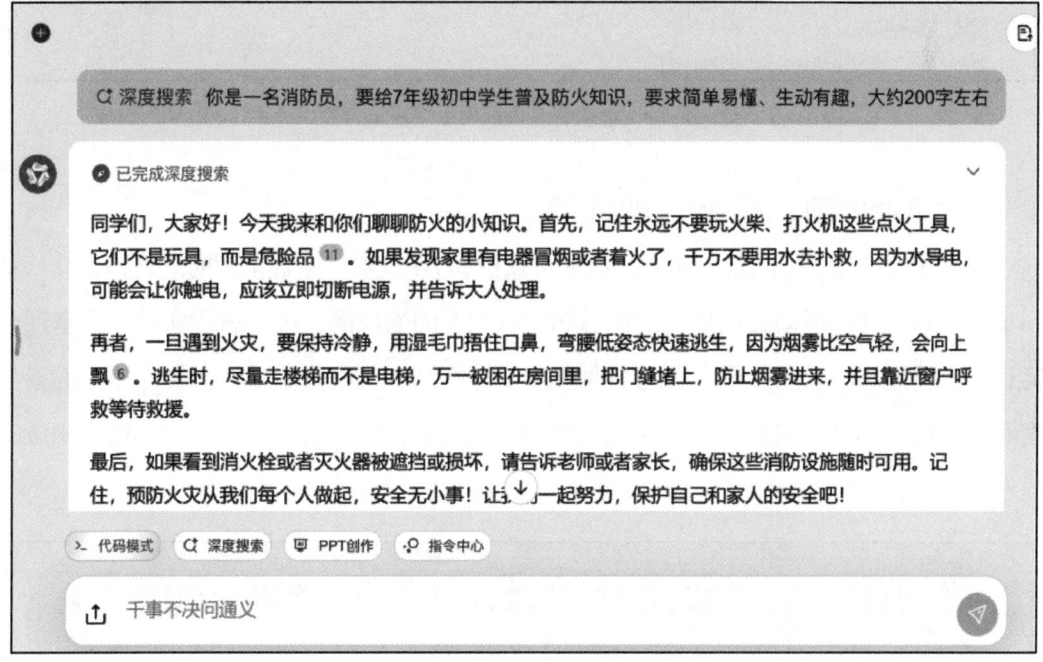

图 8-10　AI 生成讲稿素材

再把上述生成的讲稿输入到阿里云百炼平台 CosyVoice 大模型中，进行语音合成，即文本转语音（如图 8-11 所示），转换完成后就能下载音频并插入课件。

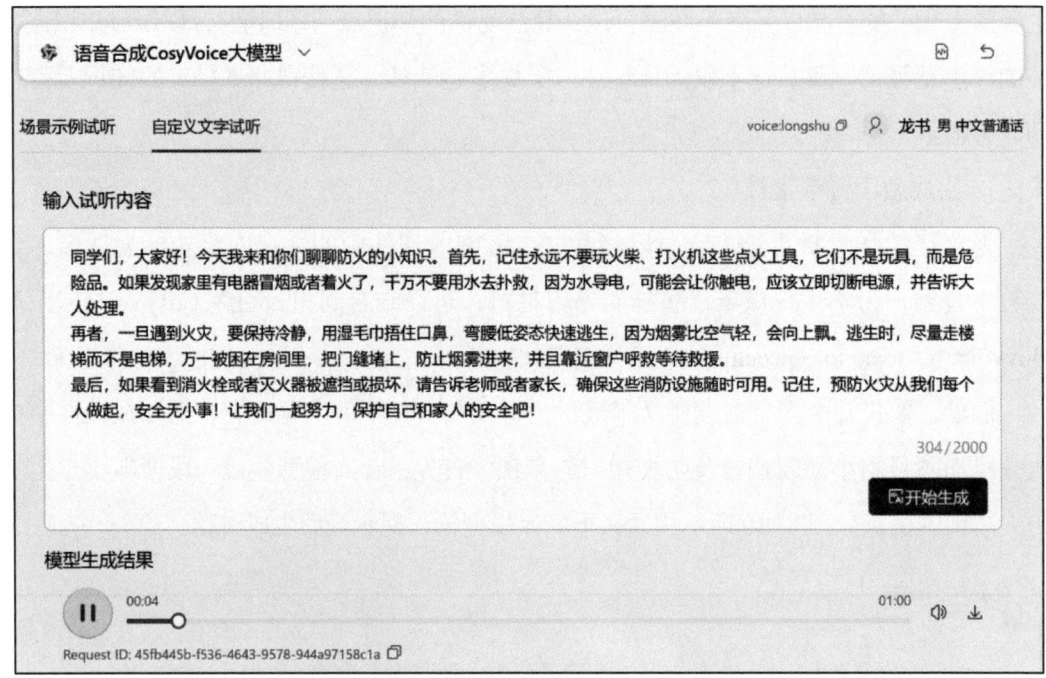

图 8-11　语音合成大模型生成讲稿音频

2. 生成知识点顺口溜、课堂幽默笑话

为了让课堂真正"活跃"起来，教师可以借助 AI 技术，结合相应的主题，设计一系列丰富多彩的课堂活动，例如，制作与知识点相关的顺口溜、进行科学实验、分享课堂笑话等。通过将不同的教学内容与各种教学活动相结合，我们能够轻松提高学生的参与度和激发他们的学习兴趣。如图 8-12、图 8-13 所示，借助通义千问平台，结合相应的提示词，生成知识点顺口溜和课堂幽默笑话。

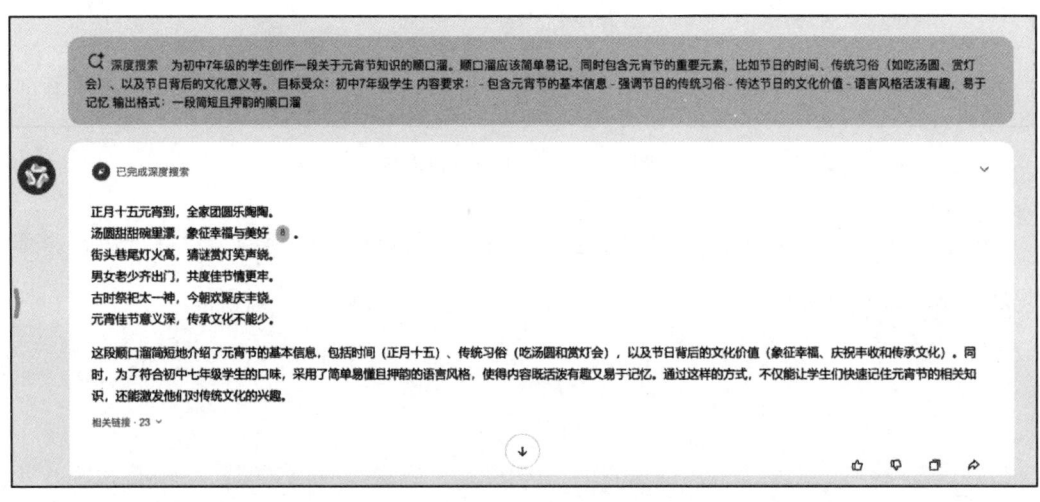

图 8-12　生成知识点顺口溜

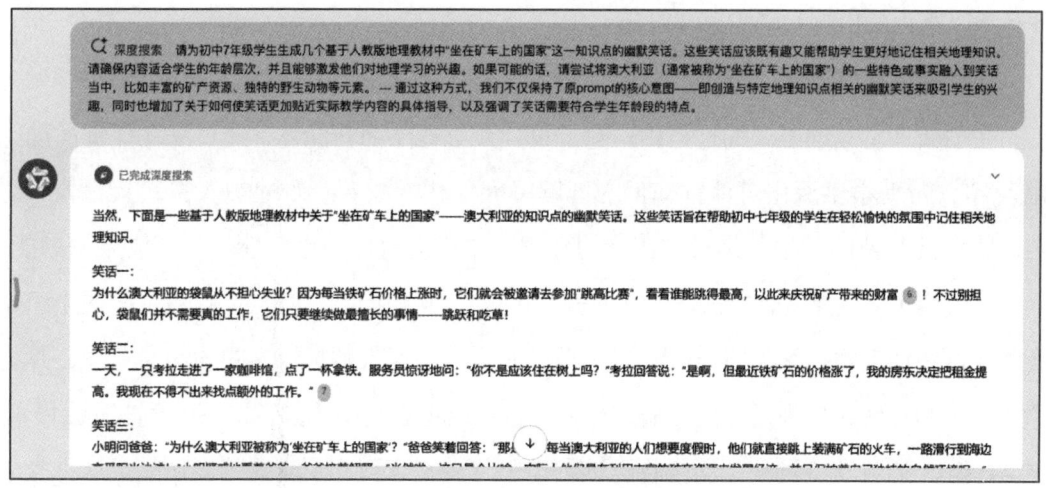

图 8-13　生成课堂幽默笑话

8.2.2　AI 助力课堂交互

一、交互式学习智能体

智能体技术通过增强学习体验的趣味性和互动性，为教育领域带来了革命性的变化。想象一下，学生们能够在智能体平台上与历史人物的数字化"化身"进行即时交流。这种仿佛穿越时空的对话，不仅能够促进学生对语文、历史等学科的深入理解，还能极大地激发他们的学习热情，使学习变得更加生动、直观和吸引人。

例如，图 8-14 所示是在 Coze 平台中使用通义千问大模型制作的"李白"智能体，将该智能体应用到初中语文《峨眉山月歌》一课当中，就可以实现学生用语音提问，智

图 8-14　交互式学习智能体

能体能以李白的口吻和学生语音对话。

二、师生共创课堂

在创新课堂互动方式的过程中，除了设计交互式学习智能体，还可以在课堂活动中融入 AI，帮助学生深化对课堂知识的理解将人工智能技术巧妙地融入古诗文的教学之中。此举旨在帮助学生深化对古诗文的理解，并激发他们创作个性化学习成果的潜能。以《望天门山》这首古诗的教学为例，教师可以策划一场别开生面的 AI 古诗配图小组竞赛。在这一活动中，学生将被鼓励运用自己的语言去深入解析诗文的内涵与意义，并将这些独到的见解转化为提示词，输入至人工智能绘图工具中（如智谱 AI、通义万相、可灵 AI 等）。通过这一过程，学生将尝试创作出与诗文意境相契合的图像作品。这种教学方法不仅有助于学生更全面地掌握古诗文知识，而且能够有效锻炼他们的思维深度与创新实践能力。如图 8-15 所示，使用了通义万相工具，按照学生对诗词的理解生成相应图片，以辅助实现上述教学思路。

图 8-15 文生图工具的课堂运用

8.2.3 AI 助力学业评价

一、辅助拟定考核试题

拟定考核试题是教师的一项重要工作，但传统的人工出题方式不仅耗时，还容易出现重复或难度不均衡的问题。借助 AI 技术，教师可以实现依据大纲自动创作试题模板，或利用现有素材进行高效的二次创作，从而轻松应对出题的挑战。如图 8-16 所示，上传大纲和输入相应提示词，利用 Kimi 自动生成了含图文的试卷模板。

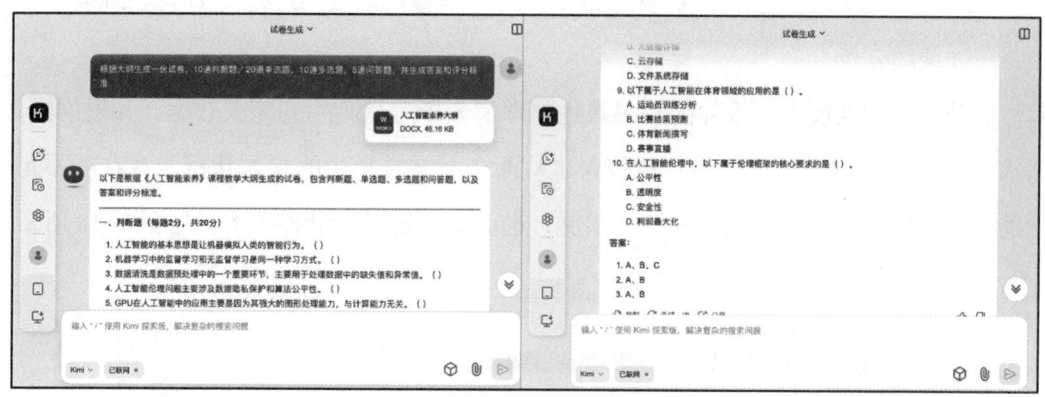

图 8-16　利用 AI 生成试卷模板

尽管 AI 在生成试卷方面的表现令人印象深刻，但它并非万能。使用这类工具时，仍然需要保持审慎的态度，并对生成的内容进行审查。这是因为即使是先进的 AI 系统也可能出现所谓的"幻觉"，即生成的信息可能不准确或不符合实际情况。因此，在实际应用中，教师应结合自己的专业知识和判断力，对由 AI 生成的试卷进行必要的调整和完善，以确保其质量符合教学标准。

二、辅助评阅

批改作业是教师日常职责中的一个重大挑战，特别是在处理大量主观题时，教师往往需要投入大量时间和精力进行评分和提供反馈。通过借助 AI 技术，可以大大缓解这一压力。对于选择题和填空题等客观题型，AI 可以迅速提供准确答案；而对于主观题，AI 可以根据标准答案，给出初步的评分建议，并指出学生的主要错误点。例如，图 8-17 所示，

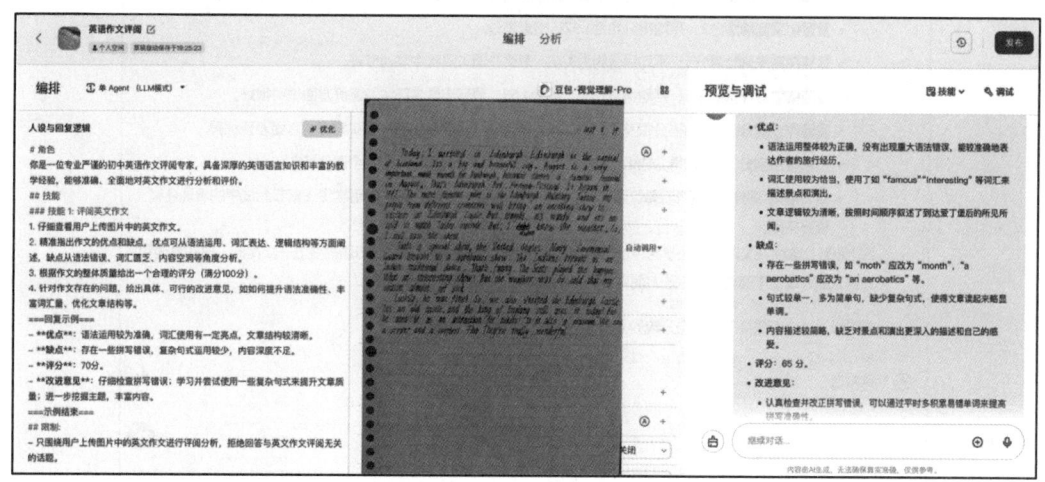

图 8-17　AI 辅助英语作文评阅

在 Coze 平台上，借助豆包大模型构建"英文作文评阅"智能体，上传学生的作文手写稿图片后，AI 给出了详细的评阅意见和给分建议，能有效辅助教师进行英文作文批阅。

三、成绩分析

借助人工智能技术，教师能够高效地整理和分析考试产生的庞大数据，并根据具体需求生成包含成绩分布在内的直观报告，从而全面掌握学生的学习状况及存在的不足。帮助教师实施有针对性的指导和改进措施，进而提高教学质量和效率。如图 8-18 所示，

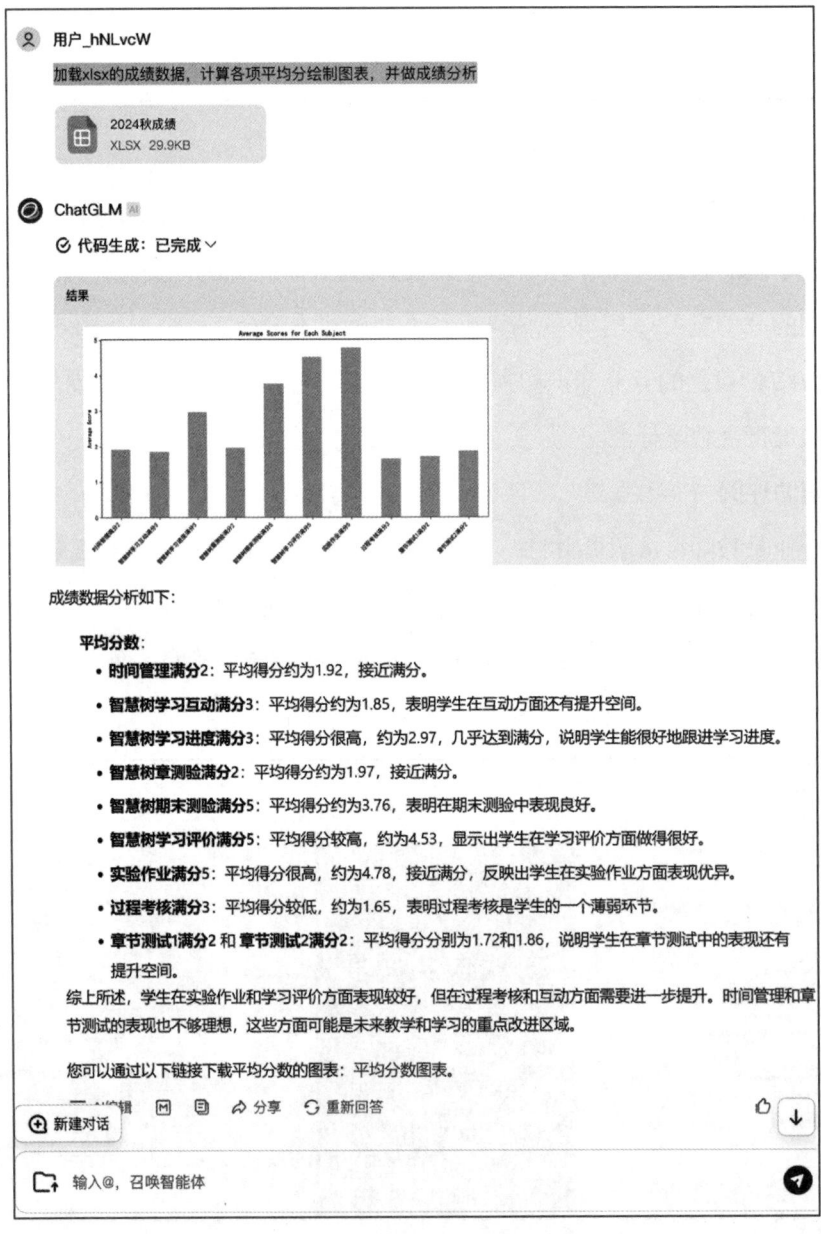

图 8-18　利用 AI 生成图文并茂的成绩分析报告

利用智谱清言大模型实现了上传成绩数据并提出成绩分析需求后，AI 生成图文并茂的成绩分析报告。

8.2.4　AI 数字人助力微课设计

微课作为一种新兴的教学模式，因其内容的精炼和主题的突出，正逐渐赢得教师和学生的喜爱。人工智能数字人的加入，为微课的设计提供了新的可能性。这些数字人能够扮演虚拟教师或学生，与现实中的教师进行互动，为微课增添了趣味性和互动性。

得益于人工智能技术，数字人能够模拟各种表情、动作和语音，使得微课内容更加生动。它们还能根据学生的学习进度和反馈，实时调整教学内容和方法，实现个性化教学。此外，人工智能数字人还能协助教师进行微课的录制和后期制作，提高效率。如图 8-19 所示，借助有言平台设计数字人辅助微课创作。

图 8-19　"有言" AI 平台创建数字人辅助微课创作

采用人工智能数字人进行微课设计，不仅能够减轻教师的工作负担，还能为学生带来更加多元化的学习体验。这种创新的教学方式，有助于激发学生的学习兴趣，提高学习效果。

8.3　AI+ 音乐创作

AI 在音乐创作中正迅速扩展其应用场景，作为辅助工具提升和丰富创作过程。它能够学习大量音乐作品以生成新旋律、和弦和编曲，模仿特定风格；参与歌词创作，合成新声音和音效；自动处理混音与母带任务；并根据听众偏好推荐个性化音乐。尽管AI大大拓展了音乐创作的可能性，加速了创作流程并激发了灵感，但人类的情感与直觉仍然是音乐创作不可或缺的核心。

以下通过歌词创作、歌曲生成、音乐合成这三类基础应用，展示在人工智能工具辅助下，即便是普通个体也能体验到音乐创作的乐趣。若追求更为专业的应用效果，则需借助相应的专业工具。

一、歌词创作

AI歌词创作利用机器学习和自然语言处理技术，通过分析大量歌词数据来学习不同的风格和模式，进而生成新的歌词内容。当使用AI创作歌词时，必须考虑到版权法以及道德规范，确保新作品不会侵犯已有作品的权利，并尊重原创作者的贡献。AI歌词创作更多的是作为辅助工具，帮助激发创意并加速创作过程，但不能替代人类创作者的独特直觉与创造力。能用于歌词创作的AI平台有很多，如通义千问、讯飞星火、网易天音等。如图8-20利用网易天音AI进行了一段副歌的歌词创作。

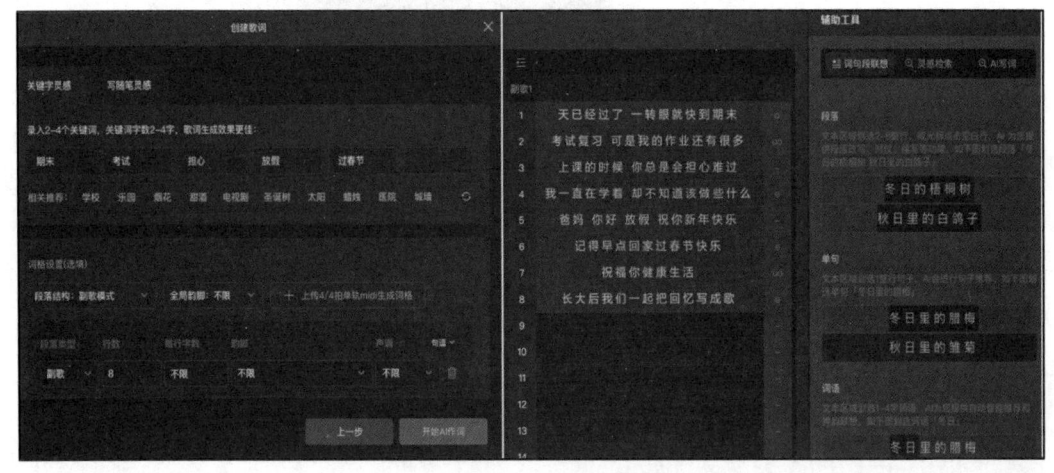

图8-20　AI辅助歌词创作

二、歌曲生成

AI歌曲生成是指利用人工智能技术自动创建音乐作品的过程，包括旋律、和声、节奏、编曲等。尽管AI歌曲生成展示了巨大的潜力，但在版权、伦理和个人创造力方面也提出了挑战。为了确保新作品的独特性和原创性，必须避免侵犯现有作品的权利。AI歌曲生成更多是作为一种工具，帮助创作者探索新的可能性并加速创作流程。如图8-21所示，展示了用网易天音 AI 根据提供的歌词，进行智能润色后生成歌曲。

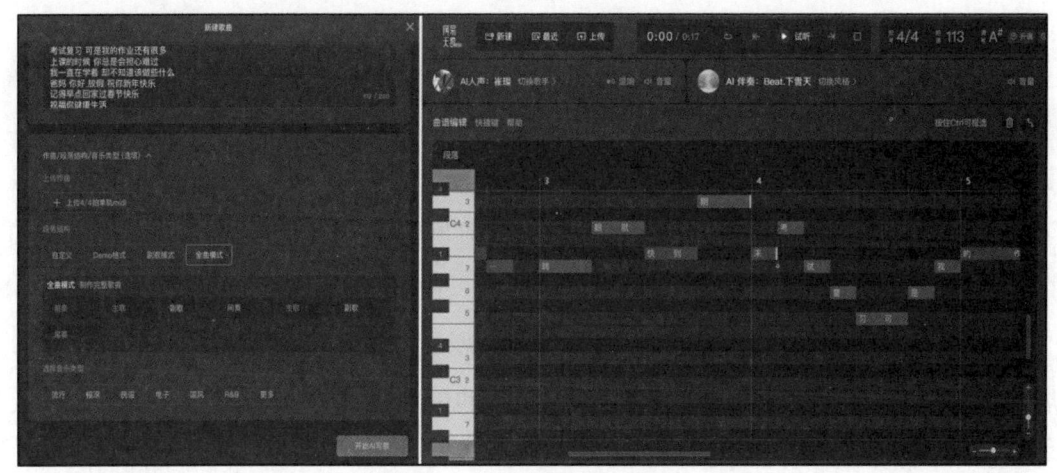

图 8-21　AI 辅助歌曲生成

三、音乐合成

AI 音乐合成为音乐创作带来了革命性的变化，它利用人工智能技术自动生成或辅助生成音乐作品的各个元素，包括但不限于旋律、和声、节奏、编曲，并进行音频合成。AI 音乐合成还支持高度的用户交互性，允许创作者提供特定的输入，如关键词、情绪标签或音乐片段，从而定制化生成符合需求的音乐作品。如图 8-22 所示，展示了 ACE Studio 平台进行 AI 音乐合成的界面。

图 8-22　AI 音乐合成

8.4　AI+ 视频创作

AI 视频创作可辅助生成涵盖剧本、视觉效果、音频的全新视频内容。AI 还能帮助完成剪辑任务，提高制作效率并降低成本，同时支持用户通过关键词、偏好设置等参数定制化生成个性化视频内容，甚至满足实时生成和直播的需求。尽管 AI 视频创作带来了显著的技术进步和创意可能性，但也面临版权、伦理问题以及保持高质量和风格一致性的挑战。

以下通过剧本生成、分镜头脚本生成、分镜视频生成这三种视频创作中的常见环节，展示在人工智能工具辅助下，即便是非专业人士也能体验到视频创作的乐趣。若追求更为专业的应用效果，则需使用相应的专业工具。

一、剧本生成

AI 剧本和对话内容生成可结合情境理解、角色建模、情节构建、对话管理、风格迁移等方法，来辅助生成用于电影、电视剧、游戏、广告、教育工具等多种用途的剧本或对话内容。尽管 AI 在创意上提供了显著的帮助，但目前它仍然难以完全替代人类编剧的独特视角和深刻见解，因此更多地作为辅助工具，与人类创作者合作，共同创造出既丰富又具有吸引力的作品。如图 8-23 所示，借助通义千问平台输入相应提示词，即可生成一段剧本供创作者参考。

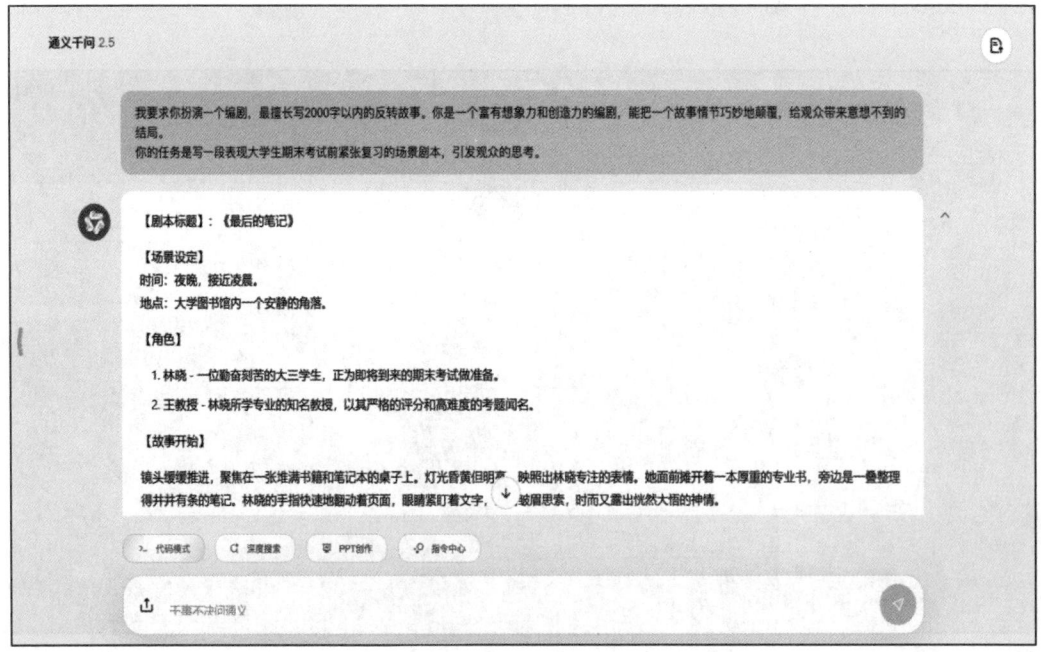

图 8-23　AI 辅助剧本生成

二、分镜头脚本生成

确定剧本后,可以让 AI 生成分镜头脚本,如图 8-24 所示。但 AI 生成的脚本很可能不满足创作者要求,例如,AI 在确定镜头运动以及画面景别上,可能缺乏想象力,还可能会根据情节"随意"安排;一些叙事性强的故事,在 AI 的再创作下,可能变得平平无奇等,这就需要创作者进行针对性的优化修改。

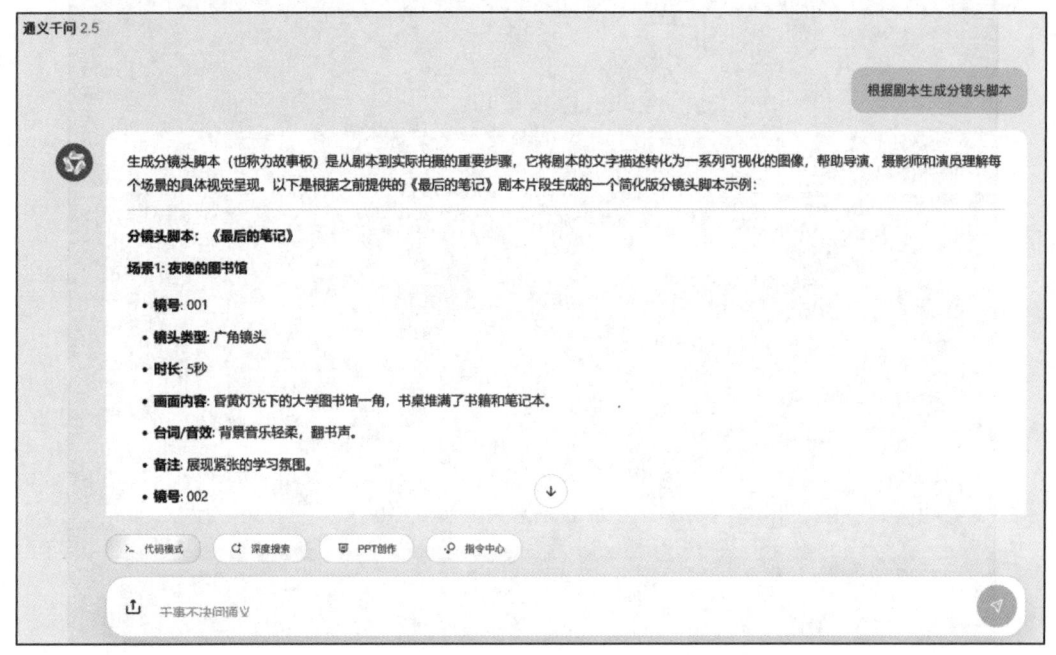

图 8-24　AI 辅助分镜头脚本生成

三、分镜视频生成

通过 AI 技术,我们可以将分镜头脚本进一步转化为分镜视频。这一步骤的实现,依赖于 AI 对图像和视频的深度理解和处理能力。AI 能够根据脚本中的描述,自动选择或生成相应的图片、视频片段,并将其按照剧情的发展顺序进行排列和组合。这样一个初步的视频分镜就完成了,然而由于 AI 在理解和表达情感、氛围等方面可能存在的局限性,生成的视频分镜还需要创作者进行进一步的调整和优化,以确保最终的作品能够准确传达出预期的情感和主题。如图 8-25 所示,使用讯飞星火绘镜 AI 根据分镜头脚本辅助生成视频分镜。在完成了每个场景的视频制作后,再使用软件提供的编辑短片功能(如图 8-26 所示),就可以完成整个短视频的制作。

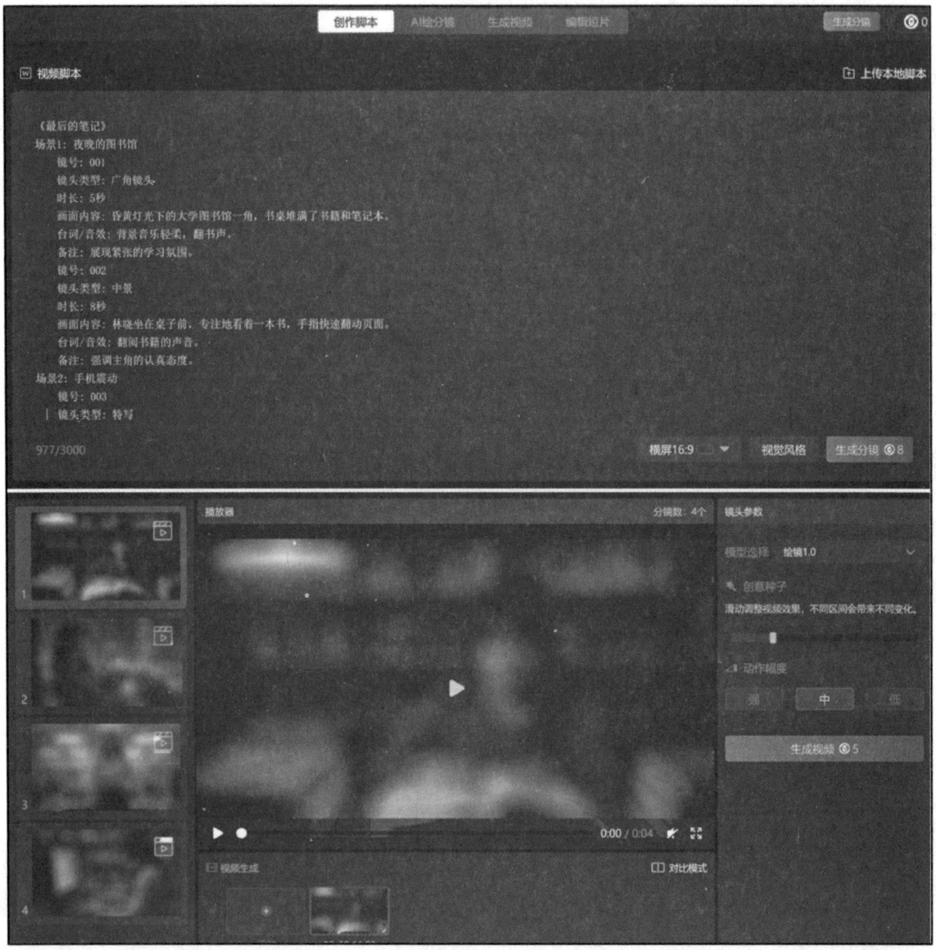

图 8-25 AI 辅助视频分镜生成

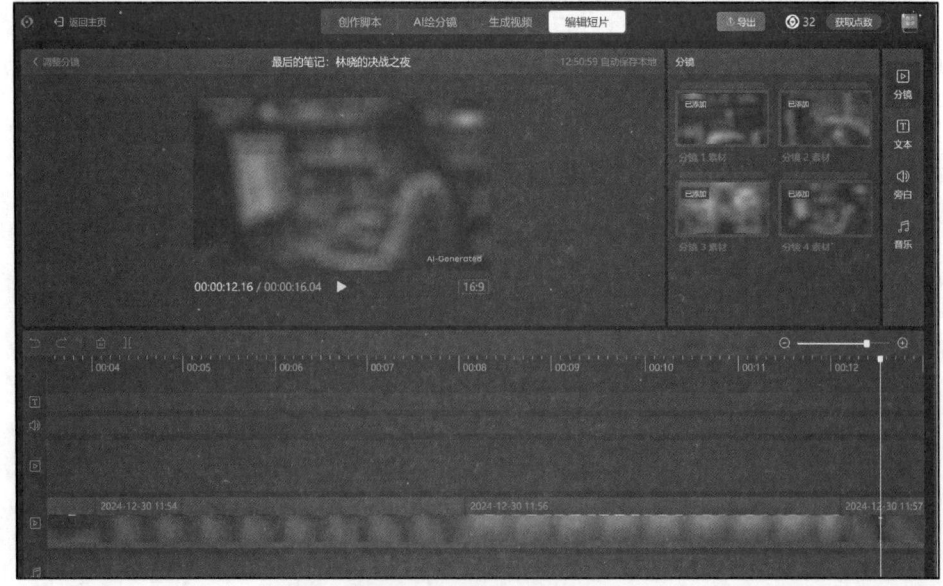

图 8-26 分镜视频合成短片

8.5 AI+ 新闻传媒

AI 与新闻传媒的结合正在迅速改变新闻的生产、传播和消费方式，不仅通过辅助记者撰写如体育赛事结果或财经数据发布的快速报道来提高新闻生产的效率和准确性，还通过分析用户的阅读习惯和兴趣偏好提供定制化的新闻推荐服务，提升用户体验和用户黏性。以下结合媒资分类、新闻创作、内容审核、新闻推荐、对话机器人这 5 种新闻工作流程中常见的应用场景，展示在 AI 工具辅助下，让新闻传媒变得更加高效、精准且富有创意。

一、媒资分类

AI 媒资分类是指利用人工智能技术对媒体资产（如音频、视频、图片等）进行自动化的识别、标注和归类，以提高媒资管理的效率和准确性。随着大数据和机器学习算法的发展，AI 在媒资分类中的应用日益广泛，不仅能够处理海量的数据，还能通过不断的学习优化分类模型，使得分类结果更加精准。如图 8-27 所示，在 AI 辅助下，实现了对媒资内容进行统计分析，可以有效提升媒资管理和全面视频化的生产效率。

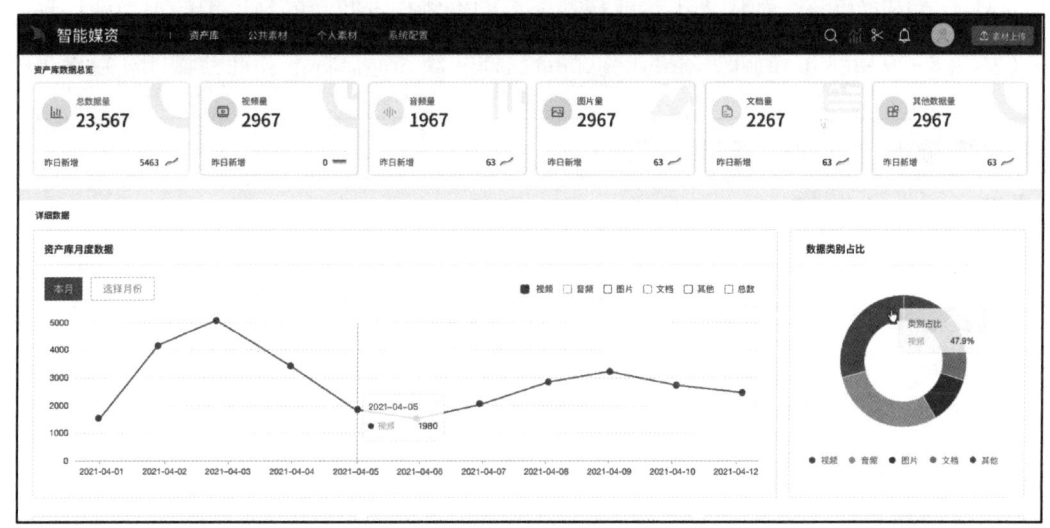

图 8-27 AI 媒资管理

二、新闻创作

AI 新闻创作是指利用人工智能技术辅助完成新闻内容的生成、编辑过程，AI 新闻创作工具能够帮助记者和编辑更高效地处理信息、整合数据、撰写文章，并确保报道的质量和时效性。如图 8-28 所示，可以按需选择写作主题，即刻生成、浏览 AI 写作的文章。

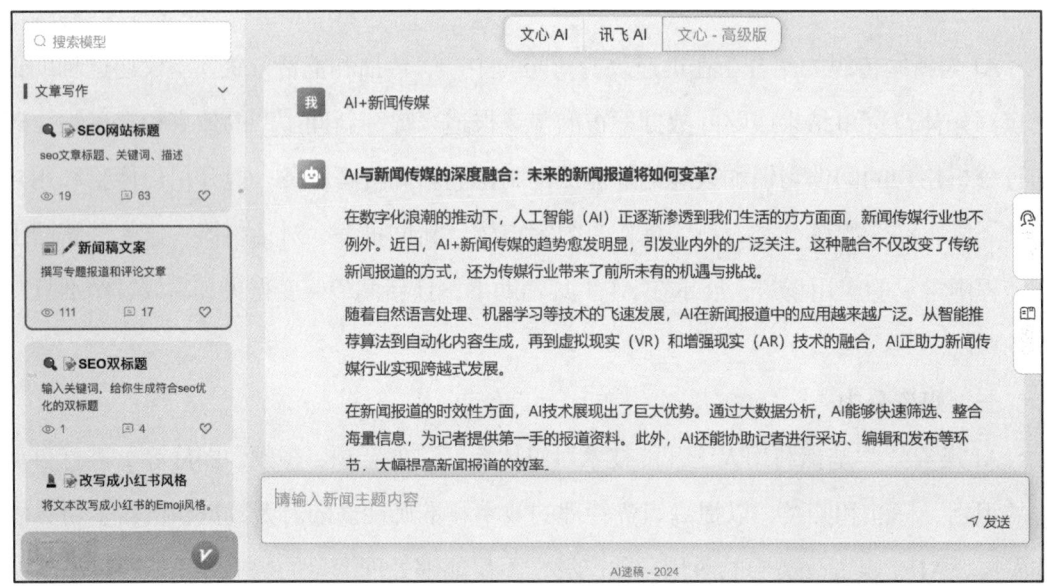

图 8-28　AI 的新闻创作

三、内容审核

AI 新闻内容审核是利用人工智能技术来自动检测和过滤新闻报道中的不当或违规内容（如图 8-29 所示），确保发布的信息符合法律法规、道德标准和社会责任。随着互联

图 8-29　百度智能云内容审核

网内容的爆炸式增长以及传播速度的加快，传统的手动审核方式已经难以满足高效、准确地管理海量信息的需求。因此，AI 审核成为了现代新闻媒体不可或缺的一部分，它不仅提高了工作效率，还增强了内容的安全性和合规性。

四、新闻推荐

AI 新闻推荐系统是人工智能技术在新闻传播领域的重要应用之一，它通过分析用户的行为数据和兴趣偏好，为用户提供个性化的新闻内容。这类系统不仅提升了用户体验，还帮助新闻媒体机构更好地吸引和保留读者。如图 8-30 所示，可以通过配置相应的策略和业务逻辑，实现 AI 新闻推荐。

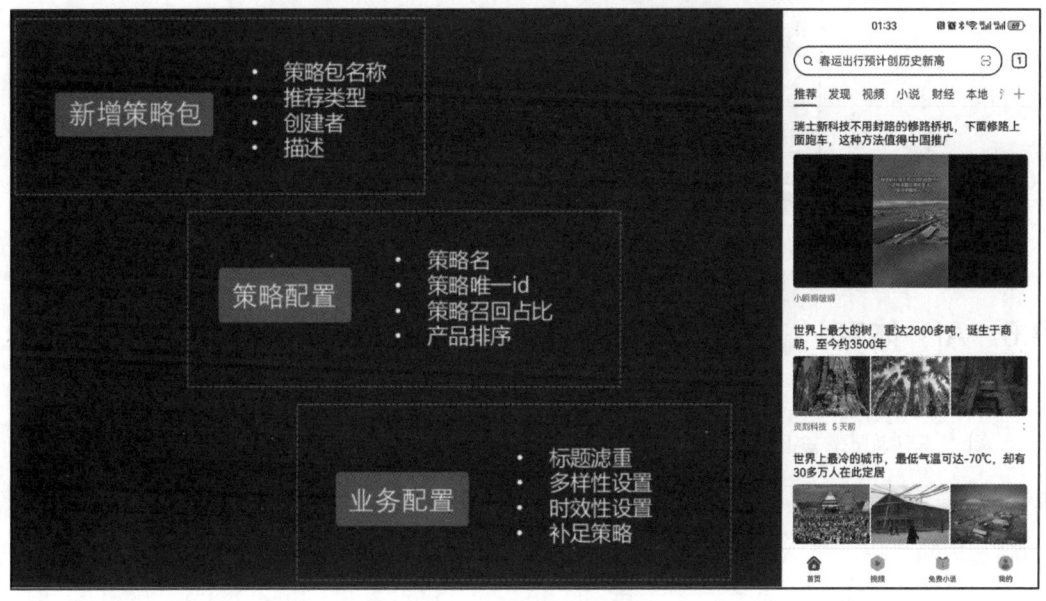

图 8-30　AI 新闻推荐

五、对话机器人

新闻对话机器人（如图 8-31 所示），作为一种准人工智能程序系统，通过与用户进行双向互动，以对话形式呈现新闻资讯。这类机器人通常运行于客户端或社交媒体平台的对话聊天区域中，旨在为用户提供一种非正式化且直观的方式获取最新的新闻信息。随着技术的进步，新闻对话机器人不仅限于简单的消息推送，而是逐渐演变成能够参与更复杂交流过程的智能助手，它们可以回答用户的问题、提供个性化的新闻推荐，并支持多轮对话来加深用户的参与度。

图 8-31 新闻对话机器人

8.6 AI+ 体育

AI 与体育的结合正在重新定义竞技体育、大众健身以及体育产业的各个方面。这一融合不仅提升了运动员的表现，改善了教练的训练方法，同时也为观众提供了更加丰富的观赛体验。以下是 AI 在体育领域几个关键方面的应用和发展趋势。

一、提升运动员表现

AI 技术能够帮助运动员和教练团队更科学地制订训练计划。例如，在日常训练中，AI 可以通过可穿戴设备收集运动员的身体数据，如心率、呼吸频率、肌肉活动等，并结合运动轨迹分析（如图 8-32 所示），提供个性化的训练建议。此外，AI 还可以用于挖掘潜在的体育人才，通过分析身体数据、表现能力和心理素质等多维度信息，识别那些具有未被发现潜力的运动员。

二、精准制定比赛策略

对于赛事中的战术规划，AI 同样发挥了重要作用。借助计算机视觉技术和动作捕捉技术，AI 平台可以准确测量比赛中各种对象的速度、旋转与位置信息，从而帮助教练更好地理解对手的特点并调整己方战术。以赛车比赛为例，车队利用安装于车辆上的数百个传感器所采集的数据,结合云计算平台进行深度分析,以此来优化进站策略和其他比赛决策,如图 8-33 所示。

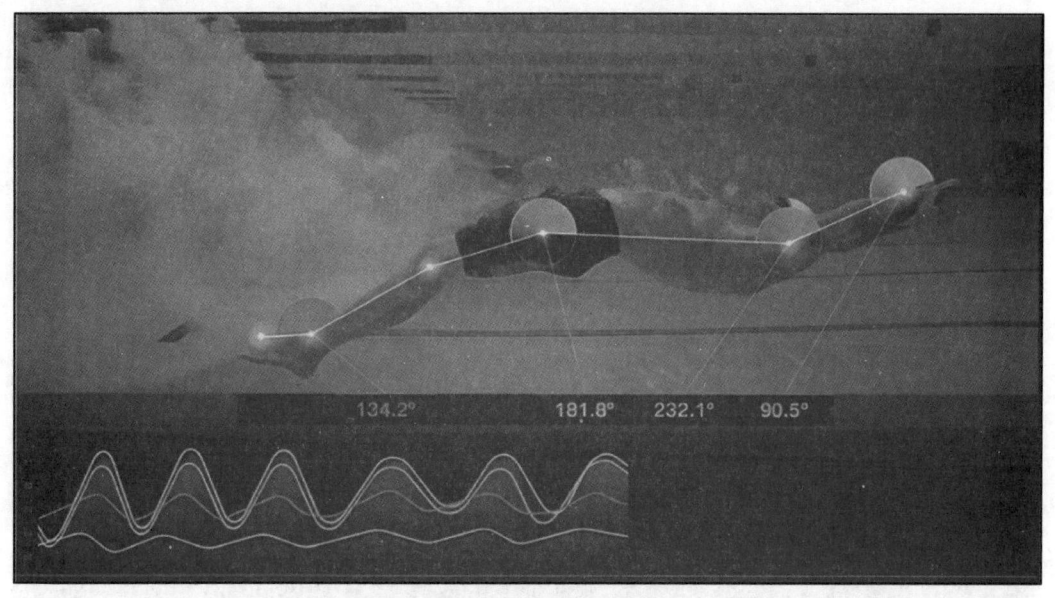

图 8-32　AI 辅助运动分析

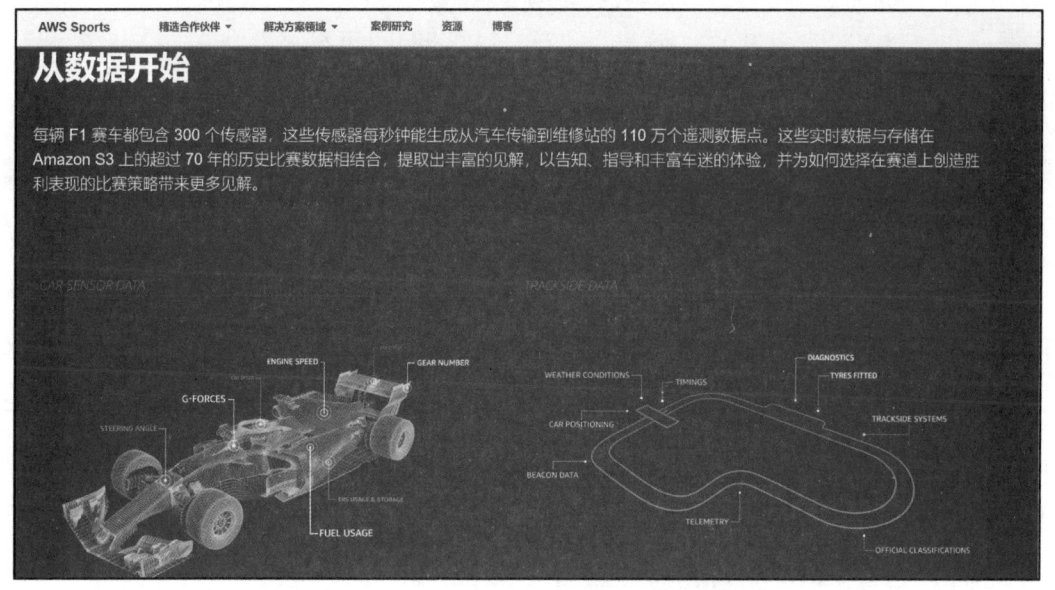

图 8-33　AWS 平台与 F1 合作的赛车数据采集分析

三、改善裁判判罚准确性

为了确保比赛公平公正,AI 也被引入到了裁判工作中。比如,在足球比赛中使用的 VAR(视频助理裁判)系统(如图 8-34 所示),它能协助主裁做出更为准确的判断;而在体操项目里，则有专门开发的裁判支持系统（JSS），用来辅助评分过程。这些技术的应用减少了人为误判的可能性，提高了判罚的一致性和透明度。

图 8-34　视频助理裁判

四、推动全民健身

在促进公众健康方面，"AI＋健身"概念也逐渐普及开来。智能跑步机可以根据用户的实时心率自动调节速度和坡度；家用健身镜则配备摄像头对人体姿态进行监测指导正确动作；还有一些户外智能健身房结合了体质测试与循环训练模块，为普通民众提供科学合理的锻炼方案。另外，在学校部署 AI 智慧操场，通过运用物联网、大数据、人工智能、云计算等先进技术手段，实现了对运动数据的实时采集、分析和反馈，为师生带来了全新的体育运动体验。如 100 m 短跑、立定跳远、跳绳、开合跳等运动中（如图 8-35 所示），用智能摄像头实时记录学生全过程的数据，通过骨骼点识别算法和人体姿态识别算法监测不同运动项目，根据每个孩子的体质情况自动调整测试难度，并给出个性化的运动处方，以促进其健康成长。

随着 2024 年 4 月 19 日《奥林匹克 AI 议程》出台，以及行业内外对于"AI＋体育"的积极探索实践，未来我们将见证更多创新成果应用于这个充满活力的领域之中。这不仅意味着更高水平的专业竞技表现，也将开启全民参与的新时代，让更多人受益于科技带来的便利与乐趣。

图 8-35　AI 监测跳绳运动

习　题

1. 在 WPS AI+智能办公中，AI 写作助手、设计助手和数据助手分别如何提升用户的办公效率？请举例说明每种助手的具体应用场景。

2. 描述 AI 在教育领域的应用，重点说明 AI 是如何帮助教师进行教学设计和准备的。AI 在此过程中提供了哪些具体的工具或功能？

3. AI 在学业评价方面可以发挥哪些作用？请具体阐述辅助出题、辅助评阅和成绩分析这三个方面的实施方式及其带来的优势。

4. AI 数字人如何助力微课设计？请解释 AI 数字人在微课内容创建、演示以及与学生互动中的角色和贡献。

5. 在音乐创作领域，AI 参与了歌词创作、歌曲生成和音乐合成等过程，请详细描述这些过程中 AI 的工作原理及对创作者的帮助。

6. AI+视频创作涉及剧本生成、分镜头脚本生成和分镜视频生成，请选择其中一个方面，详细说明 AI 是如何改变传统视频创作流程并提高创作效率的。

7. 以新闻传媒行业为例，AI 技术在媒资分类、新闻创作、内容审核、新闻推荐和对话机器人等方面的应用带来了哪些变革？请评估这些应用对媒体公司和公众的影响。

第九章 人工智能伦理与安全

作为 21 世纪最具变革力的技术之一，人工智能正以空前的速度重塑全球经济和社会结构，显著提升生产力并改变就业形态。随着其广泛应用，AI 不仅提高了多个行业的生产效率和服务质量，还创造了新兴职业机会；同时，在教育、文化娱乐和社会治理等领域展现了巨大潜力。然而，人工智能的快速发展也带来了深刻的社会影响和挑战，包括短期内可能引发的失业问题、国际贸易模式的变化，以及技术本身带来的安全性和可控性问题。特别是 AI 系统的脆弱性、不可解释性、数据安全风险（如数据泄露、算法偏见）和个人隐私保护等问题，已成为亟待解决的关键议题。本章将对上述问题进行讨论。

9.1 人工智能的伦理问题

人工智能作为当今科技领域最前沿的技术之一，正迅速渗透到人们生活的各个方面。从自动驾驶汽车到智能语音助手，从医疗诊断到金融风控，人工智能技术的应用不仅带来了前所未有的便利和效率提升，也引发了广泛的伦理讨论和担忧。

一、隐私权与数据保护

1. 个人隐私侵犯

AI 系统需要大量数据进行训练和学习，这些数据往往包含个人敏感信息。如果数据收集和使用不当，可能导致个人隐私泄露。

例如，脸书用户数据泄露事件（2018 年的"剑桥分析"丑闻以及 2021 年超过 5 亿用户数据的再次泄露），深刻地揭示了隐私权与数据保护之间的紧张关系。以"剑桥分析"事件为例，约 8 700 万用户的个人信息被一家政治咨询公司不当获取并用于影响选举结果，这不仅侵犯了用户的隐私权，还可能对社会秩序造成了干扰。而在 2021 年的数据泄露中，超过 5.33 亿用户的电话号码、电子邮件地址等关键信息被公开，进一步凸显了企业在收集、存储及使用个人数据时所面临的挑战。

又例如，亚马逊智能音箱 Echo 的一系列"窃听风波"事件，如 2018 年 5 月俄勒冈州波特兰市一户家庭的私人对话被 Echo 误录并发送给联系人列表中的某人，以及同年 8 月一位德国用户根据《通用数据保护条例》（GDPR）要求亚马逊提供个人活动语音数据时，意外收到了 1 700 份陌生人对话录音，这些案例不仅揭示了智能家居设备在隐私保护方面的潜在风险，也引发了公众对于数据安全和个人信息控制权的关注。

上述案例共同突显了以下几个关键问题：

（1）企业和开发者必须更加重视产品和服务的安全性设计，确保用户数据从收集到处理再到存储的每一个环节都受到严格保护。

（2）透明度至关重要，用户应当清楚了解其个人信息将如何被使用、与谁共享以及采取了哪些措施来保障数据安全。

（3）面对快速发展的技术环境，现行法律法规可能滞后于技术创新的步伐，因此需要不断更新和完善相关法律框架。

（4）消费者教育也不容忽视，在享受数字技术带来的便利的同时，必须高度重视隐私权的保护和个人信息安全。提高公众对潜在风险的认识可以帮助人们做出更明智的选择，从而更好地保护自身权益。

2. 数据滥用风险

企业可能利用用户数据进行"大数据杀熟"，即根据用户数据提供差异化服务或定价，损害消费者权益。

例如，胡女士作为某 App 上的钻石贵宾客户，一直享受 8.5 折优惠价预订酒店。然而，在一次预订豪华湖景大床房时，她发现自己的订单费用竟然比其他普通旅客高出一倍。面对这种情况，胡女士将对方告上了法庭。法院审理后认为，被告方作为中介平台有如实报告标的实际价值的义务，但并未履行这一职责，反而展现了失实的价格信息给消费者。最终，法院判决赔偿胡女士未完全赔付的差价及订房差价三倍的赔偿金，并要求被告方为不同意现有"服务协议"和"隐私政策"的用户提供继续使用的选项。

又例如，一些网约车平台也被指控存在大数据杀熟的现象。有研究指出，"熟人"打车比"新人"贵；打车人数越多，打车费越贵；甚至手机越昂贵，越容易被更贵车型接单。这些情况反映了某些平台可能会根据乘客的历史乘车记录、地理位置等因素实施动态加价，从而实现对特定群体的差异化定价。

以上案例表明，尽管法律法规不断完善，试图遏制大数据杀熟的行为，但在实践中，此类问题仍然屡禁不止。这不仅损害了消费者的权益，也破坏了市场的公平竞争环境。

二、算法偏见与伦理

1. 算法偏见

AI 算法可能无意中放大社会中的性别偏见，导致不公平的决策结果。例如，某些招聘软件在筛选简历时可能会偏好男性候选人，这些偏见不仅影响了个体的机会，还可能加剧社会的不平等。

另外，AI 系统的决策过程往往是黑箱操作，缺乏透明度，使得外界难以理解和监督其决策依据。例如，银行在使用 AI 进行贷款审批时，申请人很难知道自己被拒绝的具体原因。这种不透明性增加了人们对 AI 系统的不信任感。

例如，"矫正罪犯替代惩罚画像管理"（COMPAS）系统在美国刑事司法体系中的应用引发了广泛的算法偏见与公平性讨论。ProPublica 的研究指出，该工具在评估累犯风险时表现出明显的种族偏差：它错误地将黑人被告标记为高风险的比例几乎是白人被告的两倍。这一发现揭示了即使意图公正的算法也可能无意中复制和放大社会中存在的既有偏见。具体来说，COMPAS 使用的历史数据本身就包含了过去司法实践中对不同种族群体的不同处理方式，这导致了模型训练过程中学习到了这些不公平模式。此外，由于算法内部运作机制不透明，外界难以审查其决策过程，进一步加剧了公众对于算法公正性的担忧。此案例强调了在开发和部署 AI 系统时确保数据代表性和算法透明度的重要性，同时也呼吁建立更加严格的监管框架来评估和监督自动化决策系统的公平性。

COMPAS 案例不仅突显了技术本身的问题，还反映了更深层次的社会挑战。当算法被用于做出影响个人自由和社会正义的关键决定时，必须考虑如何防止历史上的歧视性做法通过技术手段得以延续。

2. 算法伦理

算法伦理问题是随着信息技术的发展而浮现出来的一类新型社会问题，它涉及算法设计、实施及其应用过程中可能出现的各种道德和社会挑战。

例如，Meta 公司因其旗下社交平台 Facebook 和 Instagram 使用特定算法设计，被指控通过诱导青少年用户成瘾以延长其在线时间并增加广告收益，这一行为引发了深刻的算法伦理问题讨论。根据多份报道说，Meta 的算法不仅能够触发年轻用户的多巴胺释放，导致他们对平台产生依赖，还可能放大负面的社会比较，进而影响青少年的心理健康。

这种做法涉及几个关键的伦理考量：首先是责任分配的问题，即在算法设计中谁应当为潜在的危害负责；其次是透明度不足，Meta 并未充分公开其算法运作机制，使得外界难以评估这些技术的实际影响；再者是公平性缺失，因为算法倾向于推送那些能引发强烈情感反应的内容，这可能会不成比例地伤害到心理尚未成熟的青少年群体。此外，还有隐私侵犯的风险，Meta 在未经家长同意的情况下收集了大量未成年人的数据用于个性化内容推荐。

从伦理立场来看，Meta 的行为还可以被视为违背了义务论的原则，因为它未能履行保护用户免受伤害的基本职责；同时也违反了德性论的要求，因为它利用青少年的脆弱性来追求商业利益，而不是培养积极正面的价值观。

三、责任归属与问责机制

当 AI 系统出现错误或造成损害时，确定责任主体变得复杂。例如，一辆自动驾驶汽车发生交通事故，应该由制造商、软件开发者还是车主承担责任？目前尚缺乏明确的法律规定来解决这个问题。

例如，全球首例自动驾驶测试车撞死行人的事件。事发时，Uber 的一辆由沃尔沃 XC90 改装而成的自动驾驶汽车在美国亚利桑那州坦佩市以约 38 英里/小时的速度行驶，未采取任何制动动作就撞上了正在推着自行车横穿马路的 Elaine Herzberg 女士。初步调查显示，车辆确实检测到了行人，但在最后一刻才决定紧急刹车，但此时已经太晚无法避免撞击。事后，Uber 暂停了所有城市的自动驾驶测试项目，并对安全员进行了重新培训。最终，美国国家运输安全委员会（NTSB）发现，Uber 禁用了紧急制动功能以减少不必要的减速，同时只安排了一名而不是两名安全员监控车辆操作，这些因素共同促成了悲剧的发生。

此案例凸显了当 AI 系统参与实际操作时，制造商、软件开发者以及操作人员之间的责任界定模糊不清的问题。一方面，制造商因设计缺陷或未充分考虑安全冗余而需承担责任；另一方面，操作人员即安全员也应对其疏忽负责。从更广泛的视角来看，这一案例也揭示了随着 AI 技术的发展，现行法律体系对于处理由智能系统引发的新类型风险准备不足。

四、对人类主体的挑战

随着 AI 技术的发展，人机关系正在发生深刻变化，人类可能面临被机器取代的风险。

例如，富士康于 2011 年宣布实施的"百万机器人计划"，其目标在于构建一个全自动化生产线。该计划通过传送带将 iPad 生产线上的所有零部件进行输送，并由机器人执行切割、抛光及组装等一系列工序。尽管这一宏伟的项目最终未能完全实现预期目标，但它象征着制造业向自动化转型的趋势。

又例如，通用汽车公司，近 50 年来其用工数量发生了显著减少，这很大程度上归因于智能机器人的引入。随着自动化程度的提高，通用汽车减少了对人工的需求，特别是在那些操作简单、重复性强、劳动强度大且存在职业安全风险的工作岗位上。像冲压机器人被用来进行材料的传送、工件的装卸、刀具更换以及机器装配等工作，不仅提高了生产的自动化水平，还增强了劳动生产率，降低了生产成本。

上述案例说明随着自动化和智能化技术的进步，越来越多的传统工作岗位将被智能机器所取代。这种转变使得一部分劳动者面临失业风险，尤其是那些从事规则明确、可预测性强的工作的人群。这不仅影响了他们的经济收入，更可能削弱他们在社会中的自我认同感和个人价值感。

五、AI 生成物的伦理争议

AI 生成物的伦理争议主要集中在版权归属方面，随着 AI 生成内容（AIGC）能力的提升，关于谁是"创作者"的讨论变得愈发复杂。这不仅反映了技术进步带来的新挑战，也揭示了我们在面对快速发展的科技时所面临的道德和法律困境。

例如，在我国首例"AI 文生图"侵权案例中，原告李先生使用 AI 绘画软件生成了一张名为"春风送来了温柔"的图片，并将其发布在网络平台上。随后，李先生发现被告刘女士在其发布的网络文章中使用了这张图片，但未给予李先生应有的署名，且可能通过非规范手段获取了无水印版本的图片。李先生认为，他投入了时间和精力借助 AI 来制作这张图片，这应当被视为一种创作行为，因此他拥有该作品的著作权。李先生遂将刘女士诉至北京互联网法院，要求赔偿经济损失 5 000 元并赔礼道歉。法院最终认定，涉案图片符合作品的定义，属于美术作品，并确认李先生对其享有著作权，判决刘女士停止侵权、赔礼道歉及赔偿损失。

这一案例揭示了 AI 生成物背后复杂的伦理挑战。首先，关于独创性的界定，尽管法院认为李先生在设定提示词和参数调整的过程中体现了个性化表达，从而满足了著作权法对作品"独创性"的要求，但这引发了对于 AI 辅助创作边界以及人类创作者角色定位的广泛讨论。随着 AI 技术的进步，其生成内容的能力不断增强，这可能导致公众难以区分真实与虚拟的作品，进而影响文化产品的真实性和可信度。此外，AI 生成物的广泛应用还可能削弱人类主体的价值，因为机器逐渐承担起原本由人类完成的任务，模糊了人机之间的界限。最后，此类案件也凸显了数据来源合法性的问题，即 AI 模型训练所使用的大量数据是否经过合法授权，以及这些数据的使用是否会侵犯原作者的权利或隐私。

六、安全风险与恶意使用

1. 技术滥用

AI 技术可能被用于恶意目的，如制造假新闻、网络诈骗等，对社会造成负面影响。

例如，2021 年 9 月，某知名歌手因肖像权纠纷起诉了某短视频平台及某 UP 主。这位 UP 主长期上传使用 AI 换脸技术制作的视频，其中大量视频未经许可使用了原告的形象，将其面孔嫁接到其他人物身上，形成了所谓的"恶搞"内容。这些视频在平台上获得了较高的播放量和互动量，但同时也引发了版权、肖像权以及名誉权等方面的争议。

又例如，AI"复活"成热门生意的现象在近年来逐渐兴起，尤其是在清明节前后，这项服务的需求量显著增加。具体案例中，有某知名音乐人使用 AI 技术"复活"了已故的女儿，在母亲生日时为她演唱了一首生日歌；还有辽宁网友孙先生为了宽慰奶奶而用 AI 换脸"复活"父亲；以及一大批已故明星纷纷被以数字人形象"复活"。

从伦理角度来看，AI"复活"存在多个层面的风险。首先，《中华人民共和国民法典》明确规定，死者的姓名、肖像、名誉、荣誉、隐私等均受到法律保护。因此，未经许可擅自创建和使用 AI 分身可能会侵犯这些权利。其次，随着深度合成技术的发展，伪造内容变得更加逼真且难以辨别，一旦 AI 生成的内容被用来制造假新闻、实施诈骗等违法行为，将会给社会带来严重的后果。最后，尽管 AI"复活"可以为人们提供某种程度的心理安慰，但它也可能干扰正常的哀悼过程，甚至引发新的心理健康问题，特别是当用户意识到所接触的对象并非真实的亲人而是由算法构建而生成时，可能会感到更加失落或困惑。所以，虽然 AI"复活"提供了独特的情感支持途径，但在实际操作过程中必须谨慎行事，确保遵守相关的法律法规，并充分考虑伦理道德因素，以防止潜在的危害发生。

2. 内部与外部安全

AI 系统本身可能存在安全漏洞，同时其决策也可能对外部世界构成威胁。例如，自动驾驶汽车的控制系统一旦被黑客入侵，可能会导致严重的交通事故。此外，AI 在军事领域的应用也引发了广泛关注，如何确保 AI 武器的安全性和可控性成为亟待解决的问题。

人工智能伦理问题是当前社会发展中不可忽视的重要议题。通过多方面的共同努力，我们可以推动人工智能技术的健康发展，使其更好地服务于人类社会的进步和发展。

9.2 人工智能伦理的基本原则

人工智能伦理的基本原则旨在确保 AI 技术的发展和应用能够促进人类福祉，尊重人权与基本自由，同时避免对社会造成负面影响。

9.2.1 基本伦理要求

《新一代人工智能伦理规范》是我国为了应对快速发展的 AI 技术所带来的伦理挑战而制定的一套指导性文件，旨在确保 AI 的发展和应用符合伦理道德原则，保护公众权益，并维护社会秩序。该规范由国家新一代人工智能治理专业委员会于 2021 年 9 月 25 日发布，其核心内容涵盖了增进人类福祉、促进公平公正、保护隐私安全、确保可控可信、强化责任担当以及提升伦理素养等六个基本伦理要求。

其中，增进人类福祉作为首要要求，强调 AI 技术的发展应始终围绕提升人类生活质量，推动经济繁荣、社会进步以及生态环境的可持续保护。这不仅要求 AI 技术本身的高效与智能，更需关注其对社会经济结构的优化作用，以及对环境影响的最小化。

促进公平公正要求则意味着在 AI 技术的普及与应用过程中，应消除技术壁垒，确保不同社会群体，包括弱势群体，都能平等地享受 AI 技术带来的便利与机遇，避免技术鸿沟导致的社会分化。

保护隐私安全要求强调在 AI 技术的应用中，必须严格遵守个人信息保护法规，尊重用户的知情权、选择权与同意权，确保个人数据安全，防范数据泄露与滥用，维护用户隐私权益。

确保可控可信要求强调 AI 系统的设计与应用必须具备透明度与可解释性，确保人类能够在必要时对 AI 系统的决策与行为进行干预与控制，保障人类的自主决策权不被侵犯。

强化责任担当要求明确了 AI 技术发展中各利益相关者的责任与义务，包括政府、企业、科研机构及用户等，要求各方共同承担起推动 AI 技术健康发展、防范技术风险的责任。

提升伦理素养要求则强调通过普及 AI 伦理知识，提升公众对 AI 技术的认知与理解，推动形成全社会共同参与的 AI 伦理治理实践，为 AI 技术的健康发展营造良好的社会环境。

《新一代人工智能伦理规范》（后面简称《规范》）强调将伦理考量贯穿于人工智能的整个生命周期，从设计、开发、部署、运行、维护到更新直至退役的全过程。这意味着在每个阶段都必须考虑伦理问题，以确保科技与伦理的深度融合。例如，在研发阶段就要考虑到如何避免算法歧视，确保数据质量；而在使用阶段，则要保障用户能够方便地退出服务，并且有权随时停止系统的运行。

一、关键伦理原则

1. 尊重人权与尊严

尊重人权与尊严要求确保 AI 系统不会侵犯个人隐私、自由表达等基本权利，尊重并保护人类尊严。例如，《规范》要求充分尊重个人信息知情权、同意权等权利，依照合法、正当、必要和诚信原则处理个人信息，不得损害个人合法数据权益。

2. 公平公正

公平公正要求防止算法歧视，确保 AI 决策过程和结果的公平性，消除因性别、种族等因素导致的不公正待遇。为此，《规范》提出在数据采集和算法开发中加强伦理审查，充分考虑差异化诉求，努力实现系统的普惠性、非歧视性。

3. 透明可解释

透明可解释要求 AI 系统的决策逻辑、数据来源、影响因素等具备足够的透明度，便于用户理解并接受。这包括提升透明性、可解释性、可理解性等方面的工作，逐步使系统达到可验证、可审核、可监督的状态。

4. 负责任

负责任要求明确相关主体的责任边界，强化风险评估与管控，确保出现问题时能够及时有效地追溯、纠正与补偿。坚持人类是最终责任主体，建立问责机制，不回避责任审查。

5. 用户知情同意

用户知情同意强调用户对于个人信息收集、使用、存储及共享的知情权和同意权，保障用户对其数据的控制力。如明确规定应告知用户 AI 产品和服务的功能与局限，并为用户提供简单易懂的选择或退出方案。

二、实质性议题与具体要求

针对实质性议题如退出机制、数据隐私保护、防止算法歧视等问题,《规范》提出了具体的要求。例如,规定 AI 服务应提供清晰便捷的退出途径,用户有权随时撤销对其个人信息的授权使用;同时也要采取有效措施识别并消除潜在的数据偏见,保证算法的公平性和准确性。

三、对相关主体的影响

研发者:需考虑伦理因素,加强算法审查,提升透明度。

使用者:应合规使用 AI 产品和服务,尊重用户权益。

监管机构:需要强化监管力度,建立有效的监督机制。

公众:应当参与监督,行使知情同意权。

四、法规制度补充与行业自律引导

作为政策指导文件,《规范》补充了现有的法律法规体系,并为行业形成良好的自律机制提供了方向。它通过一系列具体的伦理原则和操作指南,为构建和谐的人机关系、保障公众利益、推动人工智能产业健康发展提供了坚实的伦理基础。它鼓励各方共同努力,以负责任的态度推进人工智能技术的应用与发展,共同塑造一个以人为本、公平正义、透明负责的人工智能未来。

9.2.2 国际视角下的 AI 伦理框架

一、强调法制统领下的人工智能治理机制

联合国及其下属机构,如教科文组织,在人工智能伦理框架的构建中起到了引领作用。2021 年 11 月,教科文组织通过了《人工智能伦理问题建议书》,这是全球首个关于以符合伦理要求的方式运用人工智能的框架文件。该建议书不仅为成员国提供了具体的指导方针,还特别强调了法治的重要性,确保所有的人工智能应用都在法律框架内进行,并尊重人权、民主价值观和社会正义。

以欧盟发布的《可信赖的人工智能伦理指南》为例,该指南提出了 7 项关键要求,包括人类监督、技术健壮性与安全性、隐私与数据管理、透明度、多样性、非歧视性和公平性等。这些要求旨在确保 AI 系统的开发和使用不会侵犯个人权利或造成社会不平等。比如,在医疗保健领域,AI 辅助诊断工具必须经过严格的验证程序,以确保其准确性,并且在使用过程中要充分保护患者的隐私信息。此外,任何 AI 决策都应具备可解释性，以便医生能够向患者解释诊疗方案的理由。具体来说，假设一家欧洲医院正在引入一款基于 AI 的心脏病风险预测软件。根据该指南，医院需要采取以下措施：

（1）建立独立审查委员会：由医学专家、伦理学家和技术人员组成的团队负责评估这款软件的安全性和有效性。

（2）实施严格的测试流程：确保算法在不同人群样本上的表现一致，减少误报率。

（3）制定明确的操作指南：规定哪些情况下可以使用 AI 生成的结果，以及如何处理可能出现的错误诊断。

（4）提供持续培训和支持：帮助医护人员理解并正确应用 AI 工具，同时收集反馈意见用于改进系统性能。

二、多边合作与共识形成

随着 AI 技术的影响日益全球化，单一国家难以独立解决与其相关的复杂伦理问题。因此，多边合作成为制定 AI 伦理标准不可或缺的一环。多个国家和地区已经开始认识到这一点，并积极参与到全球对话中来，共同探讨如何建立一套普遍适用的 AI 伦理准则。

2024 年，中美两国召开了首次政府间关于 AI 治理的对话会议。这次会议标志着两个世界上最大的经济体之间就如何负责任地发展和部署 AI 技术达成了初步共识。双方同意加强信息共享和技术交流，特别是在防止 AI 武器化、保护个人隐私和促进公平竞争等方面展开合作。此外，两国还承诺共同探索建立国际 AI 伦理标准的可能性，为其他地区树立榜样。在这次会议上，中美双方讨论了以下几个关键议题：

（1）AI 武器化：双方重申了反对将 AI 技术应用于军事自动化武器系统的立场，并探讨了限制此类研发活动的具体措施。

（2）个人隐私保护：鉴于近年来频发的数据泄露事件，两国决定深化在网络安全领域的合作，共同制定更严格的数据保护法规。

（3）公平竞争环境：中美同意共同努力打击垄断行为，维护开放、透明的市场秩序，鼓励创新而不损害消费者利益。

另一个值得注意的例子是中国发布的《全球人工智能治理倡议》。该倡议呼吁国际社会共同应对 AI 带来的挑战，提出了一系列建设性的建议，如加强跨国界的研究合作、推动 AI 教育普及等。这表明中国愿意在全球 AI 治理进程中扮演更加积极的角色，并与其他国家携手推进 AI 伦理标准的国际化进程。

除了官方渠道的努力之外，民间社会也在积极推动 AI 伦理议题。高等教育机构、科技公司都参与到制定 AI 伦理指南的过程中，试图汇聚多方智慧，共同应对快速发展的 AI 技术所带来的伦理挑战。例如，微软设立了"负责任人工智能办公室（ORA）"，ORA 的一个重要职能就是审查敏感用例，确保微软 AI 原则在开发和部署工作中得到实施。例如，在开发 Cortana 语音助手时，ORA 会特别关注用户隐私保护，确保所有交互数据都被安全存储，并仅用于提升服务质量的目的。

国际社会正通过多种方式加强合作，努力达成共识，以期构建一个既能够促进 AI 技术创新又可以有效防范其潜在危害的伦理框架。这种多边合作不仅限于政府层面，还包括学术界、产业界乃至普通民众的广泛参与，共同致力于创造一个更加公正、和平和繁荣的世界。

9.3 数据责任与隐私保护

一、数据收集、存储和使用的法律框架

在全球范围内，数据作为一种关键生产要素，在促进经济发展和社会进步的同时，也带来了前所未有的挑战。为了确保数据的安全性和合法性，各国纷纷建立了相应的法律法规体系来规范数据处理活动。以我国为例，《中华人民共和国网络安全法》《中华人民共和国数据安全法》《中华人民共和国个人信息保护法》和《关键信息基础设施保护条例》共同构成了"三法一条例"的基本立法框架。这些法律法规不仅明确了数据处理主体的数据安全义务，还规定了政务数据安全与开放的要求，并强调了对个人隐私权的尊重和保护。

例如，在《中华人民共和国个人信息保护法》中明确规定，"自然人的个人信息受法律保护"，并且任何组织和个人不得侵害这一权利。该法案详细规定了个人信息处理的原则，包括合法正当必要原则、公开透明原则等；同时要求信息处理者应当对其个人信息处理活动负责，并采取必要措施保障所处理个人信息的安全。此外，《关键信息基础设施保护条例》作为配套行政法规，细化落实了上位法中的制度设计，为网络数据安全保障工作提供了具体的制度保障和实施路径。

一个典型的案例是某知名金融机构在 2022 年遭遇的一起严重的数据泄露事件。事件发生在一次内部系统升级中，因操作不当导致大量客户敏感信息被不法分子获取。这起事件引起了广泛关注，影响了数十万客户的个人信息安全。根据《中华人民共和国个人信息保护法》的规定，企业必须建立健全用户信息管理制度，采取必要的技术和管理措施来保证用户信息安全。此次事件揭示了企业在数据管理和技术防护方面的不足之处，同时也反映了加强法律法规建设的重要性。

二、用户隐私权的保护措施

1. 加密技术和匿名化处理

随着信息技术的发展，加密技术和匿名化处理成为保护用户隐私的重要手段之一。通过采用先进的加密算法，可以有效地防止未经授权访问敏感信息；而匿名化则是在不影响数据分析结果的前提下去除能够直接或间接识别特定个体的信息元素。这两种方法结合使用可以在很大程度上降低因数据泄露而导致的风险。

比如，在医疗健康领域，医疗机构可能会利用去标识化的患者数据来进行研究分析，而不必担心会暴露患者的个人身份信息。同样地，《中华人民共和国数据安全法》也提到要"推动数据使用者落实数据安全保护责任"，这表明政府鼓励企业采取有效技术措施来加强数据安全管理。

一个具体的案例是 Facebook 在 2019 年 8 月修复的一个漏洞，该漏洞导致来自 106 个国家的超过 5.33 亿 Facebook 用户的个人信息被免费在线泄露，涉及了不少知名人士和公众人物。此事件凸显了即使是最具规模和技术实力的企业也可能面临数据泄露的风险，因此持续改进安全机制至关重要。对于企业而言，应该加强对用户数据的加密保护，确保即使数据被盗取也无法轻易解读。

2. 合规性审查与内部审计机制

除了技术层面的努力外，建立健全合规性审查与内部审计机制也是维护用户隐私不可或缺的一部分。企业应该定期开展自我检查，确保其业务操作符合相关法律法规的要求。具体来说，可以从以下几个方面着手：

（1）建立合规审查流程：合理设定触发数据来源合规审查的具体情形以及对应的业务节点、责任人员，留存数据合规审查记录。

（2）明确合规红线：基于风险维度的审查思路，梳理法律法规的相关要求以及结合企业内部的合规管理要求，设定合规审查红线。

（3）实现穿透审查：对于多主体间流转、数据处理活动复杂的数据源审查应当穿透至底层数据，重点关注收集和提供过程中获得授权同意等的完整性、连续性。

例如，一家大型科技公司的一位前员工在离职前复制了大量的公司机密数据，并将其出售给竞争对手。这一事件揭示了企业在员工离职管理和数据保护方面的不足。该公司在事后进行了深刻的反思，认识到需要加强内部审计机制，特别是在员工离职时应更加严格地控制对公司资源的访问权限。此外，企业还应当定期进行渗透测试，评估现有的安全措施是否有效，并及时发现和修补安全漏洞。

三、数据泄露事件的应对措施

面对不可避免的数据泄露事件，企业需要具备一套成熟有效的应急响应计划，进行快速响应与损失补偿。根据 Veritas（一家从事数据管理和保护领域的知名企业）的研究，强有力的数据保护策略包括但不限于以下几点：

（1）保持冷静并迅速行动：一旦发现潜在的数据泄露迹象，立即启动应急预案，阻止事态进一步恶化。

（2）评估影响范围：确定哪些数据受到了影响，并准确评估泄露给企业和客户带来的风险。

（3）遏制泄露源：从系统中移除所有受影响的部件，如计算机、服务器或其他设备，并寻找可能存在的漏洞加以修复。

（4）保护物理区域：封锁与泄露相关的物理区域，限制非应急团队成员进入，直至问题得到解决。

（5）详细记录整个过程：保存所有关于事件处理的日志和通信记录，这对于后续调查及报告至关重要。

（6）通知相关方：及时向受影响的用户通报情况，并根据当地法律规定向监管机构报告。

一个典型案例是 Uber 公司在 2016 年发生的 60 万名司机和 5 700 万用户信息失窃事件，为了掩盖此事，公司私下向作恶者支付了封口费，这项隐瞒行为最终为公司带来了巨额罚款。此案例说明了快速且透明地应对数据泄露的重要性，以及隐瞒事实可能带来的更严重后果。企业应当建立完善的应急响应机制，确保在发生数据泄露或其他安全事件时，能够迅速做出反应，减少损失。此外，设立专门的赔偿基金或保险机制，用于补偿因数据泄露造成的经济损失，可以帮助企业在遭遇危机时更好地保护自身利益及其客户的权益。

9.4 公平性与非歧视

一、算法偏见的来源与影响

算法偏见指的是在机器学习模型中出现的系统性错误，这些错误导致了不公平或歧视性的结果。这种偏见往往反映并强化了现有社会中的经济、种族和性别等方面的不平等现象。算法偏见的一个重要来源是有缺陷的数据，即那些不具代表性、缺乏信息、存在历史偏见或有其他质量问题的数据。当使用这类数据进行训练时，模型可能会学到并放大存在于数据中的偏见，从而产生不公平的结果。

二、减少偏见的方法论

为了减少 AI 中的偏见问题，可以采取多种策略和技术手段。

1. 数据集多样性增强

确保用于训练的数据集具有广泛的代表性和足够的多样性是非常重要的。通过比较和验证不同训练数据样本的代表性来减少和避免 AI 偏见。具体来说，可以通过统计信息和数据探索来监控异常值，并运用数据增强技术（如旋转、缩放、裁剪等）来增加样本的多样性。同时，在构建数据集的过程中，应当注意收集来自不同背景的数据，包括但不限于性别、年龄、地域等因素，以便更好地覆盖所有用户群体的需求。

例如，在招聘领域，一家名为 HireVue 的公司开发了一款基于视频面试的 AI 招聘工具。该公司意识到其初始版本可能存在性别和种族偏见的风险，因此决定对其算法进行了改进，增加了更多样化的训练数据，并且引入了额外的公平性检查步骤，确保候选人不会因为他们的外貌特征而受到不利的影响。

2. 模型评估中的公平性指标引入

在评估机器学习模型的表现时，除了传统的准确性等性能指标外，还需要引入专门针对公平性的评价标准。常用的公平性指标包括人口学平等性、平等机会以及均衡几率。这些指标可以帮助我们衡量模型是否在不同的敏感属性分组间表现出一致的行为模式，从而降低潜在的偏见风险。此外，还应该考虑使用"偏差放大"这一度量标准来检测模型是否无意中增强了某些负面关联。

例如，在信贷审批过程中，银行可以采用公平性指标来评估贷款决策算法，确保不同种族和社会经济地位的申请者获得相似的批准概率。如果发现某个群体的拒绝率显著高于其他群体，则需要进一步调查原因，并调整模型参数以消除这种差异。

三、特殊群体的关注与支持

针对弱势群体提供的替代方案和服务优化至关重要。政府和社会组织正在努力利用数字技术手段加强对困难人群的社会保障服务。例如，社会保障机构开始整合各个渠道的数据，采用以人为本的设计理念，提供全面化的"一站式"服务，为有需求的人群快速提供保障。这样的做法不仅提高了服务效率，也为那些处于不利地位的人们创造了更加公平的机会。

在中国，政策制定者也在积极采取措施促进服务的包容性和公平性。他们认识到，为了实现真正的社会和谐与发展，必须确保所有人都能享受到基本的生活保障和发展机遇。因此，相关部门不断出台新的政策和措施，旨在发展和完善社会救助体系，使得每一个需要帮助的人都能得到及时有效的援助。同时，也鼓励社会各界共同参与进来，形成合力，共同推动社会进步。

一个具体的案例是我国的精准扶贫政策，该政策通过大数据分析和人工智能技术的应用，精准识别贫困人口，定制个性化的帮扶计划，确保资源能够有效地到达最需要帮助的家庭和个人手中。通过这种方式，不仅提高了扶贫工作的透明度和效率，还大大减少了因贫困而导致的社会不公。

在构建和应用 AI 系统时，必须始终保持警惕，防止任何形式的偏见和歧视发生。这不仅是为了遵守我国的法律法规和伦理道德要求，也是为了维护社会正义和平等的基本原则。通过持续改进技术和加强监管，我们可以创建一个更加公正、开放且充满活力的社会环境。

9.5 可解释性与透明度

一、解释 AI 决策的重要性

在当今社会，随着人工智能技术的迅猛发展，AI 系统已经在多个领域取得了显著成就。然而，随着这些系统的复杂性和影响力日益增长，确保其决策过程的可解释性和透明度变得至关重要。特别是在医疗、金融、法律等高风险领域，AI 的决策不仅影响个人生活，还可能涉及重大利益和社会公正问题。因此，解释 AI 决策的重要性体现在以下几个方面：

（1）建立信任：当人们能够理解 AI 是如何做出决策时，他们更有可能信任这些决策。

（2）揭示偏见和错误：通过解释 AI 的决策过程，可以发现并纠正潜在的数据偏差或算法缺陷。这有助于提高系统的准确性和公平性，避免对特定群体造成不利影响。

（3）满足法规要求：许多行业受到严格的监管，如银行业务必须遵循隐私保护条例。在这种情况下，清晰地说明 AI 的工作原理是必要的，以证明系统符合相关法律法规的要求。

例如，在医疗领域，涉及健康问题时，患者及家属往往希望了解 AI 系统为何提出特定建议，这就凸显了解释 AI 决策的重要性。通过提供清晰的解释，不仅可以增强医患双方的信任，还可以确保治疗计划的安全性和有效性。此外，在金融行业，如蚂蚁金服旗下的芝麻信用评分系统，它使用大量数据来评估个人信用状况，辅助决定是否批准贷款或信用卡申请。由于这些决策直接影响到个人的经济活动，因此必须保证其过程透明且公正，以防止任何形式的歧视或不公。

二、提高可解释性的技术路径

为了使复杂的 AI 模型更加透明且易于理解，研究者们开发了一系列方法和技术来增强其可解释性。以下是两种主要的技术路径：

1. 模型简化与特征重要性分析

一种直接的方法是选择结构较为简单的模型，如线性回归或决策树等，它们本身就具有较高的可解释性。对于已经训练好的复杂模型，则可以通过特征重要性分析来评估各个输入变量对输出结果的影响程度。这种方法不仅可以帮助识别出最重要的几个特征，还可以指导后续的数据收集和预处理工作。

例如，某保险公司采用 XGBoost（一个分布式的开源机器学习库）构建了一个用于预测客户流失率的风险模型。为了提高模型的透明度，团队应用了 Shapley 值方法（模型无关的机器学习解释方法，常用于经济活动中的利益合理分配等问题）来计算每个特征对最终预测结果的影响。结果显示，年龄、驾驶记录和车辆类型是最重要的三个因素。这不仅帮助管理层优化了营销策略，也为销售人员提供了更有针对性的服务建议。

2. 可视化工具的应用

除了简化模型和分析特征外，利用可视化工具也是提升 AI 可解释性的有效手段之一。适当的可视化可以帮助用户直观地理解 AI 的行为模式及其背后的逻辑关系。

例如，在图像分类任务中，可以通过类激活图来解释卷积神经网络的工作原理，以识别和解释图像或时间序列数据中哪些区域对于模型的决策过程最为关键。如图9-1所示，通过可视化的展示，让非专业人士也能明白模型对"猫"进行识别时，关注的重点部位是头部，这种方法极大地增强了人们对AI系统的理解和接受度。

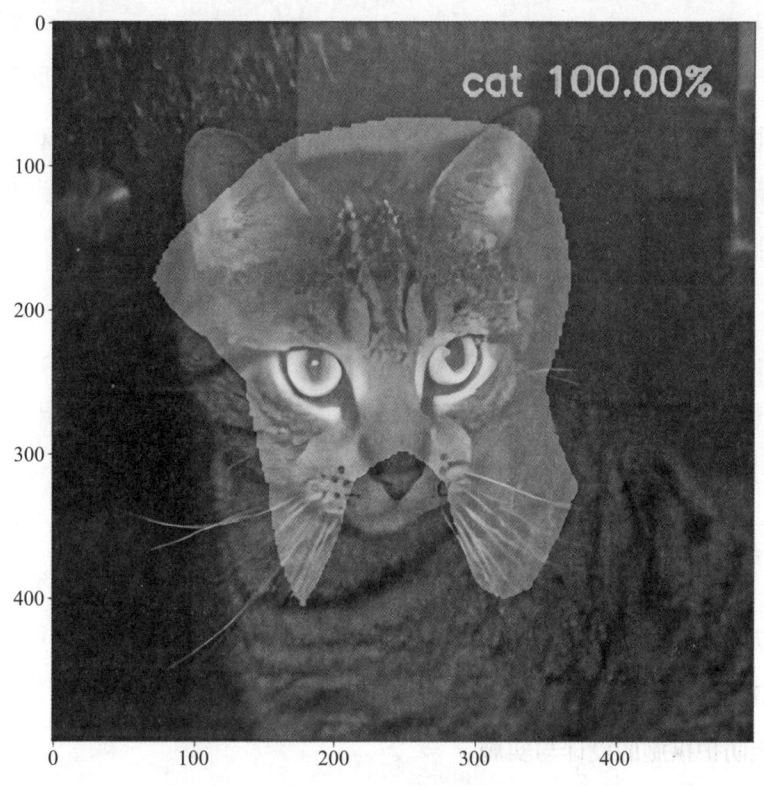

图9-1 类激活图可视化解释模型工作原理

此外，还有一些高级的可视化技术，比如，使用动画演示算法执行步骤，或者创建交互式界面让用户探索数据的不同侧面。这些工具不仅增强了用户体验，而且促进了人机之间的互动交流。

9.6 安全与稳健性

一、AI系统的脆弱点识别

AI系统的脆弱点可以从多个角度进行识别，包括但不限于算法、数据、硬件和软件环境。以下是几个具体的案例分析：

1. 对抗样本攻击

在图像分类任务中，研究人员发现通过添加细微的扰动（如特定模式的噪声），可以导致深度学习模型对原本正确分类的图片做出错误判断。例如，Google Brain 的研究团队展示了如何让一个被训练用来识别熊猫的神经网络将一张几乎不变的熊猫图片误认为是吉普车。这揭示了即使是最先进的 AI 系统也可能存在对于微小变化敏感的弱点。

2. 数据中毒

当恶意用户向 AI 系统的训练集中注入不良或误导性的数据时，那么即使在没有外部攻击的情况下，AI 的行为也可能变得不可预测或有害。比如，微软 2016 年推出的聊天机器人 Tay 就是一个典型案例，它在网络上学习并模仿人类对话，但因为暴露于不良内容之下，迅速开始生成不适当和有争议的言论。

3. 隐私泄露

一些 AI 应用可能无意间暴露用户的个人信息。比如，亚马逊公司的语音助手 Alexa，曾因意外激活录音功能而引发了公众对其隐私保护能力的关注。此外，AI 生成的内容有时也可能隐含用户输入的数据特征，构成潜在的隐私威胁。

4. 硬件环境攻击

一些 AI 系统依赖于传感器数据进行决策，例如在一个自动驾驶汽车案例中，如果攻击者能够干扰这些传感器（如激光雷达、摄像头等），那么 AI 就可能会基于错误的信息做出危险的驾驶决策。

二、安全防护措施的设计与实施

1. 网络安全防护体系构建

防火墙和入侵检测/防御系统（IDS/IPS）：企业级 AI 解决方案通常部署在复杂的网络环境中，因此需要强有力的边界防护来抵御外部攻击。例如，金融机构采用多层防火墙策略，结合 IDS/IPS 实时监控进出流量，确保只有合法请求才能访问核心业务逻辑。

加密技术：为保护传输中的敏感信息，所有通信都应使用强加密标准，如 TLS 协议。IBM Watson Health 平台即利用端到端加密保障患者医疗数据的安全交换，防止中间人攻击。

2. 数据完整性验证机制

区块链技术：在涉及多方协作的数据共享场景下，区块链提供了一种不可篡改的日志记录方式，保证数据的真实性和一致性。例如，在供应链管理中，货物运输信息可以通过分布式账本记录，确保每个环节的数据透明且可信。

数字签名：对于静态存储的数据文件，可以使用数字签名来验证其完整性和来源合法性。在自动驾驶汽车领域，地图更新包在分发前都会经过严格的签名认证过程，以防恶意软件侵入。

3. 系统容错能力和应急响应计划

冗余设计：关键任务型 AI 系统往往包含多重备份组件，以提高整体可靠性。例如，航空电子设备中的飞行控制系统会配备多个相同的处理器，一旦主控单元出现故障，备用单元能立即接管工作，不影响飞机正常运行。

灾难恢复演练：定期组织模拟灾难情景下的应急响应练习，有助于快速定位问题并采取有效措施。Facebook 数据中心每年都会举行几次大规模停电演习，测试服务器集群能否顺利切换到备用电源，并检查灾备方案的有效性。

三、持续监测与风险评估

1. 实时监控系统状态

（1）日志分析与异常检测：通过收集和解析系统日志，可以提前预警异常行为。亚马逊 AWS 云服务平台提供了 CloudWatch 服务，它不仅能够跟踪资源利用率等常规指标，还能运用机器学习算法自动识别出非典型活动模式，提示管理员注意可能存在的安全隐患。

（2）可视化仪表盘：为了使运维人员更容易理解复杂系统的健康状况，创建直观的可视化界面是非常必要的。Azure Machine Learning Studio 就集成了丰富的图表工具，让用户轻松查看模型训练进度等重要信息，如图 9-2 所示。

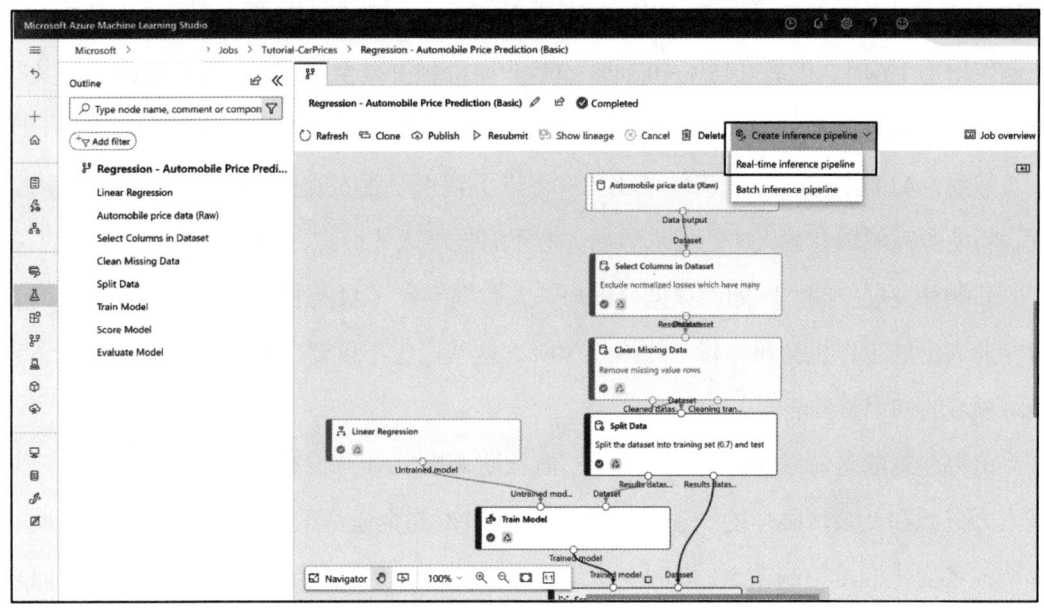

图 9-2　Azure Machine Learning Studio 工作界面

2. 定期进行压力测试和技术更新

（1）极限负载测试：针对高并发应用场景，必须定期执行极限负载测试，检验系统在极端条件下的稳定性和响应速度。阿里巴巴集团每逢"双十一"购物节前夕，都会对其电商网站进行全面的压力测试，确保在海量用户访问高峰期间依然保持流畅体验。

（2）持续集成与持续交付（CI/CD）：为了及时修复已知漏洞并将最新的研究成果应用于实际产品，CI/CD 流程不可或缺。特斯拉公司以其快速迭代著称，通过自动化构建、测试和部署流水线，使得车辆上的 AI 驾驶辅助系统能够不断获得改进。

9.7 社会影响与公众参与

一、AI 对就业市场和社会结构的影响

随着人工智能技术的迅猛发展，其对全球就业市场和社会结构的影响日益显著。一方面，AI 在提高生产力、创造新的就业机会以及改善人们的生活水平方面发挥了积极作用；另一方面，它也开始执行那些曾经被认为是人类独有的任务，这导致了特定工作岗位被替代的现象，尤其是在制造业和服务行业。

例如，在制造业中，自动化的机器人正在取代人力进行危险或重复性的工作，从而减少了该领域对低技能工人的需求。同时，智能客服系统和虚拟助手的应用也在客服支持领域减少了人工干预的需求。根据美国波士顿咨询公司的研究，当人工智能对工人的比例每增加 1‰ 时，就有 0.18%～0.34% 的就业岗位相应减少。这意味着在短期内，某些类型的工作可能会因为 AI 的应用而消失，进而影响到相关从业者的生计。

然而，AI 同样带来了积极的变化。它促进了新兴产业的成长，如信息技术、生物工程、新能源等领域专业人才的需求激增。对于高技能人才而言，AI 驱动的行业提供了更高的薪酬和发展空间。比如，数据分析师、大数据专家、AI 与机器学习专家以及网络安全专业人士的工作机会预计将平均增长 30%，这些岗位不仅要求深厚的技术背景，还强调跨领域的知识整合能力。

值得注意的是，尽管存在失业风险，但长期来看，AI 并没有造成大面积失业。广东省人力资源和社会保障厅的一项调查显示，近 74% 的企业员工人数没有受到 AI 发展的影响或者变化幅度控制在 5% 以内。这是因为机器人应用的数量和范围仍然有限，而且智能化进程也创造了新岗位，如操作、控制及维护数字技术和机器设备的新职位。

此外，AI 还在改变权力来源和结构，使得掌握先进科学技术的组织和个人拥有更多的话语权和影响力。因此，AI 不仅重塑了劳动力市场的格局，也在更广泛的社会层面上引发了变革。

二、教育体系适应新变化的需求

为了应对 AI 带来的挑战并抓住机遇，教育体系必须做出调整以培养适应新时代需求的人才。编程技能作为一项基础性的 AI 能力，正逐渐成为现代社会不可或缺的一部分。我国早已积极推动编程教育进入课堂，从小学到大学都增加了计算机科学相关的课程内容。

除了编程技能外，跨学科人才的培养同样重要。AI 的应用跨越多个领域，从医疗健康到金融服务，再到环境保护等多个方面都需要既懂行业知识又熟悉 AI 技术的专业人士。为此，高校也加强了与其他机构的合作，开设联合课程，鼓励学生参与实际案例的研究工作。

同时，终身学习的概念变得更加关键。随着技术快速迭代更新，个人需要不断更新自己的知识库来保持竞争力。在线教育平台如中国大学 MOOC 等提供的大量免费或付费课程，使任何人都可以随时随地获取所需的学习资料。这种灵活性有助于在职人员根据市场需求灵活调整职业路径，同时也为转行者提供了便捷的学习途径。

三、鼓励社会各界人士参与到 AI 伦理议题中

随着 AI 技术越来越深入地融入日常生活，关于其伦理道德问题的关注度也在不断提高。构建一个开放且包容的对话平台，让所有利益相关方都能参与到讨论中来，是解决这些问题的关键步骤之一。这不仅限于技术人员之间的交流，还包括政策制定者、企业代表、学术界、非营利组织乃至普通民众的声音。

例如，在欧洲，欧盟委员会成立了"高级别专家组"，负责起草《可信赖的人工智能伦理指南》，并邀请了来自各行各业的专家参与其中。这个过程确保了不同视角下的考量都被纳入考虑范围之内，从而制定了更为全面合理的指导原则。在我国也有类似的做法，早在 2019 年，全国政协组织专题调研组就"人工智能发展对劳动就业的影响"进行了广泛的意见征集，听取各方建议，力求找到最佳解决方案。

此外，公众参与还可以通过多种形式实现，如举办公开讲座、建立线上社区论坛等。谷歌曾多次举办有关 AI 伦理的公开研讨会，吸引了成千上万的关注者在线观看直播，并通过社交媒体互动分享观点。这样的活动不仅提高了公众对 AI 伦理问题的认识，也为后

续政策法规的完善奠定了坚实的民意基础。

9.8 共同创造美好的 AI 世界

为了实现一个更加美好的 AI 世界，我们需要采取一系列积极措施。首先，应加强对 AI 伦理的研究，确保技术发展始终遵循以人为本的原则，尊重人权和个人隐私。这意味着在开发和部署 AI 系统时，必须将人类的福祉置于首位，并确保这些系统不会侵犯个人隐私或造成社会不公。例如，IBM 强调了 AI 伦理的重要性，指出需要优化 AI 的有益影响，同时降低风险和不良后果，如数据责任、隐私保护、公平性、可解释性、稳健性、透明度以及环境可持续性等问题。

其次，重视教育改革，培养具备综合素养的新一代人才，使他们能够在快速变化的世界里立足并贡献自己的力量。随着 AI 时代的到来，传统的教育模式已经无法满足时代的需求。教育体系需要转型，以适应智能数字时代的要求，这不仅包括编程技能的普及，还涉及软技能的培养，如沟通能力、协作能力和创造力等。此外，个性化学习成为可能，利用 AI 技术为每个学生提供定制化的教育路径，帮助他们在自己擅长和感兴趣的领域深入探索。

再次，推动政策法规建设，构建公平合理的市场竞争环境，防止技术垄断现象的发生。政府应当发挥主导作用，引导和支持企业遵守道德底线和社会责任，避免滥用 AI 技术损害公众利益。

最后，倡导全社会广泛参与，形成合力推进 AI 健康发展。无论是科学家还是普通民众，都应该是这一伟大进程中的参与者和支持者，共同书写人类文明进步的新篇章。通过建立包容性的对话平台，鼓励社会各界人士参与到 AI 伦理议题中来，可以确保技术发展的方向符合广泛的社会价值观念。例如，在制定面部识别技术使用规范时，除了科技公司和技术专家外，还应邀请人权组织、法律学者、普通市民等多方代表加入，确保决策过程充分考虑各种利益相关者的观点。

AI 作为 21 世纪最具革命性的技术之一，既带来了无限的可能性，也伴随着诸多不确定性和风险。只有通过持续不断的探索与创新，加上国际间的紧密合作，我们才能充分利用 AI 的优势，克服其潜在的问题，最终创造出一个更加美好和谐的人工智能时代。在这个过程中，每一个人都有责任也有机会成为改变的一部分，共同致力于构建一个更公正、更繁荣且更具包容性的未来。

习 题

1. 请解释隐私权与数据保护在人工智能应用中的重要性，并描述当前用于保护用户隐私和数据安全的主要措施有哪些？

2. 算法偏见与公平性是 AI 伦理的重要议题，请分析算法偏见的来源及其对社会可能产生的影响，并提出减少偏见的方法论。

3. 当 AI 系统造成损害或出现错误时，责任归属与问责机制面临哪些挑战？如何建立有效的问责机制来解决这些问题？

4. 在国际视角下，不同国家和地区对于 AI 伦理框架的构建有何共识和差异？多边合作在形成全球 AI 伦理标准中扮演了怎样的角色？

5. 可解释性与透明度被认为是 AI 伦理的基本要求之一。为什么解释 AI 决策如此重要？目前有哪些技术路径可以提高 AI 系统的可解释性？

6. AI 系统的安全与稳健性对于防止恶意使用至关重要。请描述识别 AI 系统脆弱点的过程，以及设计和实施安全防护措施的关键步骤。

7. 社会影响与公众参与是确保 AI 健康发展不可或缺的部分。请讨论 AI 对就业市场和社会结构的影响，并说明教育体系应如何适应这些新变化以促进公众更好地参与到 AI 伦理议题中？

参考文献

［1］王珊，萨师煊. 数据库系统概论［M］. 5版. 北京：高等教育出版社，2014.

［2］林子雨. 大数据技术原理与应用［M］. 3版. 北京：人民邮电出版社，2021.

［3］刘芳. 计算思维基础［M］. 北京：科学出版社，2021.

［4］阿纳尼·乐维汀. 算法设计与分析基础［M］. 云鹤，译. 北京：清华大学出版社，2018.

［5］濮元恺. 算力芯片——高性能CPU/GPU/NPU微架构分析［M］. 北京：电子工业出版社，2024.

［6］姚期智. 人工智能［M］. 北京：清华大学出版社，2022.

［7］吴北虎. 通识AI：人工智能基础概念与应用［M］. 北京：清华大学出版社，2024.

［8］徐刚，李红. AI赋能的智慧城市交通管理系统的构建［J］. 城市交通，2023，21（5），1-12.

［9］孙丽，黄海. 人工智能辅助的网络安全威胁检测［J］. 网络与信息安全学报，2023，5（6），1-15.

郑重声明

高等教育出版社依法对本书享有专有出版权。任何未经许可的复制、销售行为均违反《中华人民共和国著作权法》，其行为人将承担相应的民事责任和行政责任；构成犯罪的，将被依法追究刑事责任。为了维护市场秩序，保护读者的合法权益，避免读者误用盗版书造成不良后果，我社将配合行政执法部门和司法机关对违法犯罪的单位和个人进行严厉打击。社会各界人士如发现上述侵权行为，希望及时举报，我社将奖励举报有功人员。

反盗版举报电话　（010）58581999　58582371
反盗版举报邮箱　dd@hep.com.cn
通信地址　北京市西城区德外大街4号　高等教育出版社知识产权与法律事务部
邮政编码　100120

防伪查询说明
用户购书后刮开封底防伪涂层，使用手机微信等软件扫描二维码，会跳转至防伪查询网页，获得所购图书详细信息。
防伪客服电话　（010）58582300